Hans Benker

Differentialgleichungen mit MATHCAD und MATLAB

T0255581

Hans Benker

Differentialgleichungen mit MATHCAD und MATLAB

Mit 33 Abbildungen

 Springer

Professor Dr. Hans Benker
Martin-Luther-Universität Halle-Wittenberg
Fachbereich Mathematik und Informatik
Theodor-Lieser-Str. 5
06120 Halle (Saale)
Deutschland

Bibliografische Information der Deutschen Bibliothek

Die Deutsche Bibliothek verzeichnet diese Publikation in der Deutschen Nationalbibliografie; detaillierte bibliografische Daten sind im Internet über http://dnb.ddb.de abrufbar.

ISBN 3-540-23440-3   1. Aufl. Springer Berlin Heidelberg New York

Dieses Werk ist urheberrechtlich geschützt. Die dadurch begründeten Rechte, insbesondere die der Übersetzung, des Nachdrucks, des Vortrags, der Entnahme von Abbildungen und Tabellen, der Funksendung, der Mikroverfilmung oder der Vervielfältigung auf anderen Wegen und der Speicherung in Datenverarbeitungsanlagen, bleiben, auch bei nur auszugsweiser Verwertung, vorbehalten. Eine Vervielfältigung dieses Werkes oder von Teilen dieses Werkes ist auch im Einzelfall nur in den Grenzen der gesetzlichen Bestimmungen des Urheberrechtsgesetzes der Bundesrepublik Deutschland vom 9. September 1965 in der jeweils geltenden Fassung zulässig. Sie ist grundsätzlich vergütungspflichtig. Zuwiderhandlungen unterliegen den Strafbestimmungen des Urheberrechtsgesetzes.

Springer ist ein Unternehmen von Springer Science+Business Media

springer.de

© Springer-Verlag Berlin Heidelberg 2005
Printed in The Netherlands

Die Wiedergabe von Gebrauchsnamen, Handelsnamen, Warenbezeichnungen usw. in diesem Werk berechtigt auch ohne besondere Kennzeichnung nicht zu der Annahme, daß solche Namen im Sinne der Warenzeichen- und Markenschutz-Gesetzgebung als frei zu betrachten wären und daher von jedermann benutzt werden dürften.

Sollte in diesem Werk direkt oder indirekt auf Gesetze, Vorschriften oder Richtlinien (z. B. DIN, VDI, VDE) Bezug genommen oder aus ihnen zitiert worden sein, so kann der Verlag keine Gewähr für die Richtigkeit, Vollständigkeit oder Aktualität übernehmen. Es empfiehlt sich, gegebenenfalls für die eigenen Arbeiten die vollständigen Vorschriften oder Richtlinien in der jeweils gültigen Fassung hinzuziehen.

Satz: Digitale Druckvorlage des Autors
Herstellung: LE-TEX Jelonek, Schmidt & Vöckler GbR, Leipzig
Umschlaggestaltung: KünkelLopka, Werbeagentur GmbH, Heidelberg
Gedruckt auf säurefreiem Papier   7/3142/YL - 5 4 3 2 1 0

Vorwort

Im vorliegenden Buch geben wir eine *Einführung* in die exakte und numerische (näherungsweise) Lösung von *Differentialgleichungen* für Ingenieure, Natur- und Wirtschaftswissenschaftler, wobei sowohl *gewöhnliche* als auch *partielle Differentialgleichungen* betrachtet werden. Des weiteren wird die Problematik von *Differenzen-* und *Integralgleichungen* skizziert, die im Zusammenhang zu Differentialgleichungen stehen.

Da zur Lösung von Differentialgleichungen meistens Computer erforderlich sind, liegt ein *zweiter Schwerpunkt* des Buches auf der Anwendung von Computeralgebra- und Mathematiksystemen (kurz: Systeme), wozu wir MATHCAD und MATLAB heranziehen. Dies ist ein Unterschied zu vielen Lehrbüchern über Differentialgleichungen, die keine konkreten Berechnungen mittels Computer behandeln.

MATHCAD und MATLAB liefern neben Computeralgebrasystemen wie MAPLE und MATHEMATICA eine einfache Möglichkeit, um Differentialgleichungen mittels Computer exakt oder numerisch (näherungsweise) zu lösen.

Wir beschränken uns im vorliegenden Buch auf MATHCAD und MATLAB, da diese aufgrund ihrer sehr guten numerischen Fähigkeiten von Ingenieuren und Naturwissenschaftlern bevorzugt, aber auch in den Wirtschaftswissenschaften eingesetzt werden. Das liegt hauptsächlich daran, daß beide Systeme

* im Rahmen der Computeralgebra exakte mathematische Rechnungen durchführen können, da in ihnen eine Minimalvariante des Symbolprozessors von MAPLE integriert ist.

* hervorragende Fähigkeiten bei numerischen (näherungsweisen) Rechnungen besitzen und Programmiersprachen enthalten, in denen als Vorteil sämtliche vordefinierten Funktionen einsetzbar sind.

* durch Zusatzprogramme (Erweiterungspakete) erweitert werden, mit deren Hilfe sich zahlreiche praktische Probleme lösen lassen.

Mit den im Buch gegebenen Hinweisen bereitet es keine Schwierigkeiten, auch MATHEMATICA und MAPLE einzusetzen, da in ihnen ähnliche Lösungsfunktionen vordefiniert sind.

Obwohl im Buch die Anwendung von Computern einen Schwerpunkt bildet, werden mathematische Theorie und numerische Methoden (Näherungsmethoden) für Differentialgleichungen soweit dargestellt, wie es für Anwender erforderlich ist. Dies bedeutet, daß wir auf Beweise und ausführliche theoretische Abhandlungen verzichten, dafür aber notwendige Formeln, Sätze und Methoden an Beispielen erläutern. Zahlreiche im Buch mit MATHCAD und MATLAB gerechnete Beispiele zeigen Möglichkeiten und Grenzen beider Systeme auf und können unmittelbar zur Lösung vorliegender Differentialgleichungen herangezogen werden.

Handhabung und Eigenschaften von MATHCAD und MATLAB bei der Lösung von Differentialgleichungen werden soweit behandelt, daß beide ohne Schwierigkeiten einsetzbar sind.

Das vorliegende Buch ist so gestaltet, daß es eine *Einführung* in *Theorie* und *Numerik* von *Differentialgleichungen* für *Studenten*, *Dozenten*, *Professoren* und *Praktiker* aus Technik, Natur- und Wirtschaftswissenschaften liefert und zusätzlich die Anwendung von MATHCAD und MATLAB zur exakten und numerischen Lösung mittels Computer erläutert.

Wir benutzen im Buch Versionen von MATHCAD und MATLAB für PCs, die unter WINDOWS laufen, wobei aktuelle Versionen 12 (MATHCAD) bzw. Version 7, Release 14 (MATLAB) und vorhandene *Erweiterungspakete* zu *Differentialgleichungen* herangezogen werden.

Da sich Benutzeroberfläche und vordefinierte Funktionen/Kommandos von MATHCAD und MATLAB für einzelne Computerplattformen nur unwesentlich unterscheiden, kann das Buch universell eingesetzt werden. Des weiteren lassen sich Differentialgleichungen mit den gegebenen Hinweisen auch mit zukünftigen Versionen von MATHCAD und MATLAB lösen, da enthaltene Neuerungen ausführlich in den Hilfeseiten der Systeme erklärt werden.

Abschließend möchte ich allen *danken*, die mich bei der Realisierung des vorliegenden Buchprojekts unterstützten:

* Frau Hestermann-Beyerle und Frau Lempe vom Springer-Verlag Heidelberg und Berlin für die Aufnahme des Buchvorschlags in das Verlagsprogramm und die gute Zusammenarbeit.
* MathSoft in Bagshot (Großbritannien) für die kostenlose Bereitstellung der neuen Version 12 von MATHCAD.
* MathWorks in Nattick (USA) für die kostenlose Bereitstellung der neuen Version 7 von MATLAB und der benötigten Toolboxen.
* Herrn Dr. Fluche und Herrn Demirkan von der Firma COMSOL für die kostenlose Bereitstellung der neuen Version 3 von FEMLAB.
* Meinem Kollegen Prof. Dietrich für die kritische Durchsicht des Manuskripts.
* Meiner Gattin Doris, die großes Verständnis für meine Arbeit an Abenden und Wochenenden aufgebracht hat.
* Meiner Tochter Uta für die Hilfe bei Computerfragen.

Über Fragen, Hinweise, Anregungen und Verbesserungsvorschläge würde sich der Autor freuen. Sie können an folgende E-Mail-Adresse gesendet werden:

benker@mathematik.uni-halle.de

Halle, Frühjahr 2005   Hans Benker

Inhaltsverzeichnis

1 Einleitung

Differentialgleichungen (kurz: Dgl) gehören neben Statistik und Optimierung zu häufig benötigten mathematischen Gebieten, um praktische Probleme lösen zu können.

In Technik, Natur- und Wirtschaftswissenschaften treten Dgl als mathematische Modelle in zahlreichen Problemstellungen auf, da sich viele Sachverhalte und Gesetze durch sie beschreiben (modellieren) lassen. Wir werden im Laufe des Buches Anwendungsbeispiele kennenlernen.

Deshalb gewinnt die Lösung von Dgl sowohl für Ingenieure und Naturwissenschaftler als auch Wirtschaftswissenschaftler zunehmend an Bedeutung, wobei meistens die Hilfe von Computern benötigt wird.

Die Lösung praktischer Probleme mit Dgl-Modellen vollzieht sich in zwei Schritten:

I. Zuerst muß ein *mathematisches Modell* in Form von Dgl für das zu untersuchende praktische Problem formuliert werden. Dies ist im wesentlichen von Vertretern des betreffenden Fachgebiets zu erledigen, die konkrete Dgl aufstellen und enthaltene Parameter bestimmen. Bei dieser Modellierung ist es notwendig, wesentliche von unwesentlichen Einflüssen zu unterscheiden, um das Modell möglichst einfach zu gestalten.

Ausführliche Hinweise zur mathematischen Modellierung mittels Dgl findet man in der Literatur der einzelnen Fachgebiete (siehe [14]). In Lehrbüchern über Dgl wie auch im vorliegenden Buch können nur Standardmodelle vorgestellt werden.

II. Wenn ein mathematisches Modell in Form von Dgl vorliegt, tritt die *mathematische Theorie* in Aktion.

Dies ist Inhalt des vorliegenden Buches, das eine Einführung in exakte und numerische (näherungsweise) Lösungsmethoden für Dgl gibt und Grundaufgaben unter Anwendung von MATHCAD und MATLAB mittels Computer löst.

Damit werden Anwender in die Lage versetzt, die Problematik von Dgl zu verstehen und Dgl unter Anwendung von MATHCAD bzw. MATLAB mittels Computer zu lösen.

Das vorliegende Buch hat *zwei inhaltliche Schwerpunkte:*

• Ein *erster Schwerpunkt* des Buches liegt in einer Einführung in die mathematische Theorie exakter und numerischer Lösungsmethoden sowohl für gewöhnliche als auch partielle Dgl.

Ausführlicher wird der Spezialfall linearer Dgl behandelt, da hierfür zahlreiche Anwendungen und weitentwickelte Lösungstheorien existieren. Des weiteren wird die Problematik von Differenzengleichungen und Integralgleichungen skizziert, die mit Dgl zusammenhängen.

Mathematische Grundlagen (Theorie und Numerik) werden soweit dargestellt, wie es für Anwender erforderlich ist. Dies bedeutet, daß auf Beweise und ausführliche theoretische Abhandlungen verzichtet, aber dafür notwendige Formeln, Sätze und Methoden an Beispielen erläutern werden.

• Ein *zweiter Schwerpunkt* des Buches liegt in der Anwendung der Computeralgebra- und Mathematiksysteme (kurz:Systeme) MATHCAD und MATLAB, um Dgl aus Technik, Natur- und Wirtschaftswissenschaften mittels Computer zu lösen.

Dies ist ein Unterschied zu vielen Lehrbüchern über Dgl, die zahlreiche Lösungsmethoden beschreiben, aber auf die Problematik des konkreten Einsatzes von Computern verzichten. Der im Buch beschrittene Weg bietet den Vorteil, daß sich Anwender nicht tiefergehend mit exakten und numerischen Lösungsmethoden für Dgl beschäftigen bzw. Numerikprogramme suchen oder selbst erstellen müssen, sondern MATHCAD und MATLAB ohne Schwierigkeiten zur Lösung heranziehen können.

1.1 Differentialgleichungen in Technik, Natur- und Wirtschaftswissenschaften

Dgl besitzen als mathematische Modelle bei zahlreichen Problemen in Technik und Naturwissenschaften aber auch Wirtschaftswissenschaften große Bedeutung:

* Sie treten als Modelle in vielen technischen Gebieten sowohl bei zeitabhängigen als auch statischen Vorgängen auf wie z.B. bei Strömungen, Schwingungen und Verformungen (Biegungen).

* In den Naturwissenschaften lassen sich viele Phänomene durch Dgl mathematisch modellieren und damit beschreiben. So können grundlegende Naturgesetze wie z.B. die Newtonsche Bewegungsgleichung in Gestalt von Dgl formuliert werden.

* Sie gewinnen in den Wirtschaftswissenschaften an Bedeutung, wenn dynamische Vorgänge wie z.B. Bevölkerungsentwicklungen oder Wachstum von Kapital und Wirtschaften zu untersuchen sind, die durch Dgl modelliert werden können.

Deshalb ist es erforderlich, daß sich Ingenieure, Natur- und Wirtschaftswissenschaftler mit Dgl beschäftigen, um sie erfolgreich einsetzen zu können. Das vorliegende Buch soll hierbei helfen, indem es neben einer Einführung in die mathematische Theorie und Numerik als weiteren Schwerpunkt die Lösung von Dgl mittels Computer unter Verwendung von MATHCAD und MATLAB zum Inhalt hat.

1.2 Lösung von Differentialgleichungen

1.2.1 Einführung

Dgl bilden ein sehr komplexes Gebiet der Mathematik und unterscheiden sich wesentlich von *algebraischen* und *transzendenten Gleichungen*, da bei ihnen Gleichungen zwischen Funktionen und ihren Ableitungen derart auftreten, daß die unbekannten Funktionen (Lösungsfunktionen) aus diesen Gleichungen bestimmt werden können:

- Die Lösungsproblematik für Dgl ist wesentlich komplizierter als für algebraische und transzendente Gleichungen. Während sich lineare algebraische Gleichungen exakt lösen lassen, gilt dies für lineare Dgl nur unter zusätzlichen Voraussetzungen wie z.B. konstanten Koeffizienten (siehe Abschn.7.3.2).

- Da sich nur Sonderfälle von Dgl exakt lösen lassen, ist man bei allgemeinen linearen und nichtlinearen Dgl in den meisten Fällen auf numerische Lösungsmethoden (Näherungsmethoden) und damit auf den Einsatz von Computern angewiesen.

Die Lösung von Dgl bildet den Inhalt des vorliegenden Buches. Man unterscheidet zwischen exakten und numerischen Lösungsmethoden, deren Grundprinzipien in den Abschn.3.5, 4.5 und 13.5 vorgestellt und im gesamten Buch an Grundaufgaben erläutert werden.

1.2.2 Anwendung von MATHCAD und MATLAB

Eine effektive exakte oder numerische Lösung praktisch auftretender Dgl ist ohne Computer nicht möglich. Deshalb werden schon seit längerer Zeit *Computerprogramme* (Programmsysteme/Softwaresysteme) zur Lösung von Dgl entwickelt, wofür sich zwei Richtungen abzeichnen:

∗ Einerseits sind in universellen *Computeralgebra-* und *Mathematiksystemen* wie MAPLE, MATHEMATICA, MATHCAD und MATLAB Funktionen zur exakten und numerischen Lösung von Dgl vordefiniert.

∗ Andererseits existieren *spezielle Programmsysteme* zur *numerischen Lösung* von Dgl (siehe Abschn.1.2.3).

Da bei praktischen Problemen nicht nur Aufgaben für Dgl zu lösen sind, empfiehlt sich die Anwendung universeller Systeme wie MATHCAD und MATLAB. In ihnen sind auch Funktionen zur Lösung von Dgl vordefiniert, so daß Grundaufgaben aus Technik, Natur- und Wirtschaftswissenschaften mittels Computer einfach lösbar sind, ohne sich in die Problematik spezieller Programmsysteme einarbeiten zu müssen.

MATHCAD und MATLAB werden bevorzugt von *Ingenieuren* und *Naturwissenschaftlern* aber auch *Wirtschaftswissenschaftlern* zur Lösung anfallender mathematischer Aufgaben mittels Computer herangezogen:

- MATHCAD und MATLAB können neben *numerischen Rechnungen* auch *exakte Rechnungen* im Rahmen der *Computeralgebra* durchführen, da in ihren neueren Versionen in Lizenz eine Minimalvariante des Symbolprozessors von MAPLE integriert ist.
  Zu Beginn ihrer Entwicklung waren MATHCAD und MATLAB reine Programmsysteme für numerische (näherungsweise) Rechnungen, während MAPLE und MATHEMATICA zu führenden Vertretern von Computeralgebrasystemen gehören. Da in neuere Versionen von MAPLE und MATHEMATICA numerische Methoden aufgenommen wurden, können alle vier Systeme sowohl exakte als auch numerische mathematische Rechnungen durchführen.
- MATHCAD und MATLAB sind in der meistens erforderlichen numerischen Lösung praktischer Probleme MATHEMATICA und MAPLE überlegen.
- MATHCAD und MATLAB enthalten *Programmiersprachen*. Diese besitzen den Vorteil, daß in ihnen sämtliche vordefinierte Funktionen einsetzbar sind.
- MATHCAD und MATLAB besitzen *Erweiterungspakete*, mit deren Hilfe man zahlreiche komplexe Aufgaben aus Technik, Natur- und Wirtschaftswissenschaften lösen kann. Diese werden in MATHCAD als *Erweiterungspakete/ Elektronische Bücher* (englisch: Extension Packs/Electronic Books) und in MATLAB als *Toolboxen* bezeichnet und müssen meistens extra gekauft werden.
  Zur Lösung von Dgl gibt es folgende *Erweiterungspakete:*
  * **Numerical Recipes** und **Solve and Optimization** für MATHCAD.
  * **Partial Differential Equation Toolbox** für MATLAB.

☞

Im vorliegenden Buch beschreiben wir, wie Dgl mittels MATHCAD und MATLAB zu lösen sind und interpretieren die für eine Reihe von Beispielen gelieferten Ergebnisse, um Möglichkeiten und Grenzen aufzuzeigen.
Erst bei komplizierteren nichtlinearen und hochdimensionalen Dgl muß man spezielle Programmsysteme (siehe Abschn.1.2.3) heranziehen bzw. Programme selbst erstellen.

♦

Zur Anwendung von MATHCAD und MATLAB ist folgendes zu bemerken:

* MATHCAD und MATLAB existieren für verschiedene Computerplattformen, so u.a. für IBM-kompatible Personalcomputer (kurz: PCs), Workstations und Großcomputer unter UNIX und APPLE-Computer. Da sich Aufbau der Benutzeroberfläche und vordefinierte Funktionen/Kommandos hierfür nicht unterscheiden, ist das Buch universell einsetzbar.
* Im Buch werden die aktuellen Versionen MATHCAD 12 und MATLAB 7 Release 14 für PCs verwendet, die unter WINDOWS laufen.

* Während es für MATHCAD neben der englischen auch eine deutsche Version gibt, sind die Elektronischen Bücher nur in Englisch verfügbar. Bei MATLAB gibt es nur englische Versionen. Bei MATHCAD geben wir im Buch für die vordefinierten Funktionen neben der englischen Bezeichnung in Klammern die Bezeichnung der deutschen Version an. Die deutsche Version von MATH-CAD versteht allerdings auch Bezeichnungen der englischen Version.

* Im Buch werden zur Lösung von Dgl benötigte vordefinierte Funktionen von MATHCAD und MATLAB beschrieben und an Beispielen illustriert. Falls ein Anwender andere Aufgaben mit beiden Systemen lösen möchte, so kann er die Literatur wie z.B. die Bücher des Autors [110,111] und in beiden Systemen vorhandene Hilfefunktionen heranziehen.

1.2.3 Anwendung weiterer Programmsysteme

Zur *numerischen Lösung* von Dgl existieren *spezielle Programmsysteme* bzw. *Programmbibliotheken* wie z.B. ANSYS, DIFFPACK, FEMLAB, ODEPACK, PLTMG, IMSL und NAG, die in gewissen Fällen Computeralgebra- und Mathematiksystemen wie MATHCAD und MATLAB überlegen sind. Ausführliche Informationen hierüber findet man im Internet (siehe Kap.17).
Ein wirksames Hilfsmittel zur numerischen Lösung partieller Dgl stellt das Programmsystem FEMLAB dar, das seit 1999 in der Firma COMSOL von den Autoren der MATLAB-**Toolbox Partial Differential Equation** entwickelt wird. Es ist mit einer interaktiven Benutzeroberfläche ausgestattet und löst partielle Dgl aus Technik und Naturwissenschaften auf der Basis Finiter-Elemente-Methoden und kann auch aus MATLAB heraus angewendet werden (siehe Abschn.16.6).

1.3 Hinweise zur Benutzung des Buches

Bei der Benutzung des vorliegenden Buches ist folgendes zu beachten:

* Da die Wörter Differentialgleichung bzw. Differentialgleichungen sehr lang sind und im Text häufig vorkommen, verwenden wir für beide die Abkürzung *Dgl* und schreiben für Differentialgleichungssysteme bzw. Systeme von Differentialgleichungen die Abkürzung *Dgl-Systeme* bzw. *Systeme von Dgl*.

* Neben Überschriften werden Erweiterungspakete (englisch: Extension Packs, Elektronic Books, Toolboxes), Befehle, Funktionen, Kommandos und Menüs von MATHCAD und MATLAB im *Fettdruck* geschrieben. Dies gilt auch für die Kennzeichnung von Vektoren und Matrizen.

* Programm-, Datei- und Verzeichnisnamen und Namen von Programmsystemen (Softwaresystemen) sind in *Großbuchstaben* geschrieben.

* Abbildungen und Beispiele werden in jedem Kapitel von 1 beginnend *numeriert*, wobei die Kapitelnummer vorangestellt wird. So bezeichnen z.B. Abb.

4.2 und Beisp. 5.11 die Abbildung 2 aus Kapitel 4 bzw. das Beispiel 11 aus
Kapitel 5.
Beispiele werden mit dem Symbol

♦

beendet.

- Wichtige *Hinweise* und *Erläuterungen* werden durch das vorangehende Symbol

  gekennzeichnet und mit dem Symbol

  ♦

  beendet.

- Wichtige *Begriffe* sind *kursiv* geschrieben. Dies gilt auch für Anzeigen und
  Fehlermeldungen von MATHCAD und MATLAB im Arbeitsfenster.

- Einzelne *Menüs* einer *Menüfolge* von MATHCAD und MATLAB werden
  mittels eines Pfeils ⇒ getrennt, der gleichzeitig für einen Mausklick steht.

- Wenn die Anwendung von MATHCAD und MATLAB zur Lösung von Aufgaben erklärt wird, sind die entsprechenden Ausführungen zur Unterscheidung
  in beschriftete Pfeile

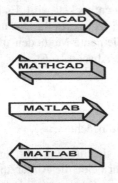

eingeschlossen. Das gleiche gilt auch in Beispielen.

2 Differenzengleichungen

2.1 Einführung

Dynamische (d.h. zeitabhängige) Vorgänge werden als *Prozesse* bezeichnet. Wenn man Prozesse nur zu bestimmten Zeitpunkten betrachtet (diskontinuierliche/diskrete Betrachtungsweise), ergeben sich bei der mathematischen Modellierung Differenzengleichungen im Gegensatz zur kontinuierlichen/stetigen Betrachtungsweise, bei der *Dgl* entstehen.

Man bezeichnet *Differenzengleichungen* auch als diskrete Versionen von Dgl:

*   Wenn man bei Prozessen von diskontinuierlicher/diskreter Betrachtungsweise zu kontinuierlicher/stetiger übergeht, so gehen die beschreibenden Differenzengleichungen in Dgl über. Umgekehrt ergeben sich Differenzengleichungen durch Diskretisierung von Dgl. Aus diesem Sachverhalt erklärt sich der enge Zusammenhang der Lösungstheorien beider Arten von Gleichungen.

*   Bei gewöhnlichen Dgl werden Funktionen (Lösungsfunktionen) y(x) als Lösungen bestimmt, die stetig von der unabhängigen Variablen x abhängen (siehe Kap.4). Im Gegensatz dazu sind bei *Differenzengleichungen* die Werte der Funktionen y(x) nur in bestimmten diskreten Werten x=n gesucht, d.h. nur Funktionswerte y(n), für die auch die Schreibweise (Indexschreibweise) y_n üblich ist. Wenn x die Zeit darstellt (z.B. bei Prozessen), wird x häufig durch t ersetzt und man schreibt y(t) bzw. y_t.

Illustrieren wir die Problematik an einem Beispiel.

Beispiel 2.1:

Betrachten wir eine einfache Differenzengleichung, die bei der Zinsrechnung auftritt:

Wird bei der Zinsrechnung eine jährliche Verzinsung (d.h. *diskrete/diskontinuierliche Verzinsung*) zugrundegelegt, so berechnet sich das Kapital

K_t

nach dem t-ten Jahr mittels der linearen *Differenzengleichung* erster Ordnung

$$K_t = K_{t-1} \cdot (1 + i) \qquad\qquad (t = 1, 2, ...)$$

aus dem Kapital

K_{t-1}

des (t-1)-ten Jahres, wenn der Zinssatz

$$i = \frac{p}{100} \qquad\qquad (p - \text{Zinsfuß in Prozent})$$

beträgt. Diese Differenzengleichung besitzt die Lösung

$$K_t = K_0 \cdot (1+i)^t \qquad\qquad\qquad (t = 1, 2, \ldots)$$

wie man sich leicht überlegt, wobei

$$K_0$$

das Anfangskapital zu Beginn der Verzinsung darstellt.

Im folgenden zeigen wir, daß sich die erhaltene Differenzengleichung in eine *Dgl* transformiert, wenn man von der *diskontinuierlichen* (diskreten) *Verzinsung* zur *kontinuierlichen* (stetigen) übergeht: Die Differenzengleichung

$$K_t = K_{t-1} \cdot (1+i)$$

kann man folgendermaßen umformen

$$\frac{K_t - K_{t-1}}{\Delta t} = \frac{\Delta K_{t-1}}{\Delta t} = K_{t-1} \cdot i \qquad\qquad \text{mit} \qquad \Delta t = t - (t-1) = 1$$

Betrachtet man jetzt Δt als kontinuierlich veränderbar und läßt es gegen Null gehen, so ergibt sich unmittelbar die Dgl erster Ordnung (Wachstums-Dgl)

$$\frac{dK}{dt} = K \cdot i$$

der kontinuierlichen Verzinsung mit der Anfangsbedingung (Anfangskapital)

$$K(0) = K_0$$

die folgende Lösung besitzt (siehe Kap.5.3.1):

$$K(t) = K_0 \cdot e^{i \cdot t}$$

♦

Im folgenden Abschn. 2.2 geben wir zwei weitere praktische Anwendungen für Differenzengleichungen, beschreiben danach im Abschn. 2.3.1 die Lösungsproblematik am Beispiel linearer Differenzengleichungen, im Abschn. 2.3.2 die Anwendung der z-Transformation zur Lösung linearer Differenzengleichungen mit konstanten Koeffizienten und im Abschn. 2.3.3 die Anwendung von MATHCAD und MATLAB.

2.2 Anwendungen

Im vorangehenden Beisp. 2.1 haben wir bereits eine einfache Anwendungsaufgabe für Differenzengleichungen kennengelernt. Sie werden als mathematische Modelle sowohl in den Wirtschaftswissenschaften als auch in der Technik benötigt. Wir illustrieren dies im folgenden Beispiel.

Beispiel 2.2:

a) Betrachten wir eine praktische Aufgabenstellung für lineare Differenzengleichungen zweiter Ordnung mit konstanten Koeffizienten aus den Wirtschafts-

wissenschaften. Wachstumsmodelle wie das *Multiplikator–Akzelerator–Modell* von *Samuelson* für das Wachstum von Volkseinkommen führen z.B. auf Differenzengleichungen.

In diesen Modellen für eine Volkswirtschaft wird angenommen, daß die Summe von Konsumnachfrage k_t und Investititionsnachfrage i_t in einem Zeitabschnitt t dem Volkseinkommen y_t dieses Zeitabschnitts entspricht. Damit ergibt sich die Gleichung

$$y_t = k_t + i_t$$

Des weiteren wird in diesem Modell davon ausgegangen, daß der aktuelle Konsum k_t proportional zum Volkseinkommen y_{t-1} des vorhergehenden Zeitabschnitts t–1 ist, d.h.

$$k_t = p \cdot y_{t-1}$$

Nach dem *Akzelerationsprinzips* hängen die Investitionen i_t nicht vom aktuellen Einkommen y_t ab, sondern sind der Veränderungsrate des aggregierten Einkommens $y_{t-1} - y_{t-2}$ proportional, d.h.

$$i_t = c \cdot (y_{t-1} - y_{t-2})$$

Das Einsetzen der beiden letzten Beziehungen in die erste Gleichung liefert die folgende *homogene lineare Differenzengleichung zweiter Ordnung* für das Volkseinkommen (d = c + p)

$$y_t - d \cdot y_{t-1} + c \cdot y_{t-2} = 0 \qquad\qquad (t = 2, 3, \ldots)$$

Die abgeleitete Differenzengleichung wird inhomogen, d.h.

$$y_t - d \cdot y_{t-1} + c \cdot y_{t-2} = b$$

wenn man annimmt, daß sich das Volkseinkommen folgendermaßen zusammensetzt:

$$y_t = k_t + i_t + s_t$$

Damit kommen noch Staatsausgaben s_t hinzu, die als konstant betrachtet werden, d.h. $s_t = b$.

b) In der Elektrotechnik läßt sich ein einfaches Netzwerk aus T-Vierpolen durch eine Differenzengleichung zweiter Ordnung der Form

$$u_n - 3 \cdot u_{n-1} + u_{n-2} = 0 \qquad\qquad (n = 2, 3, \ldots)$$

für die auftretenden Spannungen u beschreiben.

♦

☞

Die Bedeutung von Differenzengleichungen bei der Lösung von Dgl resultiert aus der Tatsache, daß sie durch Diskretisierung aus Dgl entstehen. Derartige *Diskretisierungen* treten z.B. auf

- bei der numerischen Lösung von Dgl mittels Diskretisierungsmethoden (siehe Abschn. 10.2 und 11.3).
- bei der Modellbildung, wenn man von der kontinuierlichen Betrachtungsweise zur diskreten übergeht, wie im Beisp. 2.1 und 2.2 zu sehen ist.

Diskretisierungen werden bei Dgl häufig durchgeführt, da sich Differenzengleichungen einfacher lösen lassen.

♦

2.3 Lösungsmethoden

Analog zu Dgl gibt es eine umfassende Lösungstheorie nur für lineare Differenzengleichungen, wobei für konstante Koeffizienten weitreichende Aussagen existieren. Im folgenden gehen wir kurz darauf ein, um die Analogie zu linearen Dgl zu illustrieren und die Anwendung von MATHCAD und MATLAB zu erläutern.

2.3.1 Lineare Differenzengleichungen

Im folgenden skizzieren wir kurz Eigenschaften und Lösungsmethoden für lineare Differenzengleichungen.

Lineare Differenzengleichungen m-ter Ordnung

- haben die Form ($n = m$, $m+1$, ...)

$$y(n) + a_1(n) \cdot y(n-1) + a_2(n) \cdot y(n-2) + ... + a_m(n) \cdot y(n-m) = b(n)$$

bzw. in Indexschreibweise

$$y_n + a_1(n) \cdot y_{n-1} + a_2(n) \cdot y_{n-2} + ... + a_m(n) \cdot y_{n-m} = b_n$$

wobei statt n auch t verwandt wird, wenn es sich um die Zeit handelt (siehe Beisp. 2.1 und 2.2a). In diesen Gleichungen bedeuten:

* $a_1(n), a_2(n), ..., a_m(n)$

gegebene reelle Koeffizienten. Hängen die Koeffizienten nicht von n ab, so spricht man von linearen Differenzengleichungen mit *konstanten Koeffizienten*.

* { b (n) } bzw. { b_n }   ($n = m$, $m+1$, ...)

Folge der gegebenen rechten Seiten der Differenzengleichung.
Sind alle Glieder dieser Folge gleich Null, so spricht man analog zu Dgl von *homogenen linearen Differenzengleichungen*, ansonsten von *inhomogenen*.

* { y (n) } bzw. { y_n }   ($n = m$, $m+1$, ...)

Folge der gesuchten Lösungen (*Lösungsfolge*)

- haben bzgl. der *Lösungstheorie* analoge Eigenschaften wie lineare Dgl:

  * Die *allgemeine Lösung* einer linearen Differenzengleichung m-ter Ordnung hängt von m frei wählbaren reellen Konstanten ab.

  * Die *allgemeine Lösung* einer *inhomogenen linearen Differenzengleichung* ergibt sich als Summe aus der allgemeinen Lösung der zugehörigen homogenen und einer speziellen Lösung der inhomogenen Gleichung.

  * Wenn man bei einer linearen Differenzengleichung m-ter Ordnung die *Anfangswerte*

    $$y_0, y_1, ..., y_{m-1}$$

    vorgibt, so ist die Lösungsfolge

    $$y_m, y_{m+1}, y_{m+2}, ...$$

    unter gewissen Voraussetzungen eindeutig bestimmt. Bei der Vorgabe von Anfangswerten spricht man von *Anfangswertaufgaben*.

  * Lösungen *homogener linearer Differenzengleichungen* m-ter Ordnung mit konstanten Koeffizienten berechnen sich mittels des *Ansatzes*

    $$y_n = \lambda^n \qquad\qquad (n = m, m+1, ...)$$

    mit frei wählbarem Parameter λ, der durch Einsetzen in die Differenzengleichung das *charakteristische Polynom* m-ten Grades

    $$P_m(\lambda) = \lambda^m + a_1 \cdot \lambda^{m-1} + a_2 \cdot \lambda^{m-2} + ... + a_{m-1} \cdot \lambda + a_m$$

    liefert, dessen Nullstellen zu bestimmen sind (siehe Beisp. 2.3). Der einfachste Fall liegt vor, wenn das charakteristische Polynom m paarweise verschiedene reelle Nullstellen

    $$\lambda_1, \lambda_2, ..., \lambda_m$$

    besitzt. In diesem Fall lautet die *allgemeine Lösung* der Differenzengleichung (C_i – frei wählbare reelle Konstanten):

    $$y_n = C_1 \cdot \lambda_1^n + C_2 \cdot \lambda_2^n + C_3 \cdot \lambda_3^n + ... + C_m \cdot \lambda_m^n$$

    Die Lösungskonstruktion bei mehrfachen reellen bzw. komplexen Nullstellen des charakteristischen Polynoms vollzieht sich folgendermaßen:

    $\Rightarrow$ Sei λ eine r-fache reelle Nullstelle des charakteristischen Polynoms. Dann lautet die zugehörige Lösung der Differenzengleichung:

    $$\lambda^n \cdot (C_r \cdot n^{r-1} + C_{r-1} \cdot n^{r-2} + ... + C_1)$$

    $\Rightarrow$ Sei $\lambda = \alpha + \beta \cdot i$ eine komplexe Nullstelle des charakteristischen Polynoms. Dann ist nach Theorie auch die konjugierte $\alpha - \beta \cdot i$ eine Nullstelle. Die zugehörigen Lösungen der Differenzengleichung haben hierfür die Gestalt:

    $$|\lambda|^n \cdot (C_1 \cdot \cos(n \cdot \varphi) + C_2 \cdot \sin(n \cdot \varphi))$$

mit $\quad |\lambda|=\sqrt{\alpha^2+\beta^2}$ und $\tan\varphi=\dfrac{\beta}{\alpha}$

Bei mehrfachen komplexen Nullstellen ist die Vorgehensweise analog zu mehrfachen reellen.

Man kann sich die entsprechenden Lösungen auch von MATHCAD bzw. MATLAB berechnen lassen, wenn man die z-Transformation (siehe Abschn. 2.3.2) anwendet. Im Beisp. 2.4b findet man dies für eine mehrfache reelle Nullstellen des charakteristischen Polynoms.

Beispiel 2.3:

Lösen wir die Differenzengleichung aus Beisp. 2.2a für folgendes konkretes Zahlenbeispiel:

$$y_t - 10\cdot y_{t-1} + 24\cdot y_{t-2} = 30 \qquad\qquad (t=2\,,\,3\,,\,...)$$

mit den Anfangsbedingungen

$$y_0 = 3\,,\ y_1 = 12$$

per Hand mit der gegebenen Lösungsmethode:
Die *allgemeine Lösung* der *homogenen Differenzengleichung* erhält man mit dem Ansatz

$$y_t = \lambda^t$$

Das sich durch Einsetzen in die Differenzengleichung ergebende *charakteristische Polynom*

$$P_2(\lambda) = \lambda^2 - 10\cdot\lambda + 24$$

hat die Nullstellen 4 und 6 , so daß

$$y_t = C_1\cdot 4^t + C_2\cdot 6^t$$

als allgemeine Lösung der homogenen Differenzengleichung folgt.
Um die *allgemeine Lösung* der inhomogenen Differenzengleichung zu erhalten, benötigt man noch eine spezielle Lösung der inhomogenen Differenzengleichung. Für die gegebene Gleichung läßt sich dies mittels des Ansatzes

$$y_t = k = \text{konst.}$$

erreichen. Man erhält hiermit k=2, d.h. die *spezielle Lösung*

$$y_t = 2$$

Damit hat die *allgemeine Lösung* der inhomogenen Differenzengleichung die Gestalt

$$y_t = C_1\cdot 4^t + C_2\cdot 6^t + 2$$

Das Einsetzen der Anfangsbedingungen in die allgemeine Lösung liefert das lineare Gleichungssystem

$$y_0 = C_1 + C_2 + 2 = 3$$
$$y_1 = C_1 \cdot 4 + C_2 \cdot 6 + 2 = 12$$

zur Bestimmung der Konstanten C_1 und C_2. Das Ergebnis $C_1 = -2$ und $C_2 = 3$ kann per Hand durch Elimination ermittelt werden, so daß sich folgende *Lösung* der *Anfangswertaufgabe* ergibt:

$$y_t = -2 \cdot 4^t + 3 \cdot 6^t + 2$$

♦

☞

Die im vorangehenden Beisp. 2.3 illustrierte exakte Lösung linearer Differenzengleichungen mit konstanten Koeffizienten stößt bei praktischen Aufgaben schnell an Grenzen, da sich Nullstellen des zugehörigen charakteristischen Polynoms nicht exakt bestimmen lassen. In diesem Fall besteht eine Lösungsmöglichkeit darin, die Nullstellen näherungsweise (numerisch) zu bestimmen, wozu MATHCAD und MATLAB herangezogen werden können, da in beiden Funktionen zur Gleichungslösung vordefiniert sind.

MATHCAD und MATLAB besitzen keine vordefinierten Funktionen zur exakten oder numerischen Lösung von Differenzengleichungen. Beide können aber herangezogen werden, um Lösungen mittels z-Transformation zu berechnen. Dies besprechen wir im folgenden Abschn. 2.3.2.

♦

2.3.2 Anwendung der z-Transformation

In vielen praktischen Anwendungen ist von einer Funktion $y(t)$ in der t meistens die Zeit darstellt, nicht der gesamte Verlauf bekannt oder interessant, sondern nur ihre Werte $y(t_n)$ in einzelnen Punkten (Zeitpunkten) t_n $\qquad$ $(n = 0, 1, 2, ...)$
Man hat deshalb für die Funktion $y(t)$ nur eine *Zahlenfolge*

$$\{y_n\} = \{y(t_n)\} \qquad (n = 0, 1, 2, ...)$$

von Funktionswerten vorliegen.

Derartige Zahlenfolgen erhält man in der Praxis z.B. durch Messungen in einer Reihe von Zeitpunkten oder durch diskrete Abtastung stetiger Signale. Bei ganzzahligen Werten von t_n (z.B. $t_n = n$) schreibt man die Zahlenfolge auch als Funktion y des Index n, d.h. $\{y_n\} = \{y(n)\}$.

Mittels der *z-Transformation* wird jeder *Zahlenfolge* (*Originalfolge*) $\{y_n\}$ die *unendlichen Reihe* (*Bildfunktion* $F(z)$)

$$F(z) = \sum_{n=0}^{\infty} y_n \cdot \left(\frac{1}{z}\right)^n$$

zugeordnet, die im Falle der Konvergenz als *z-Transformierte* bezeichnet wird. Auf die mathematische Theorie der z-Transformation können wir nicht eingehen und verweisen auf die Literatur.

Die *z-Transformation* besitzt als lineare Transformation Eigenschaften, die eine exakte Lösung *linearer Differenzengleichungen* mit *konstanten Koeffizienten* erlauben. Dafür sind folgende Schritte durchzuführen:

I.   Zuerst wird die Differenzengleichung (*Originalgleichung*) für die Funktion (*Originalfunktion*) y(n) mittels z-Transformation in eine lineare algebraische Gleichung (*Bildgleichung*) für die *Bildfunktion* Y(z) überführt, die sich i.allg. einfacher lösen läßt.

II. Danach wird die *Bildgleichung* nach der *Bildfunktion* Y(z) *aufgelöst*.

III. Abschließend wird durch Anwendung der *inversen z-Transformation* (*Rücktransformation*) auf die Bildfunktion Y(z) die *Lösung* y(n) der gegebenen Differenzengleichung erhalten.

Eine Illustration dieser Vorgehensweise bei der Anwendung der z-Transformation zur Lösung von Differenzengleichungen findet man im Beisp. 2.4. Sie ist typisch für Anwendungen von Transformationen zur Lösung linearer Gleichungen. Wir werden ihr bei der Lösung linearer Dgl mittels Laplace- und Fouriertransformation wiederbegegnen (siehe Abschn. 7.4.3, 15.4.4 und 15.4.5).

2.3.3 Anwendung von MATHCAD und MATLAB

Die im Abschn. 2.3.2 skizzierte Vorgehensweise bei der Anwendung der z-Transformation zur Lösung von Differenzengleichungen läßt sich unmittelbar mittels MATHCAD und MATLAB realisieren, da in beiden neben Funktionen zur z-Transformation auch Funktionen zur Gleichungslösung vordefiniert sind, die sich zur Lösung der entstandenen Bildgleichungen heranziehen lassen.

Bevor wir dies im folgenden Beisp. 2.4 illustrieren, weisen wir noch auf einige Besonderheiten bei der Anwendung von MATHCAD und MATLAB hin:

* Bei der Eingabe der zu lösenden Differenzengleichung dürfen für y keine Indizes verwendet werden, d.h., es ist die indexfreie Form y(n) zu schreiben.

* Differenzengleichungen sind statt in der Form (mit $n = m$, $m+1$, ...)

$$y(n) + a_1 \cdot y(n-1) + a_2 \cdot y(n-2) + ... + a_m \cdot y(n-m) = b(n)$$

   in der äquivalenten Form (mit $n = 0, 1, ...$)

$$y(n+m) + a_1 \cdot y(n+m-1) + a_2 \cdot y(n+m-2) + ... + a_m \cdot y(n) = b(n+m)$$

   zu schreiben.

Beispiel 2.4:

a) Lösen wir mittels MATHCAD die Differenzengleichung aus Beisp. 2.3

$$y_n - 10 \cdot y_{n-1} + 24 \cdot y_{n-2} = 30 \qquad\qquad (n = 2, 3, 4, ...)$$

   mit den Anfangsbedingungen

$$y_0 = 3, \quad y_1 = 12$$

Bei der Anwendung von MATHCAD ist zu beachten, daß die Differenzengleichung in folgender indexfreier Form zu schreiben ist:

$$y(n+2) - 10 \cdot y(n+1) + 24 \cdot y(n) - 30 = 0 \qquad (n = 0, 1, 2, ...)$$

Unter Verwendung der Schlüsselwörter **ztrans**, **invztrans** und **solve** (deutsch:
auflösen) aus der Symbolleiste "Symbolische Operatoren" führt folgende Vorgehensweise zum Ziel:

I. Zuerst wenden wir die *z-Transformation* unter Verwendung des Schlüssel-
    worts **ztrans** auf die gegebene Differenzengleichung (ohne Gleichheitszei-
    chen) an, d.h.

    $$y(n+2) - 10 \cdot y(n+1) + 24 \cdot y(n) - 30 \text{ ztrans , } n \rightarrow$$

    und erhalten die Bildgleichung, die wir wegen ihres Umfangs erst nach ih-
    rer Vereinfachung im Schritt II. angeben.

II. Anschließend ersetzen wir in der von MATHCAD berechneten Bildglei-
    chung die z-Transformierte (Bildfunktion)

    $$\text{ztrans } (y(n) , n , z)$$

    durch Y, um die Schreibweise zu vereinfachen und weisen den Anfangs-
    werten y(0) und y(1) die konkreten Werte 3 bzw. 12 zu. Danach lösen wir
    den entstandenen Ausdruck mit dem Schlüsselwort **solve** zur Gleichungslö-
    sung nach Y auf und erhalten

    $$\frac{z^3 \cdot Y - 11 \cdot z^2 \cdot Y - 3 \cdot z^3 + 33 \cdot z^2 - 12 \cdot z^2 + 12 \cdot z + 34 \cdot z \cdot Y - 30 \cdot z - 24 \cdot Y - 30 \cdot z}{z-1}$$

    $$\text{solve, } Y \rightarrow 3 \cdot z \, \frac{16 + z^2 - 7 \cdot z}{(z-1) \cdot (z^2 - 10 \cdot z + 24)}$$

III. Abschließend liefert die *inverse z-Transformation* mit dem Schlüsselwort
     invztrans die gesuchte Lösung y(n) der Differenzengleichung

     $$y(n) := \frac{3 \cdot z \cdot (16 + z^2 - 7 \cdot z)}{(z-1)(z^2 - 10 \cdot z + 24)} \text{ invztrans, } z \rightarrow 2 + 3 \cdot 6^n - 2 \cdot 4^n$$

b) Bei MATLAB ist die Vorgehensweise analog zu MATHCAD:
    Lösen wir mit MATLAB eine Differenzengleichung ohne Anfangsbedingun-
    gen, bei der das charakteristische Polynom die zweifache Nullstelle λ=2 be-
    sitzt:

    $$y_{n+2} - 4 \cdot y_{n+1} + 4 \cdot y_n = 0$$

Bei der Anwendung von MATLAB ist ebenso wie bei MATHCAD zu beachten, daß die Differenzengleichung in folgender indexfreier Form zu schreiben ist:

$$y(n+2) - 4 \cdot y(n+1) + 4 \cdot y(n) = 0 \qquad\qquad (n = 0, 1, 2, ...)$$

Unter Verwendung der vordefinierten Funktionen **ztrans**, **iztrans** und **solve** führt in MATLAB folgende Vorgehensweise zum Ziel:

I. Die Anwendung von **ztrans** zur *z-Transformation* auf die gegebene Differenzengleichung liefert folgende Bildgleichung

>> ztrans (sym (' y(n+2) – 4 * y(n+1) + 4 * y(n) = 0 '))

ans =

z^2 * ztrans(y(n), n , z) – y(0) * z^2 – y(1) * z – 4 * z * ztrans(y(n), n , z) +

4 * y(0) * z + 4 * ztrans(y(n) , n , z) = 0

II. Anschließend wird in der erhaltenen Bildgleichung ztrans(y(n) , n , z) zur Vereinfachung durch Y ersetzt. y(0) und y(1) weisen wir die frei wählbaren reellen Konstanten A bzw. B zu, da keine Anfangsbedingungen vorgegeben sind. Die so erhaltene Bildgleichung ist eine algebraische Gleichung und wird mittels **solve** nach Y aufgelöst:

>> Y = solve (' z^2*Y – A*z^2 – B*z – 4*z*Y + 4*A*z + 4*Y=0 ',' Y ')

Y =

z * (– 4 * A + A * z + B) / (–4 * z + z^2 + 4)

III. Abschließend liefert die *inverse z-Transformation* mittels **iztrans** die allgemeine Lösung der gegebenen Differenzengleichung:

>> syms A B z ; iztrans (Y)

ans =

2^n * A – 2^n * A * n + 1/2 * 2^n * B * n

Durch Zusammenfassung und Einführung neuer Konstanten C und D sieht man hieraus, daß die allgemeine Lösung der gegebenen Differenzengleichung folgende Form mit frei wählbaren reellen Konstanten C und D hat:

$$y (n) = 2^n \cdot (C \cdot n + D)$$

3 Differentialgleichungen

3.1 Einführung

Dgl bilden ein sehr umfangreiches Gebiet der Mathematik und unterscheiden sich wesentlich von *algebraischen* und *transzendenten Gleichungen:*

- Bei Dgl treten Gleichungen zwischen Funktionen und ihren Ableitungen derart auf, daß die gesuchten Funktionen (Lösungsfunktionen) aus diesen Gleichungen bestimmt werden können. Um eine Dgl zu erhalten, muß mindestens eine Ableitung der gesuchten Funktionen auftreten. Die höchste auftretende Ableitung bestimmt die *Ordnung* der Dgl.

- Während Lösungen algebraischer und transzendenter Gleichungen in der Regel Zahlen sind, erhält man bei Dgl Funktionen als Lösungen. Statt von Lösungen (Lösungsfunktionen) spricht man bei Dgl auch von Integralen. Diese Bezeichnung resultiert aus dem Sachverhalt, daß das exakte (analytische) Lösen von Dgl i.allg. mit Integrationen (Berechnung von Integralen) verbunden ist.

- Als *exakte (analytische) Lösung* einer Dgl bezeichnet man eine stetige Funktion (*Lösungsfunktion*), die die erforderlichen Ableitungen besitzt und die Dgl identisch erfüllt.

- Die Lösungsproblematik für Dgl ist wesentlich komplizierter als für algebraische und transzendente Gleichungen. Während sich lineare algebraische Gleichungen exakt lösen lassen, gilt dies für lineare Dgl nur unter zusätzlichen Voraussetzungen.

- Bei allgemeinen linearen und nichtlinearen Dgl ist man in vielen Fällen auf numerische Lösungsmethoden (Näherungsmethoden) und damit auf den Einsatz von Computern angewiesen.

☞

Man unterscheidet bei *Dgl* zwischen *gewöhnlichen* und *partiellen*. Der Unterschied besteht darin, daß bei gewöhnlichen die gesuchten Funktionen (Lösungsfunktionen) von einer (unabhängigen) Variablen und bei partiellen von mehreren (unabhängigen) Variablen abhängen (siehe Beisp. 3.1).

Im Buch beschränken wir uns auf den praktisch wichtigen reellen Fall, bei dem sowohl die auftretenden Funktionen als auch die Variablen nur reelle Zahlenwerte annehmen können.

♦

Betrachten wir je ein Beispiel für gewöhnliche und partielle Dgl.

Beispiel 3.1:

a) $y''(x) + 3 \cdot y'(x) - y(x) = \cos x$

 ist eine *gewöhnliche Dgl* zweiter Ordnung mit der gesuchten Funktion (Lösungsfunktion) y(x) einer unabhängigen Variablen x, die u.a. bei Schwingungsproblemen (harmonischer Oszillator) auftritt.

b) $\dfrac{\partial^2 u(x,y)}{\partial x^2} + \dfrac{\partial^2 u(x,y)}{\partial y^2} + 5 \cdot \dfrac{\partial u(x,y)}{\partial x} + 2 \cdot u(x,y) = e^{x \cdot y}$

 oder in äquivalenter Indexschreibweise für partielle Ableitungen

 $u_{xx}(x,y) + u_{yy}(x,y) + 5 \cdot u_x(x,y) + 2 \cdot u(x,y) = e^{x \cdot y}$

 ist eine *partielle Dgl* zweiter Ordnung mit der gesuchten Funktion (Lösungsfunktion) u(x,y) von zwei unabhängigen Variablen (Ortsvariablen) x,y, die bei stationären (zeitunabhängigen) Problemen auftritt.

♦

3.2 Gewöhnliche Differentialgleichungen

Wie bereits im Abschn. 3.1 erwähnt, sind gewöhnliche Dgl dadurch charakterisiert, daß gesuchte Funktionen (Lösungsfunktionen) nur von einer (unabhängigen) Variablen abhängen. Die Problematik gewöhnlicher Dgl bildet einen Hauptschwerpunkt des vorliegenden Buches und wird in den Kap.4–11 ausführlicher behandelt.

3.3 Partielle Differentialgleichungen

Wie bereits im Abschn. 3.1 erwähnt, sind partielle Dgl dadurch charakterisiert, daß gesuchte Funktionen (Lösungsfunktionen) von mindestens zwei (unabhängigen) Variablen abhängen. Die Problematik partieller Dgl bildet einen weiteren Schwerpunkt des vorliegenden Buches und wird in den Kap.13–16 behandelt.
Da partielle Dgl wesentlich vielschichtiger als gewöhnliche sind, können wir im Rahmen des Buches nur einen Einblick geben, der für die Anwendung von MATHCAD und MATLAB und weiterer Programmsysteme erforderlich ist.

3.4 Systeme von Differentialgleichungen

Systeme von Dgl (*Dgl-Systeme*) treten sowohl bei gewöhnlichen als auch partiellen Dgl auf. Sie sind dadurch gekennzeichnet, daß mehrere gesuchte Funktionen (Lösungsfunktionen) mit ihren Ableitungen und mehrere Gleichungen auftreten. Für gewöhnliche Dgl betrachten wir Systeme ausführlicher im Kap.8, während wir für Systeme partieller Dgl auf die Literatur verweisen.

Bei gewöhnlichen Dgl liegt eine Bedeutung für die Untersuchung von Systemen darin, daß

- man jede gewöhnliche Dgl n-ter Ordnung auf ein System von Dgl erster Ordnung zurückführen kann (siehe Beisp. 3.2, 7.1 und 8.2 und Abschn. 7.1).

- sich die Lösung partieller Dgl erster Ordnung auf die Lösung gewöhnlicher Dgl-Systeme zurückführen läßt, wie aus Kap.14 zu sehen ist.

Darüber hinaus besitzen Dgl-Systeme eine Reihe praktischer Anwendungen (siehe Beisp. 8.1)

Beispiel 3.2:

Die Modellierung von Schwingungsaufgaben in Mechanik und Elektrotechnik (harmonischer Oszillator) führt u.a. auf lineare gewöhnliche Dgl zweiter Ordnung, wie z.B.

$$y''(t) + a \cdot y'(t) + b \cdot y(t) = f(t)$$

(a , b – gegebene reelle Konstanten , f(t) – gegebene Funktion)

Da Schwingungen zeitabhängig sind, wird hier t anstatt x als Bezeichnung für die unabhängige Variable verwandt. Durch Setzen von

$$y(t) = y_1(t)$$

$$y'(t) = y_1'(t) = y_2(t)$$

ergibt sich für die Dgl zweiter Ordnung das äquivalente System von zwei Dgl erster Ordnung

$$y_1'(t) = y_2(t)$$

$$y_2'(t) = -a \cdot y_2(t) - b \cdot y_1(t) + f(t)$$

für die beiden gesuchten Funktionen (Lösungsfunktionen) $y_1(t)$ und $y_2(t)$, wobei $y_2(t)$ die erste Ableitung von $y_1(t)$ darstellt und $y_1(t)$ die Lösung y(t) der Dgl zweiter Ordnung liefert.

Dieses System von zwei Dgl erster Ordnung kann man einfach durch Differentiation der ersten Gleichung wieder in die zugrundeliegende Dgl zweiter Ordnung zurückführen.

♦

3.5 Lösungsmethoden

Wie bei allen mathematischen Aufgaben stellt sich auch bei Dgl die Frage nach der Berechnung von Lösungen (Lösungsfunktionen), für die zwei Arten möglich sind:

- *Exakte Lösungen* (analytische Lösungen)
  Sie können für eine vorliegende Dgl nur erhalten werden, wenn Methoden existieren, die

* entweder exakte Lösungsfunktionen in endlich vielen Schritten liefern, die sich aus elementaren mathematischen Funktionen zusammensetzen,
* oder eine geschlossene (analytische) Darstellung für Lösungsfunktionen liefern, wie z.B. in Form konvergenter Funktionenreihen oder in Integraldarstellung.

Beide Arten von Methoden zur Bestimmung *exakter* (*analytischer*) *Lösungen* (*Lösungsfunktionen*) bezeichnet man als *exakte* oder *analytische Lösungsmethoden* und spricht von einer *analytischen* (*geschlossenen*) *Lösungsdarstellung*. Derartige Methoden existieren jedoch nur für spezielle Klassen von Dgl, d.h., nicht jede Dgl ist exakt lösbar.

- *Numerische Lösungen* (Näherungslösungen)
  Numerische Lösungsmethoden kommen zum Einsatz, wenn exakte Lösungsmethoden versagen. Sie sind universeller anwendbar, liefern aber nur Näherungslösungen (numerische Lösungen). Effektiv lassen sich numerische Lösungsmethoden nur unter Anwendung von Computern einsetzen.

In den folgenden Abschn. 3.5.1 und 3.5.2 stellen wir Grundprinzipien exakter bzw. numerischer Lösungsmethoden vor.

3.5.1 Exakte Lösungsmethoden

Methoden zur exakten Lösung (exakte Lösungsmethoden) sind nur für Sonderfälle erfolgreich, d.h. für spezielle Klassen von Dgl.

Es lassen sich *allgemeine Prinzipien* für exakte Lösungsmethoden angeben, die sowohl für gewöhnliche als auch partielle Dgl anwendbar sind und auf folgenden Grundideen beruhen:

- *Ansatzprinzip*
  Die Grundidee besteht darin, Ansätze (Ausdrücke) mit elementaren mathematischen Funktionen und frei wählbaren Koeffizienten/Parametern vorzugeben und diese so zu wählen, daß die Ansätze Lösungsfunktionen der Dgl sind (siehe Abschn. 7.4.1 und 15.4.1).

- *Reduktionsprinzip*
  Die Grundidee besteht darin, eine vorliegende Aufgabe für Dgl auf eine einfachere Aufgabe zurückzuführen. Zwei derartige Prinzipien sind:

  * Reduktion (Verkleinerung) der Ordnung einer Dgl (siehe z.B. Abschn. 6.3.1).

  * Zurückführung partieller auf gewöhnliche Dgl bzw. gewöhnlicher Dgl auf algebraische Gleichungen. Dies gelingt z.B. mittels Integraltransformationen wie Laplace- und Fouriertransformation (siehe Transformationsprinzip).

- *Superpositionsprinzip*
  Die Grundidee besteht darin, eine Reihe unabhängiger Lösungen für eine Dgl zu berechnen und aus ihnen durch Linearkombination die allgemeine Lösung bzw. Lösungsfunktionen der Dgl zu konstruieren, die gegebene Bedingungen

(Anfangs- und Randbedingungen) erfüllen. Das Superpositionsprinzip ist für homogene lineare Dgl erfolgreich, da hier jede endliche Linearkombination von Lösungen wieder Lösung ist (siehe Abschn. 7.3 und 15.4.3).

- *Transformationsprinzip*
  Die Grundidee besteht darin, gewisse Klassen von Dgl (z.B. lineare) in einfachere Gleichungen zu transformieren, so z.B.

  * gewöhnliche Dgl in algebraische oder transzendente Gleichungen (siehe Abschn. 7.4.3)

  * partielle Dgl in gewöhnliche Dgl(siehe Abschn. 15.4.4 und 15.4.5)

  Dies gelingt z.B. durch Anwendung von Integraltransformationen wie Laplace- und Fouriertransformation.
  Von der Idee her kann man dieses Prinzip auch zu Reduktionsprinzipien zählen, da eine vorliegende Dgl vereinfacht wird.

Zur Lösung gewisser Klassen gewöhnlicher und partieller Dgl können weitere Vorgehensweisen herangezogen werden, wie z.B.

- Methode der Greenschen Funktionen (Greensche Methoden)
- Integralgleichungsmethode
- Variationsprinzip

Im Buch werden wir wichtige dieser Prinzipien und Vorgehensweisen zur exakten Lösung gewöhnlicher und partieller Dgl kennenlernen.

3.5.2 Numerische Lösungsmethoden

Da exakte Lösungsmethoden nur für spezielle Klassen (Sonderfälle) wie z.B. lineare Dgl erfolgreich sind, ist man bei vielen praktischen Aufgaben auf *numerische Lösungsmethoden* (Näherungsmethoden) angewiesen, die numerische Lösungen (Näherungslösungen) liefern. Numerische Methoden bilden oft die einzige Möglichkeit, praktisch anfallende Dgl zu lösen, wobei ihre Anwendung nur unter Verwendung von Computern effektiv zu realisieren ist. Deshalb stellt die Entwicklung effektiver numerischer Methoden einen Forschungsschwerpunkt der Numerischen Mathematik dar.

Für numerische Lösungsmethoden lassen sich zwei *Grundprinzipien* angeben, die sowohl für gewöhnliche als auch partielle Dgl gelten:

- *Diskretisierung*
  Grundlegende Ideen der Diskretisierung bestehen darin, zu lösende Dgl im Lösungsgebiet nur in endlich vielen Werten (Gitterpunkten) einiger oder aller unabhängigen Variablen zu betrachten. Auf Diskretisierung beruhende numerische Methoden bezeichnet man als *Diskretisierungsmethoden*.
  Einen wichtigen Vertreter von Diskretisierungsmethoden bilden *Differenzenmethoden*, bei denen in der Dgl auftretende Ableitungen (Differentialquotienten) der Lösungsfunktion in den Gitterpunkten durch Differenzenquotienten ersetzt (angenähert) werden (siehe Abschn. 11.3.2 und 16.2.2).

- *Projektion* (*Ansatz*)

    Grundlegende Ideen bei Projektionen bestehen darin, Näherungslösungen für Dgl durch endliche Linearkombination (Lösungsansatz) bekannter Funktionen zu erhalten, die als Ansatz- oder Basisfunktionen bezeichnet werden.

    Derartige Methoden heißen *Projektions-* oder *Ansatzmethoden* und unterscheiden sich dadurch, wie im Lösungsansatz enthaltene frei wählbaren Koeffizienten (Parameter) berechnet und welche Ansatzfunktionen verwendet werden.

    Wichtige Vertreter von Projektionsmethoden sind *Kollokations-* und *Variationsmethoden* (Galerkin-, Ritz- und Finite-Elemente Methoden), die wir im Abschn. 11.4 und 16.3 vorstellen.

Im Rahmen des Buches können wir nicht ausführlich auf die umfangreiche Problematik numerischer Methoden für Dgl eingehen, sondern nur typische Vorgehensweisen (Grundprinzipien) skizzieren und Standardmethoden vorstellen, die MATHCAD und MATLAB anwenden. Dies geschieht im Kap. 9–11 und 16, in denen Standardmethoden vorgestellt und an Beispielen erläutert werden, so daß der Anwender einen Einblick in die Problematik erhält und MATHCAD, MATLAB und weitere Programmsysteme erfolgreich zur numerischen Lösung von Dgl einsetzen kann.

3.5.3 Anwendung von MATHCAD und MATLAB

Im vorliegenden Buch haben wir MATHCAD und MATLAB gewählt, um Dgl exakt bzw. numerisch mittels Computer zu lösen, da beide Systeme bewährte exakte und numerische Lösungsmethoden zur Verfügung stellen und einfach zu bedienen sind, wenn man die im Buch gegebenen Hinweise und Beispiele heranzieht.

Die Anwendung von Computern ist bei der Lösung der meisten praktisch auftretenden Dgl erforderlich, da eine Lösung per Hand nur bei einfachen Dgl mit vertretbarem Aufwand durchgeführt werden kann.

Mit den im Buch gegebenen Hinweisen und Beispielen ist der Anwender in der Lage, die Systeme MATHCAD und MATLAB erfolgreich zur exakten bzw. numerischen Lösung von Dgl einzusetzen. Das betrifft auch die Anwendung der Systeme MATHEMATICA und MAPLE, da hier die Vorgehensweisen ähnlich wie in MATHCAD und MATLAB sind und die in ihnen vordefinierten Funktionen zur Lösung von Dgl in den Hilfeseiten erklärt werden.

Bei der exakten Lösung können von allen Systemen keine Wunder erwartet werden. Sie lösen nur solche Dgl exakt, für die die mathematische Theorie exakte Lösungsmethoden bereitstellt, wie z.B. für gewisse Klassen linearer Dgl.

Wenn die exakte Lösung fehlschlägt, können in allen Systemen vordefinierte numerische Lösungsfunktionen herangezogen werden, die für viele Anwendungsaufgaben brauchbare Näherungslösungen liefern.

♦

4 Gewöhnliche Differentialgleichungen

4.1 Einführung

Wie bereits im Abschn. 3.1 und 3.2 erwähnt und im Beisp. 3.1a illustriert, sind gewöhnliche Dgl dadurch charakterisiert, daß in ihren Gleichungen die gesuchten reellen Funktionen (Lösungsfunktionen) $y(x)$ und deren Ableitungen $y'(x)$, $y''(x)$, ... nur von einer reellen Variablen x abhängen.

In den Anwendungen handelt es sich bei der unabhängigen Variablen x um Orts- oder Zeitvariable.

Wenn es sich um Zeitvariable handelt, ersetzt man x meistens durch t. In diesem Fall sind die Ableitungen

$$y'(t), \quad y''(t), ...$$

der Lösungsfunktion $y(t)$ in der betrachteten Dgl auch durch Punkte gekennzeichnet, d.h.

$$\dot{y}(t), \quad \ddot{y}(t), ...$$

In der Physik wird bei zeitabhängigen Aufgaben statt der Funktionsbezeichnung $y(t)$ oft $x(t)$ verwandt, wobei auch Vektorfunktionen $\mathbf{x}(t)$ Anwendung finden, wenn es sich um Systeme von Dgl handelt.

Die in einer Dgl auftretende höchste Ableitung bestimmt ihre *Ordnung*. So hat eine gewöhnliche Dgl n-ter Ordnung die Darstellung

$$F(x, y'(x), y''(x), ..., y^{(n-1)}(x), y^{(n)}(x)) = 0 \qquad \textit{(implizite Darstellung)}$$

Dabei brauchen in dem funktionalen Zusammenhang F nicht alle Argumente auftreten. Es muß aber mindestens die n-te Ableitung vorhanden sein. Falls F nach der n-ten Ableitung auflösbar ist, ergibt sich die Darstellung

$$y^{(n)}(x) = f(x, y'(x), y''(x), ..., y^{(n-1)}(x)) \qquad \textit{(explizite Darstellung)}$$

Eine stetige Funktion $y(x)$ heißt *Lösung (Lösungsfunktion)* einer Dgl n-ter Ordnung, wenn sie stetige Ableitungen bis zur n-ten Ordnung besitzt und die Dgl identisch erfüllt.

Die Lösungsfunktion $y(x)$ wird in Anwendungen meistens nicht für alle x-Werte benötigt, sondern nur in einem beschränkten *Lösungsintervall* [a,b].

Der Raum der auf dem Lösungsintervall [a,b] bis zur n-ten Ableitung stetig differenzierbaren Funktionen (Funktionenraum $C^n[a,b]$) heißt *Lösungsraum* der Dgl
n-ter Ordnung.

♦

4.2 Anwendungen

Praktische Anwendungen sind für gewöhnliche Dgl nicht überschaubar, da sie in
den verschiedensten Gebieten von Technik, Natur- und Wirtschaftswissenschaften
als mathematische Modelle auftreten.
Als Einführung betrachten wir im folgenden Beisp. 4.1 zwei einfache Anwendungen für Wachstums- und Schwingungsprozesse.

Beispiel 4.1:

a) Einfache *Wachstums-* und *Zerfallsgesetze* gehen davon aus, daß zeitliche Änderungen einer Größe y(t) proportional zur Größe y(t) selbst sind, so daß eine
   Dgl der Form

   $$y'(t) = a \cdot y(t)$$

   als mathematisches Modell entsteht und in der a einen Proportionalitätsfaktor
   (reelle Zahl) darstellt mit

   - a < 0 z.B. bei *Zerfallsprozessen* für radioaktive Substanzen, bei denen a als
     Zerfallsrate bezeichnet wird.

   - a > 0 z.B. bei *Wachstumsprozessen* (z.B. von Populationen), bei denen a als
     Wachstumsrate bezeichnet wird.

   Der Proportionalitätsfaktor a kann von der Zeit t abhängen, d.h., die Dgl hat
   die allgemeinere Form

   $$y'(t) = a(t) \cdot y(t)$$

   Bei Wachstumsprozessen bezeichnet man diese Dgl als *Wachstums-Dgl*.

   Beim Wachstum verschlechtern sich oft bei groß werdenden Populationen die
   Wachstumsbedingungen, so daß sich die Wachstumsrate zu

   $a \cdot (1 - b \cdot y(t))$ (b > 0 – gegebene reelle Konstante)

   verkleinert und für y(t) = 1/b Null wird. In dieser Form liefern Wachstumsge-
   setze die Wachstums-Dgl

   $$y'(t) = a \cdot (1 - b \cdot y(t)) \cdot y(t)$$

b) Die Anwendung des *Newtonschen Bewegungsgesetzes* (siehe Beisp. 4.2b) und
   des *Hookeschen Gesetzes* auf eine ausgelenkte Feder mit angehängter Masse m
   ergibt eine lineare gewöhnliche Dgl zweiter Ordnung für die Auslenkung (me-
   chanische Schwingung) y(t) bei

- Vernachlässigung der Reibung in der Form

$$y''(t) = -\frac{k}{m} \cdot y(t) - g$$

- Berücksichtigung geschwindigkeitsproportionaler Reibung in der Form

$$y''(t) = -\frac{a}{m} \cdot y'(t) - \frac{k}{m} \cdot y(t) - g$$

(a - Dämpfungskonstante , k - Federkonstante , g - Erdbeschleunigung)

Diese Dgl gehören zur Klasse der *Schwingungs-Dgl* (*harmonischer Oszillator*)

$$y''(t) + b \cdot y'(t) + c \cdot y(t) = f(t)$$

(b , c > 0 - gegebene reelle Konstanten , f(t) - gegebene Funktion)

denen wir im Beisp. 6.2b wiederbegegnen.

Wenn Auslenkung y_0 und Geschwindigkeit y_1 zum Zeitpunkt t=0 bekannt sind, d.h. $y(0) = y_0$ und $y'(0) = y_1$, so hat man für die gegebene Schwingungs-Dgl eine *Anfangswertaufgabe* zu lösen (siehe Abschn. 4.3 und Beisp. 4.2b). Aufgaben dieser Form lösen wir im Abschn. 6.3.2 (Beisp. 6.2b) und 7.3.2. Analoge Dgl erhält man bei der Untersuchung *elektrischer RLC-Schwingkreise*.

♦

4.3 Anfangs-, Rand- und Eigenwertaufgaben

Eine Lösungsdarstellung für gewöhnliche Dgl n-ter Ordnung, die alle möglichen Lösungen enthält, heißt *allgemeine Lösung*. Dabei wird die Existenz von Lösungen vorausgesetzt und von singulären Lösungen abgesehen. Man kann unter gewissen Voraussetzungen nachweisen, daß die allgemeine Lösung n frei wählbare reelle Konstanten (Integrationskonstanten) enthält. Deshalb lassen sich maximal n Bedingungen für die Lösung angeben, um diese Konstanten zu bestimmen (siehe auch Abschn. 7.2).

Bei praktischen Aufgaben sind meistens nicht allgemeine Lösungen gesucht, sondern *spezielle Lösungen*, die gewisse Bedingungen erfüllen. Je nach vorgegebenen Bedingungen unterscheidet man bei gewöhnlichen Dgl zwischen

- *Anfangswertaufgaben:*
Hier werden Bedingungen (*Anfangsbedingungen*) für die Lösungsfunktion y(x) nur an einer Stelle (Punkt) $x = x_0$ des Lösungsintervalls [a,b] vorgegeben. Für eine Dgl n-ter Ordnung haben einfache Anfangsbedingungen die Form

$$y(x_0) = y_0 \ , \ y'(x_0) = y_1 \ , ... , \ y^{(n-1)}(x_0) = y_{n-1}$$

mit vorgegebenen Zahlenwerten (*Anfangswerten*)

$$y_0 \ , \ y_1 \ , ... , \ y_{n-1}$$

für die Lösungsfunktion und ihre Ableitungen. Häufig sind Anfangsbedingungen im Anfangspunkt a des Lösungsintervalls vorgegeben, d.h. $x_0 = a$.
Anfangswertaufgaben treten häufig bei zeitabhängigen Aufgaben auf, bei denen Bedingungen für die Lösungsfunktion nur in einem Zeitpunkt vorliegen.

- *Randwertaufgaben:*
  Hier werden Bedingungen (*Randbedingungen*) für die Lösungsfunktion y(x) an mindestens zwei Stellen x_0 und x_1 des Lösungsintervalls [a,b] vorgegeben. Oft sind Randbedingungen in den beiden Endpunkten a und b des Lösungsintervalls vorgegeben, d.h. $x_0 = a$ und $x_1 = b$.
  Randwertaufgaben sind im Gegensatz zu Anfangswertaufgaben erst ab einer gewöhnlichen Dgl zweiter Ordnung möglich.
  Einfache Randbedingungen für Dgl zweiter Ordnung haben die Form

  $$y(x_0) = y_0 \quad , \quad y(x_1) = y_1$$

  mit vorgegebenen Zahlenwerten (*Randwerten*) y_0 , y_1 . Sind beide Randwerte y_0, y_1 gleich Null, d.h.

  $$y_0 = 0 , y_1 = 0$$

  so spricht man von *homogenen Randbedingungen*. Ist zusätzlich die (lineare) Dgl homogen, so spricht man von *homogenen Randwertaufgaben* (siehe Abschn. 6.3.6).

- *Eigenwertaufgaben:*
  Homogene lineare Randwertaufgaben haben oft nur die Lösung y(x) ≡ 0 (*triviale Lösung*). Eigenwertaufgaben sind spezielle homogene lineare Randwertaufgaben, die einen Parameter λ enthalten, der so zu wählen ist, daß nichttriviale Lösungsfunktionen y(x) existieren, d.h. Lösungsfunktionen y(x), die von Null verschieden sind (siehe Abschn. 6.3.7).

☞

Es ist leicht einzusehen, daß für eine Dgl erster Ordnung nur Anfangswertaufgaben sinnvoll sind, da hier in die allgemeine Lösung nur eine frei wählbare Konstante eingeht (siehe Abschn. 5.2).
Rand- und Eigenwertaufgaben treten deshalb erst für Dgl zweiter Ordnung und Dgl-Systeme auf. Wir werden hierfür im Laufe des Buches typische Beispiele und Lösungsmethoden kennenlernen (siehe Beisp. 4.2, Abschn. 6.3.6, 6.3.7 und 8.3).
♦

Beispiel 4.2:
Betrachten wir typische praktische Aufgaben für Anfangs-, Rand- und Eigenwertaufgaben, deren Lösung in den folgenden Kap.5 – 7 besprochen wird.

a) Die *Wachstums-Dgl* (siehe Beisp. 4.1a)

  $$y'(t) = a \cdot y(t) \qquad \text{(a - gegebene reelle Konstante)}$$

  besitzt die *allgemeine Lösung* (siehe Beisp. 5.1d)

  $$y(t) = C \cdot e^{a \cdot t}$$

mit einer frei wählbaren reellen Konstanten C. Durch Vorgabe der *Anfangsbe-dingung* $y(t_0) - y_0$ ist C eindeutig bestimmt und man erhält als Lösung der *Anfangswertaufgabe*

$y(t) = y_0 \cdot e^{a \cdot (t - t_0)}$ d.h., C berechnet sich aus $y(t_0) = y_0 = C \cdot e^{a \cdot t_0}$.

b) Das *Newtonsche Bewegungsgesetz:* Masse × Beschleunigung = Kraft liefert eine Dgl zweiter Ordnung der Gestalt

$m \cdot y''(t) = K(t, y(t), y'(t))$ (m - Masse, K - Kraft)

wobei sich die Kraft K i.allg. als Funktion der Zeit t, des Ortes y(t) und der Geschwindigkeit $y'(t)$ darstellt.
Typische *Anfangsbedingungen* hierfür sind durch Vorgabe von Weg y(t) und Geschwindigkeit $y'(t)$ zur Zeit t_0 gegeben, d.h.
$y(t_0) = y_0$, $y'(t_0) = y_1$.
Eine Anwendung der gegebenen Dgl findet man im Beisp. 4.1b.

c) Es ist die Kurve (Seilkurve oder Kettenlinie) gesucht, die ein an zwei Punkten mit den Koordinaten (x_0, y_0), (x_1, y_1) befestigtes homogenes, biegsames und durchhängendes Seil unter dem Einfluß der Schwerkraft annimmt. Dies führt auf eine *Randwertaufgabe* für eine nichtlineare Dgl zweiter Ordnung der Form (siehe [10]), wobei a eine Konstante ist:

$y''(x) = a \cdot \sqrt{1 + y^2(x)}$ mit *Randbedingungen* $y(x_0) = y_0, y(x_1) = y_1$

d) Eine einfache klassische *Eigenwertaufgabe* liefert die Berechnung der *Euler-schen Knicklast* für einen senkrechten unten eingespannten Stab der Länge 1, der in Richtung seiner Längsachse durch eine Kraft K belastet wird (siehe [10]). Dies liefert die *homogene lineare Dgl* zweiter Ordnung

$y''(x) + \lambda \cdot y(x) = 0$ mit $\lambda = \dfrac{K}{E \cdot J}$

mit *homogenen Randbedingungen* y(0) = 0 und $y'(1) = 0$.
In dieser Aufgabe stellt der Parameter λ den *Eigenwert* dar, der von der verän-derbaren Kraft K, dem konstanten Elastizitätsmodul E und dem konstanten a-xialen Flächenträgheitsmoment J abhängt. Gesucht sind solche Werte (Eigen-werte) von K und damit von λ, für die die homogene Randwertaufgabe nicht-triviale Lösungen y(x) besitzt, d.h. für die eine von der geradlinigen Form ver-schiedene Gleichgewichtslage des Stabes möglich ist (siehe Beisp. 6.10a).

◆

4.4 Existenz und Eindeutigkeit von Lösungen

Da man schon bei relativ einfachen Dgl keine geschlossene Lösungsdarstellung findet (siehe Beisp. 4.4c), ist es von großem Interesse zu untersuchen, unter wel-chen Voraussetzungen eine vorliegende Dgl überhaupt Lösungen besitzt.

Deshalb werden in der Theorie der Dgl unter zusätzlichen Voraussetzungen *Existenz* und *Eindeutigkeit* von *Lösungen* nachgewiesen. Am einfachsten gelingt dieser Nachweis für Anfangswertaufgaben, wie im Beisp. 4.3 illustriert wird.

Existenzaussagen liefern nicht immer konstruktive Methoden, um exakte Lösungen zu erhalten. Man benötigt sie aber auch für numerische Methoden (Näherungsmethoden), da deren Anwendung nur sinnvoll ist, wenn Lösungen existieren. Beweise einiger Existenzaussagen (siehe Beisp. 4.3) lassen sich für numerische Methoden heranziehen, wie im Beisp. 12.1 illustriert wird.

Im Rahmen des Buches betrachten wir nur sogenannte *klassische Lösungen* für gewöhnliche Dgl n-ter Ordnung. Diese sind dadurch charakterisiert, daß *Lösungsfunktionen* y(x) auf dem Lösungsintervall [a,b] bis zur Ordnung n stetig differenzierbar sind und die Dgl identisch erfüllen, d.h., Lösungsraum ist der Raum $C^n[a,b]$ der n mal stetig differenzierbaren Funktionen.

In der modernen Theorie wird dieser Lösungsbegriff abgeschwächt, falls keine klassischen Lösungen existieren. Man spricht dann von *schwachen* oder *verallgemeinerten Lösungen*, die auch bei praktischen Aufgaben Anwendung finden. Auf diese Problematik können wir jedoch im Rahmen des Buches nicht eingehen und verweisen auf die Literatur [8,24].

♦

Beispiel 4.3:

Betrachten wir als Beispiel Anfangswertaufgaben für Dgl erster Ordnung

$$y'(x) = f(x,y(x)) , y(x_0) = y_0$$

Hierfür liefert der bekannte *Satz von Picard-Lindelöf* ein hinreichendes Kriterium für die Existenz einer eindeutigen Lösungsfunktion y(x) in der Umgebung von x_0 unter der Voraussetzung, daß die stetige Funktion f(x,y) der Dgl bzgl. y einer Lipschitz-Bedingung der Form

$$|f(x,u) - f(x,v)| \leq L \cdot |u - v|$$

mit der Lipschitz-Konstanten L (>0) genügt.

Zum Beweis dieses Satzes wird die betrachtete Anfangswertaufgabe in die äquivalente *Integralgleichung*

$$y(x) = y_0 + \int_{x_0}^{x} f(s,y(s)) \, ds$$

überführt (siehe Abschn. 7.4.5). Zur Lösung dieser Integralgleichung verwendet man eine Iterationsmethode, die unter den gegebenen Voraussetzungen konvergiert (siehe Beisp. 12.1).

Der Satz von Picard-Lindelöf läßt sich auf Dgl-Systeme erster Ordnung verallgemeinern (siehe [18]), so daß er auch auf gewöhnliche Dgl n-ter Ordnung anwendbar ist, da sich diese auf Dgl-Systeme erster Ordnung zurückführen lassen (siehe Abschn. 7.1).

♦

Zur Lösungsproblematik gewöhnlicher Dgl ist folgendes zu bemerken:

• Bei praktischen Aufgaben sind keine allgemeinen Lösungen gesucht, sondern Lösungsfunktionen, die vorliegende Anfangs- oder Randbedingungen erfüllen.

• Der im Beisp. 4.3 skizzierte Existenzsatz besitzt einen Beweis mit konstruktivem Charakter, d.h., er liefert für Anfangswertaufgaben zusätzlich eine Iterationsmethode zur Bestimmung von Näherungslösungen (siehe [6,18]), die unter der Bezeichnung Picard-Iteration bekannt ist (siehe Beisp. 12.1).

• Für Randwertaufgaben sind Existenz- und Eindeutigkeitssätze nur unter zusätzlichen Voraussetzungen zu beweisen, da hier Existenz und Eindeutigkeit einer Lösung nicht nur von der Dgl sondern auch von den Randbedingungen abhängen. Im Beisp. 6.6 wird dieser Sachverhalt an einer einfachen Aufgabe illustriert.

• Anwender interessieren sich weniger für die Existenzproblematik, da sie meistens von der Existenz von Lösungen für eine betrachtete Dgl ausgehen. Dies wird bei Anfangswertaufgaben dadurch gerechtfertigt, daß für hinreichend große Klassen von Aufgaben Existenz und Eindeutigkeit von Lösungen nachweisbar sind. Deshalb werden wir im Rahmen des Buches die Existenz von Lösungen voraussetzen. Bei Randwertaufgabe ist allerdings Vorsicht geboten, da hier bereits einfache Aufgabenstellungen keine Lösungen besitzen, weil Randbedingungen einen wesentlichen Einfluß auf die Existenz von Lösungen ausüben (siehe Beisp. 6.6).

• Wenn die Existenz einer Lösung gesichert ist, entsteht naturgemäß die Frage nach ihrer konkreten Form und Berechnung. Diese Problematik bildet den Hauptinhalt des Buches, wofür als große Hilfe MATHCAD und MATLAB herangezogen werden.

• Der Idealfall besteht darin, daß sich exakte Lösungen gewöhnlicher Dgl aus endlich vielen elementaren mathematischen Funktionen zusammensetzen. Derartige Lösungen sind schon für relativ einfache Dgl nicht vorhanden, wie im Beisp. 4.4b zu sehen ist. Dieser Fakt ist nicht weiter verwunderlich, da die Lösung von Dgl eng mit der Integration von Funktionen zusammenhängt, bei der die gleiche Problematik vorkommt. Falls dieser Idealfall nicht eintritt, ist man als nächstes an einer analytischen (geschlossenen) Lösungsdarstellung in Form einer Funktionenreihe (Potenzreihe) oder eines Integrals interessiert (siehe Abschn. 3.5). Derartige Lösungen werden wir in den folgenden Kap.5–7 kennenlernen.

• Man bezeichnet eine Anfangs- oder Randwertaufgabe für Dgl als *sachgemäß* (*korrekt*) gestellt, wenn sie folgende Eigenschaften besitzt:

  * Es existiert eine Lösung.

  * Die Lösung ist eindeutig bestimmt.

  * Die Lösung hängt stetig von den Parametern der Aufgabe wie z.B. Anfangs- und Randwerten ab.

  Die letzte Eigenschaft bedeutet, daß kleine Änderungen in der Aufgabe nur kleine Änderungen in der Lösung hervorrufen. Diese Eigenschaft ist vor allem für praktische Anwendungen wichtig, da hier erforderliche Daten i.allg. nicht exakt ermittelt werden können.

Beispiel 4.4:

a) *Wachstums-Dgl* (siehe Beisp. 4.1a)

$$y'(t) = a \cdot y(t)$$

und Dgl für den *harmonischen Oszillator* (siehe Beisp. 4.1b)

$$y''(t) + a \cdot y'(t) + b \cdot y(t) = 0$$

sind Beispiele dafür, daß sich allgemeine Lösungen aus elementaren Funktionen zusammensetzen und einfach bestimmen lassen, wie im Abschn. 5.3.1, 6.3.2 und 7.3.2 beschrieben wird .

b) Bereits folgende einfache lineare bzw. nichtlineare Dgl erster und zweiter Ordnung besitzen keine Lösungsfunktionen, die sich aus einer endlichen Anzahl elementarer Funktionen zusammensetzen:

  • $x^2 \cdot y''(x) + x \cdot y'(x) + (x^2 - r^2) \cdot y(x) = 0$ (Besselsche Dgl)

  • $y'(x) = y^2(x) + x^2$

Bei beiden Dgl besteht eine Möglichkeit zur Konstruktion von Lösungsfunktionen darin, diese durch konvergente Potenzreihen darzustellen (*Potenzreihenlösungen*), wie im Abschn. 6.3.3 und 7.4.2 illustriert wird.

c) Die folgende einfache gewöhnliche Dgl erster Ordnung

  • $(y'(x))^2 + (y(x))^2 = -1$ besitzt *keine Lösung*,

  • $(y'(x))^2 + (y(x))^2 = 0$ besitzt nur die *triviale Lösung* $y(x) \equiv 0$,

wie man sich leicht überlegt.

♦

☞

Die Existenz- und Eindeutigkeitsproblematik interessiert Anwender in Technik, Natur- und Wirtschaftswissenschaften weniger. Da sie bei untersuchten Problemen von einer Lösung ausgehen, erwarten sie dies auch von zugehörigen mathematischen Modellen in Form von Dgl.
Da mathematische Modelle aber nur eine vereinfachte Darstellung liefern, müssen diese nicht immer eine Lösung besitzen. Dies ist vor allem bei Randwertaufgaben zu beachten.

♦

4.5 Lösungsmethoden

Für gewöhnliche Dgl gibt es eine Vielzahl von Lösungsmethoden, in die wir in den Kap.5–11 einen Einblick geben. Man unterscheidet zwischen exakten und numerischen Methoden, deren Vorgehensweisen in folgenden Abschn. 4.5.1 und 4.5.2 vorgestellt werden.

4.5.1 Exakte Lösungsmethoden

Exakte Lösungsmethoden lassen sich anschaulich als Methoden charakterisieren, die für eine gegebene Dgl

* entweder in endlich vielen Schritten exakte Lösungsfunktionen liefern, die sich aus elementaren mathematischen Funktionen zusammensetzen,

* oder eine analytische (geschlossene) Darstellung für exakte Lösungsfunktionen bereitstellen, z.B. in Form konvergenter Funktionenreihen (Potenzreihen) oder in Integralform.

Man spricht hier von *exakten* oder *analytischen Lösungsmethoden* bzw. *exakten* oder *analytischen Lösungen* bzw. *analytischen (geschlossenen) Lösungsdarstellungen.*

Die im Abschn. 3.5.1 vorgestellten allgemeinen Prinzipien zur exakten Lösung von Dgl finden auch bei gewöhnlichen Dgl Anwendung. Auf diesen Prinzipien aufbauende Lösungsmethoden existieren für eine Reihe von Sonderfällen gewöhnlicher Dgl, wie in den Kap.5–8 zu sehen ist. Unter diesen Sonderfällen spielen lineare Dgl eine herausragende Rolle, während für nichtlineare Dgl das Finden exakter Lösungen wesentlich schwieriger ist.

4.5.2 Numerische Lösungsmethoden

Obwohl sich eine Reihe gewöhnlicher Dgl exakt lösen läßt, ist man bei vielen praktischen Anwendungen auf numerische Methoden (Näherungsmethoden) angewiesen. Dies liegt einerseits in der Tatsache begründet, daß viele praktische Aufgaben nichtlinear sind und hierfür keine exakten Lösungen ermittelbar sind. Andererseits lassen sich für exakt lösbare Dgl die enthaltenen Koeffizienten und Parameter praktisch meistens nur näherungsweise bestimmen, so daß eine numerische Lösung vorzuziehen ist, die sich effektiv nur mittels Computer realisieren läßt.

Die im Abschn. 3.5.2 vorgestellten allgemeinen Prinzipien zur numerischen Lösung finden auch bei gewöhnlichen Dgl Anwendung. Auf diesen Prinzipien aufbauende Lösungsmethoden werden im Kap.10 und 11 vorgestellt.

4.5.3 Anwendung von MATHCAD und MATLAB

Wir haben im vorliegenden Buch MATHCAD und MATLAB gewählt, um Dgl exakt bzw. numerisch mittels Computer zu lösen. Die Anwendung des Computers ist bei der Lösung der meisten praktischen Aufgaben erforderlich, da selbst eine mögliche exakte Lösung per Hand nur bei einfachen Aufgabenstellungen zu empfehlen ist.

Numerische Methoden sind für praktische Aufgaben nur mittels Computer effektiv zu realisieren, wobei Systeme wie MATHCAD und MATLAB die Arbeit wesentlich erleichtern. MATHCAD und MATLAB werden vor allem von Naturwissenschaftlern und Technikern eingesetzt, um mathematische Aufgaben mittels

Computer zu lösen. Das liegt vor allem darin begründet, daß sie bei der meistens erforderlichen numerischen Lösung mathematischer Aufgaben den führenden Computeralgebrasystemen MATHEMATICA und MAPLE überlegen sind. Dies ist auch bei der Lösung von Dgl der Fall. MATHCAD und MATLAB besitzen neben vordefinierten Funktionen zur exakten Lösung eine Reihe vordefinierter Funktionen zur numerischen Lösung von Dgl, die erprobte Näherungsmethoden anwenden.

5 Gewöhnliche Differentialgleichungen erster Ordnung

5.1 Einführung

Dgl erster Ordnung stellen die einfachste Form gewöhnlicher Dgl dar, da in ihren Gleichungen neben der gesuchten Funktion (Lösungsfunktion) $y(x)$ nur noch ihre erste Ableitung $y'(x)$ auftritt. Sie schreiben sich allgemein in der Form:

* $F(x, y(x), y'(x)) = 0$

    die man als *implizite Darstellung* bezeichnet. Dabei brauchen in dem funktionalen Zusammenhang F nicht alle Argumente auftreten. Es muß aber mindestens die Ableitung erster Ordnung vorhanden sein.

* $y'(x) = f(x, y(x))$

    die man als *explizite Darstellung* bezeichnet. Sie ergibt sich aus der impliziten Darstellung, wenn sich diese nach der ersten Ableitung auflösen läßt.

Eine stetige Funktion $y(x)$ heißt *Lösung (Lösungsfunktion)* einer Dgl erster Ordnung, wenn sie eine stetige Ableitung $y'(x)$ besitzt und die Dgl identisch erfüllt, d.h., wenn gilt

$F(x, y(x), y'(x)) \equiv 0$ bzw. $y'(x) \equiv f(x, y(x))$

☞

Dgl erster Ordnung gestatten eine einfache *geometrische Interpretation*, da sie jedem Punkt (x,y) der xy-Ebene über ihre Gleichung $y' = f(x,y)$ eine Steigung y' zuordnen und damit ein sogenanntes *Richtungsfeld* aus *Linienelementen* erzeugen. Dabei wird als Linienelement ein Punkt (x,y) mit zugehöriger Steigung y' bezeichnet.
Man kann derartige Richtungsfelder geometrisch darstellen, indem man Kurven $f(x,y) = c$ gleicher Steigung c (c – reelle Zahl) zeichnet, die als *Isoklinen* bezeichnet werden. Lösungen der Dgl sind dann diejenigen Kurven, die in das gezeichnete Richtungsfeld hineinpassen.

♦

Bei Dgl erster Ordnung gibt es zahlreiche Sonderfälle, für die sich Eigenschaften bzw. exakte Lösungsmethoden angeben lassen. Im Abschn. 5.3 betrachten wir wichtige dieser Sonderfälle und diskutieren die Anwendung von MATHCAD und MATLAB.

5.2 Anfangswertaufgaben

Die *allgemeine Lösung* y(x;C) einer Dgl erster Ordnung hängt von einer frei wählbaren reellen Konstanten (Integrationskonstanten) C ab. Deshalb ist es möglich, eine Bedingung vorzugeben, die meistens die Form

$$y(x_0) = y_0$$

hat und als *Anfangsbedingung* bezeichnet wird. Damit ist eine eindeutige Lösungsfunktion y(x) bestimmt, vorausgesetzt, daß ihre Existenz und Eindeutigkeit gesichert sind (siehe Abschn. 4.4).

Diese Aufgaben heißen *Anfangswertaufgaben*, wobei der für $x = x_0$ vorgegebene Wert y_0 für die Lösungsfunktion y(x) als *Anfangswert* bezeichnet wird. Wenn Lösungsfunktionen y(x) für das Lösungsintervall [a,b] gesucht sind, ist die Anfangsbedingung häufig für den Anfangspunkt a des Lösungsintervalls gegeben, d.h. $x_0 = a$. In diesem Fall schreiben wir die Anfangsbedingung auch in der Form

$$y(a) = y_a.$$

5.3 Exakte Lösungsmethoden

Bereits bei Dgl erster Ordnung

$$y'(x) = f(x, y(x))$$

existieren Methoden zur Berechnung exakter Lösungen nur für Sonderfälle, von denen wir im folgenden wichtige betrachten. Dabei ist es möglich, daß eine vorliegende Dgl die Kriterien mehrerer Sonderfälle erfüllt.

Trifft auf eine vorliegende Dgl kein exakt lösbarer Sonderfall zu, so können nur Näherungslösungen durch Anwendung numerischer Methoden berechnet werden, wie im Kap. 9 −11 beschrieben wird.

5.3.1 Lineare Differentialgleichungen

Lineare Dgl erster Ordnung

$$y'(x) + a(x) \cdot y(x) = f(x)$$

bilden einen Sonderfall, für den sich eine Lösungsformel angeben läßt.

Die in der Dgl auftretenden Funktionen a(x) und f(x) werden als stetig vorausgesetzt. Falls f(x) ≡ 0 gilt, heißt die Dgl *homogen* ansonsten *inhomogen*.

Die allgemeine Form linearer Dgl erster Ordnung lautet

$$A(x) \cdot y'(x) + B(x) \cdot y(x) = F(x)$$

Hat die Koeffizientenfunktion A(x) Nullstellen, so können *Singularitäten* auftreten. Wenn man A(x) ≠ 0 voraussetzt, läßt sich die Dgl durch A(x) dividieren und man erhält die zu Beginn gegebene Form.

♦

Eigenschaften linearer Dgl werden im Abschn. 7.3 ausführlicher vorgestellt, so daß wir diese hier nicht extra angeben.
Für lineare Dgl erster Ordnung existieren folgende Formeln (*Lösungsformeln*) zur Berechnung exakter Lösungsfunktionen y(x), die sich mittels der im Abschn. 5.3.2 und 7.3.4 gegebenen Lösungsmethoden herleiten lassen, wie im Beisp. 7.5d gezeigt wird:

- Allgemeine Lösung mit frei wählbarer reeller Konstanten C

$$
y(x) = \left(C + \int e^{\int a(x)\, dx} \cdot f(x)\, dx \right) \cdot e^{-\int a(x)\, dx}
$$

wobei alle auftretenden Integrale unbestimmte Integrale sind, deren Berechnung ohne additive Konstante erfolgt.

- Lösung für die Anfangsbedingung $y(x_0) = y_0$

$$
y(x) = \left(y_0 + \int_{x_0}^{x} e^{\int_{x_0}^{s} a(t)\, dt} \cdot f(s)\, ds \right) \cdot e^{-\int_{x_0}^{x} a(t)\, dt}
$$

Diese Lösungsformeln sind universell einsetzbar, so auch für die Sonderfälle $a(x) \equiv 0$ und $f(x) \equiv 0$.

☞

Im Beisp. 5.1 illustrieren wir die Anwendung von MATHCAD und MATLAB zur Berechnung von Lösungen linearer Dgl erster Ordnung. Man kann beide die gegebene Lösungsformel berechnen lassen, wie im Beisp. 5.1a demonstriert wird. Für MATHCAD ist dies neben der Anwendung der Laplacetransformation (siehe Abschn. 7.4.3) die einzige Möglichkeit zur exakten Lösung, da es im Gegensatz zu MATLAB keine vordefinierten Funktionen zur exakten Lösung von Dgl besitzt.
Bei konkreter Anwendung der gegebenen Lösungsformeln ist zu beachten, daß die enthaltenen Integrale nicht immer exakt berechenbar sein müssen. Bei Anfangswertaufgaben kann man in diesem Fall die Integrale der gegebenen Formel für vorgegebene Werte von x numerisch (näherungsweise) mittels MATHCAD oder MATLAB berechnen und erhält Näherungswerte für die Lösungsfunktion y(x). Wir illustrieren diese Vorgehensweise im Beisp. 5.1c unter Anwendung von MATHCAD, mit dessen Hilfe sich dies im Gegensatz zu MATLAB sehr einfach realisieren läßt. In MATLAB ist eine Funktionsdatei zu schreiben. Diese Aufgabe überlassen wir dem Leser. Einfacher gestaltet sich hier die Anwendung vordefinierter Numerikfunktionen, die im Abschn. 10.5 vorgestellt werden.
Zusätzlich ist in MATLAB die Funktion **dsolve** vordefiniert, die sowohl zur exakten Berechnung allgemeiner Lösungen als auch von Anfangs- und Randwertaufgaben für gewöhnliche Dgl beliebiger Ordnung herangezogen werden kann (siehe Abschn. 7.4.7). Im folgenden Beisp. 5.1 illustrieren wir dies für lineare Dgl erster

Ordnung und empfehlen dem Anwender, **dsolve** aufgrund der einfacheren Handhabung der Berechnung der Lösungsformel vorzuziehen.

♦

Beispiel 5.1:

a) Bestimmen wir die allgemeine Lösung der linearen Dgl erster Ordnung

$$y'(x) + \tan x \cdot y(x) = \sin 2x$$

mittels MATHCAD und MATLAB:

MATHCAD berechnet unter Anwendung der gegebenen *Lösungsformel* folgendes, wobei die Integralsymbole für die unbestimmte Integration aus der Symbolleiste „Differential/Integral" zu entnehmen sind:

$$a(x) := \tan(x) \qquad\qquad f(x) := \sin(2 \cdot x)$$

$$y(x) := \left(C + \int e^{\int a(x)\,dx} \cdot f(x) \; dx \right) \cdot e^{-\int a(x)\,dx} \;\rightarrow\; (C - 2 \cdot \cos(x)) \cdot \cos(x)$$

Unter Anwendung der *Lösungsformel* berechnet MATLAB folgendes:

\>\> syms x C; (C+ int (exp(int (tan(x) , x))*sin(2*x) , x))*exp(−int (tan(x) , x))

ans =

(C − 2 * cos(x)) * cos(x)

Der Einsatz der vordefinierten Funktion **dsolve** gestaltet sich einfacher, wie im folgenden zu sehen ist:

\>\> dsolve(' Dy + tan(x) * y = sin (2*x) ' , 'x')

ans =

−cos(2*x) − 1 + cos(x) * C1

MATLAB erhält mittels **dsolve** eine andere Darstellung für die Lösung.

b) Bestimmen wir die Lösung der Dgl aus Beisp. a, die der Anfangsbedingung

$$y(0) = y_0 = 1$$

genügt, indem wir MATHCAD und MATLAB anwenden:

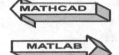

MATHCAD berechnet unter Anwendung der gegebenen Lösungsformel folgendes, wobei die Integralsymbole für die bestimmte Integration aus der Symbolleiste „Differential/Integral" zu verwenden sind:

$$a(x) := \tan(x) \qquad f(x) := \sin(2 \cdot x) \qquad x0 := 0 \quad y0 := 1$$

$$y(x) := \left(y0 + \int_{x0}^{x} e^{\int_{x0}^{s} a(t)\, dt} \cdot f(s)\ ds \right) \cdot e^{-\int_{x0}^{x} a(t)\, dt} \rightarrow (3 - 2 \cdot \cos(x)) \cdot \cos(x)$$

MATLAB liefert mit der vordefinierten Funktion **dsolve** folgende Lösung:

\>> dsolve (' Dy + tan (x) * y = sin (2 * x) , y (0) = 1 ' , 'x')

ans =

$-\cos(2*x) - 1 + 3 * \cos(x)$

Man sieht, daß beide die Lösung berechnen, aber in unterschiedlicher Darstellung.

c) Die allgemeine Lösung der linearen Dgl erster Ordnung

$$y'(x) + x^2 \cdot y(x) = x$$

wird von MATHCAD mit der Lösungsformel nicht weiter berechnet, da sich die enthaltenen Integrale nicht exakt auswerten lassen.

MATLAB berechnet mit der vordefinierten Funktion **dsolve** die allgemeine Lösung unter Verwendung der Gammafunktion.

Im folgenden zeigen wir anhand von MATHCAD, wie die gegebene Lösungsformel numerisch berechnet werden kann, wenn man die Anfangswertaufgabe mit

$$y(0) = y_0 = 1$$

betrachtet und das Lösungsintervall [0,1] voraussetzt:

MATHCAD

Wenn x für das Lösungsintervall [0,1] als Bereichsvariable mit der Schrittweite 0.1 definiert wird, berechnet MATHCAD mit dieser Schrittweite Näherungswerte der Lösungsfunktion y(x), indem es die in der Lösungsformel auftretenden bestimmten Integrale numerisch bestimmt:

$$a(x) := x^2 \qquad f(x) := x \qquad x0 := 0 \ y0 := 1 \qquad x := 0, 0.1 \, .. \, 1$$

$$y(x) := \left(y0 + \int_{x0}^{x} e^{\int_{x0}^{s} a(t)\,dt} \cdot f(s) \, ds \right) \cdot e^{-\int_{x0}^{x} a(t)\,dt}$$

Die Integralsymbole für die bestimmte Integration sind aus der Symbolleiste "Differential/Integral" zu entnehmen.

Im folgenden sind die von MATHCAD berechneten Näherungswerte der Lösungsfunktion y(x) für x = 0 , 0.1 , 0.2 , ..., 1 angezeigt und grafisch dargestellt.

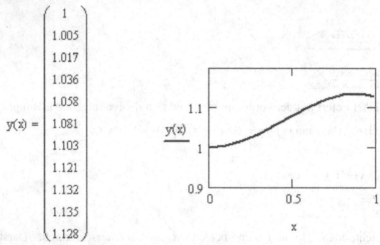

$$y(x) = \begin{pmatrix} 1 \\ 1.005 \\ 1.017 \\ 1.036 \\ 1.058 \\ 1.081 \\ 1.103 \\ 1.121 \\ 1.132 \\ 1.135 \\ 1.128 \end{pmatrix}$$

MATHCAD gestattet diese elegante Berechnungsform unter Verwendung von x als Bereichsvariable.

Bei MATLAB gestaltet sich die Berechnung etwas aufwendiger, so daß wir dies dem interessierten Leser als Übung überlassen. Einfacher gestaltet sich hier die Anwendung vordefinierter Numerikfunktionen (siehe Abschn. 10.5).

d) Die allgemeine Lösung der *Wachstums-Dgl*

$$y'(t) = a(t) \cdot y(t) \qquad\qquad (a(t) - \text{gegebene Funktion})$$

aus Beisp. 4.1a ergibt sich unmittelbar aus der Lösungsformel für f(t)≡0:

$$y(t) = C \cdot e^{\int a(t)\,dt} \qquad\qquad (C - \text{frei wählbare reelle Konstante})$$

d.h., man hat eine geschlossene Lösungsdarstellung in Integralform. Falls sich für eine konkrete Funktion a(t) das enthaltene Integral exakt berechnen läßt, ergibt sich die allgemeine Lösung in Form elementarer mathematischer Funktionen, wie z.B. für a(t) = a = konstant die Lösungsfunktion

$$y(t) = C \cdot e^{a \cdot t}$$

Diese Lösungen können auch mittels Methode der Trennung der Variablen erhalten werden, wie im Beisp. 5.2c illustriert wird.

Falls die im Beisp. 5.1 mittels MATHCAD und MATLAB angewandten exakten
Lösungsmethoden nicht zum Erfolg führen, können in beiden vordefinierte Numerikfunktionen herangezogen werden, die im Abschn. 10.4 und 10.5 besprochen
werden.

♦

5.3.2 Methode der Trennung der Variablen

Die Methode der *Trennung der Variablen* läßt sich auf Dgl erster Ordnung
$y'(x) = f(x,y(x))$ anwenden, die folgende Form haben

$$y'(x) = g(x) \cdot h(y(x))$$

d.h., in der Funktion $f(x,y)$ müssen die Variablen x und y trennbar (separierbar)
sein. Man spricht hier von *separierbaren Dgl*.
Wenn diese Form vorliegt, läßt sich die allgemeine Lösung durch Integration in
der Form

$$\int \frac{dy}{h(y)} = \int g(x)\, dx + C$$

angeben, wobei wir $h(y) \neq 0$ voraussetzen.
Es ist natürlich nicht zu übersehen, daß diese Methode nur explizit die exakte Lösungsfunktion liefert, wenn beide Integrale berechenbar sind. Ansonsten kann man
nur die gegebene geschlossene Lösungsdarstellung in Integralform weiterverwen-
den.
Illustrieren wir die Methode der Trennung der Variablen im folgenden Beisp. 5.2.

Beispiel 5.2:

a) Die nichtlineare Dgl

$$y'(x) - e^{y(x)} \cdot \sin x = 0$$

hat die Form $y'(x) = g(x) \cdot h(y)$ mit $g(x)=\sin x$ und $h(y)=e^y$ und läßt sich
deshalb durch Trennung der Variablen mittels

$$\int e^{-y}\, dy = \int \sin x\, dx + C$$

lösen. Die Berechnung der beiden Integrale ergibt die implizite Lösungsdarstellung

$$-e^{-y} = -\cos x + C$$

die sich nach y auflösen läßt, so daß man folgende explizite Lösungsdarstellung erhält:

$$y(x) = -\log\,(\cos(x) - C)$$

Diese Lösungsfunktion in expliziter Darstellung berechnet MATLAB mit der
vordefinierten Funktion **dsolve**:

>> dsolve (' Dy – exp (y) * sin (x) = 0 ', ' x ')

ans =

– log (cos (x) – C1)

b) Die einfachste Form

$y'(x) = g(x)$

einer Dgl erster Ordnung hat die Lösung

$y(x) = \int g(x)\, dx + C$

die sich unmittelbar durch Integration ergibt. Diese Lösung folgt auch aus den gegebenen Formeln der Trennung der Variablen bzw. für lineare Dgl, wie man sich leicht überzeugt.

c) Die allgemeine Lösung der Wachstums-Dgl aus Beisp. 5.1d

$y'(t) = a(t) \cdot y(t)$

läßt sich mittels Trennung der Variablen folgendermaßen berechnen:

$\int \dfrac{dy}{y} = \int a(t)\, dt$

Die Integration beider Seiten dieser Gleichung liefert die impliziter Lösungsdarstellung:

$\log y = \int a(t)\, dt + \log C$

wenn man die Integrationskonstante in der Form log C schreibt. Die Auflösung der impliziten Form nach y ergibt die im Abschn. 5.3.1 gegebene explizite Lösungsformel:

$y(t) = C \cdot e^{\int a(t)\, dt}$

Die allgemeinere Variante der Wachstums-Dgl

$y'(t) = a \cdot (1 - b \cdot y(t)) \cdot y(t)$

läßt sich ebenfalls durch Trennung der Variablen lösen. Dies überlassen wir dem Leser, der seine Lösung mit der von MATLAB mittels **dsolve** berechneten vergleichen kann:

>> syms a b ; (' Dy = a * (1 – b * y) * y ', ' t ')

ans =

1 / (b + exp (–a * t) * C1)

♦

5.3.3 Homogene Differentialgleichungen

Homogene Dgl werden auch als *Ähnlichkeits-Dgl* bezeichnet und haben die Form

$$y'(x) = f\left(\frac{y(x)}{x}\right)$$

d.h., x und y gehen in die Funktion f nur als Quotient y/x ein. Sie sind nicht mit den im Abschn. 5.3.1 behandelten homogenen linearen Dgl zu verwechseln.
Homogene Dgl lassen sich durch die *Substitution*

$$u(x) = \frac{y(x)}{x}$$

auf separierbare Dgl

$$x \cdot u'(x) = f(u(x)) - u(x)$$

für die Funktion u(x) zurückführen, die mittels Trennung der Variablen lösbar sind (siehe Abschn. 5.3.2).

Zu homogenen Dgl ist folgendes zu bemerken:

- In praktisch vorkommenden homogenen Dgl liegen die Variablen nicht immer in der Form y/x vor, sondern müssen erst durch gewisse Umformungen auf diese Form gebracht werden (siehe Beisp. 5.3).

- Dgl der Form

$$y'(x) = f\left(\frac{a \cdot x + b \cdot y + c}{d \cdot x + e \cdot y + g}\right)$$

  lassen sich auf homogene Dgl zurückführen (siehe z.B. [38]).

Beispiel 5.3:
Die Dgl

$$y'(x) = \frac{3 \cdot y - 7 \cdot x}{4 \cdot y - 3 \cdot x}$$

hat nicht unmittelbar die Form einer homogenen Dgl, läßt sich aber durch Ausklammern von x in Zähler und Nenner auf diese Form bringen:

$$y'(x) = \frac{3 \cdot \dfrac{y}{x} - 7}{4 \cdot \dfrac{y}{x} - 3}$$

Die Lösung dieser homogenen Dgl mittels der angegebenen Methode bzw. der in MATLAB vordefinierten Funktion **dsolve** überlassen wir dem Leser.

◆

5.3.4 Exakte Differentialgleichungen

Eine gewöhnliche Dgl erster Ordnung, die sich in die Form

$$g(x, y(x)) + h(x, y(x)) \cdot y'(x) = 0$$

bringen läßt, heißt *exakte Dgl*, wenn folgendes gilt:

- Die stetigen Funktionen g(x,y) und h(x,y) sind in einem einfach zusammen-hängenden Gebiet (Bereich) G der xy-Ebene stetig nach x und y partiell differenzierbar.

- $g_y(x,y) = h_x(x,y)$ $\forall\ (x,y) \in G$

Dann kann man zeigen, daß eine Funktion F(x,y) existiert mit

$$F_x(x,y) = g(x,y) \text{ und } F_y(x,y) = h(x,y)$$

Aus beiden Gleichungen läßt sich die Funktion F(x,y) bestimmen, falls die Integrationen exakt durchführbar sind. Damit hat man die Lösung der gegebenen exakten Dgl in impliziter Form

F(x,y(x)) = C   (C − reelle Konstante)

erhalten, da sich exakte Dgl unter Verwendung des Differentials von F in der Form

$$dF(x,y) = F_x(x,y)\,dx + F_y(x,y)\,dy = g(x,y)\,dx + h(x,y)\,dy = 0$$

schreiben lassen. Eine weitere Begründung liefert die Differentiation der Gleichung F(x,y(x)) = C der impliziten Lösung bzgl. x, d.h.

$$\frac{d}{dx}(F(x,y(x))=C) \text{ liefert } F_x(x,y) + F_y(x,y) \cdot y'(x) = g(x,y) + h(x,y) \cdot y'(x) = 0$$

☞

Die gegebene Lösungsmethode ist für exakte Dgl nur erfolgreich anwendbar, wenn die notwendigen Integrationen exakt durchführbar sind. Das zeigt sich auch bei der Anwendung von MATLAB. Hier kommt noch erschwerend hinzu, daß MATLAB nur explizite Lösungsdarstellungen berechnen kann (siehe Beisp. 5.4a).
♦

Beispiel 5.4:

a) Die exakte Dgl

$$2 \cdot x \cdot e^y - \cos x + e^y \cdot x^2 \cdot y'(x) = 0$$

läßt sich mit der gegebenen Methode einfach per Hand lösen: Aus

$$F_x(x,y) = 2 \cdot x \cdot e^y - \cos x \text{ und } F_y(x,y) = e^y \cdot x^2$$

folgt durch Integration

$$F(x,y) = e^y \cdot x^2 - \sin x$$

so daß sich die Lösung

$$e^y \cdot x^2 - \sin x = C$$

in impliziter Form ergibt, die sich nach y auflösen läßt. Diese explizite Lösungsdarstellung berechnet MATLAB mittels **dsolve**:

>> dsolve (' 2 * x * exp(y) − cos(x) + exp(y) * x^2 * Dy = 0 ' , ' x ')

ans =

log (− (C1 − sin(x)) / x^2)

b) Die Berechnung der allgemeinen Lösung (C − frei wählbare reelle Konstante)

$$y(x) = \frac{C}{x^2} - \frac{1}{2 \cdot x}$$

der *exakten Dgl*

$$6 \cdot x^2 \cdot y'(x) + 12 \cdot x \cdot y + 3 = 0$$

per Hand überlassen wir dem Leser. Im folgenden wird sie in MATLAB mittels **dsolve** gelöst:

>> dsolve (' 6 * x^ 2 * Dy − 12 * x * y + 3 = 0 ' , ' x')

ans =
(−1/2 * x + C1) / x^2

Da die gegebene exakte Dgl linear ist, kann man auch die im Abschn. 5.3.1 gegebene Lösungsformel heranziehen, wie mittels MATHCAD und MATLAB illustriert wird:

$$a(x) := \frac{2}{x} \qquad f(x) := \frac{-1}{2 \cdot x^2}$$

$$y(x) := \left(C + \int e^{\int a(x)dx} \cdot f(x)dx \right) \cdot e^{-\int a(x)dx} \rightarrow \frac{C - \frac{1}{2} \cdot x}{x^2}$$

>> syms x C; (C+int (exp (int(2/x,x)) * (−1/(2*x^2)),x)) * exp(−int(2/x,x))

ans =

(C − 1/2 * x) / x^2

◆

5.3.5 Bernoullische Differentialgleichungen

Die *Bernoullische Dgl*

$$y'(x) + g(x) \cdot y(x) + h(x) \cdot (y(x))^n = 0$$

ist für $n \neq 1$ nichtlinear und kann mittels der Substitution

$$u(x) = (y(x))^{1-n}$$

in folgende lineare Dgl für $u(x)$ überführt werden:

$$u'(x) + (1-n) \cdot g(x) \cdot u(x) + (1-n) \cdot h(x) = 0$$

Für $n = 1$ ist die Bernoullische Dgl linear, so daß in diesem Fall die Lösungsformel aus Abschn. 5.3.1 anwendbar ist.

Beispiel 5.5:

Für die konkrete Bernoullische Dgl (n=2)

$$y'(x) - y(x) - x \cdot (y(x))^2 = 0$$

liefert die Substitution $u(x) = 1/y(x)$ die lineare Dgl erster Ordnung

$$u'(x) + u(x) + x = 0$$

die sich einfach mit der im Abschn. 5.3.1 gegebenen Formel lösen läßt. Bei der Anwendung von **dsolve** benötigt MATLAB diese Substitution nicht, sondern löst die Bernoullische Dgl direkt:

>> dsolve (' Dy − y − x * y^2 = 0 ' , ' x ')

ans =

−1 / (x − 1 − exp (− x) * C1)

Wir empfehlen dem Leser, das von MATLAB berechnete Ergebnis per Hand nachzuprüfen.

◆

5.3.6 Riccatische Differentialgleichungen

Die *Riccatische Dgl*

$$y'(x) + p(x) \cdot y(x) + q(x) \cdot (y(x))^2 = r(x)$$

läßt sich auf eine *Bernoullische Dgl* (mit n = 2) zurückführen, wenn man eine spezielle Lösung u(x) kennt. Da sich Bernoullische Dgl auf lineare Dgl transformieren lassen (siehe Abschn. 5.3.5), kann die Riccatische Dgl mittels der Substitution

$$v(x) = \frac{1}{y(x) - u(x)}$$

auf die *lineare Dgl*

$$v'(x) - (p(x) + 2 \cdot q(x) \cdot u(x)) \cdot v(x) = q(x)$$

für v(x) zurückgeführt werden, die sich mittels der Formel aus Abschn. 5.3.1 lösen läßt.

Die Problematik liegt bei dieser Vorgehensweise offensichtlich darin, daß man eine spezielle Lösung benötigt, deren Bestimmung nicht immer gelingt.

Beispiel 5.6:

Die konkrete Riccatische Dgl

$$y'(x) - (1 - x) \cdot (y(x))^2 - (2 \cdot x - 1) \cdot y + x = 0$$

besitzt die spezielle Lösung u(x) = 1. Damit liefert die Substitution

$$v(x) = 1/(y(x) - 1)$$

die lineare Dgl mit konstanten Koeffizienten

$$v'(x) + v(x) + 1 - x = 0$$

die sich einfach lösen läßt (siehe Abschn. 5.3.1).
Bei der Anwendung von **dsolve** benötigt MATLAB diese Umformung nicht, sondern löst die Riccatische Dgl direkt:

>> dsolve (' Dy − (1 − x) * y^2 − (2 * x − 1) * y + x = 0 ', ' x ')

ans =

1 − 2 * exp (x) / (C1 − 2 * x * exp (x) + 4 * exp (x))

♦

5.3.7 Anwendung von MATHCAD und MATLAB

Wie bereits erwähnt, besitzt MATHCAD im Gegensatz zu MATLAB keine vordefinierten Funktionen zur exakten Lösung von Dgl.

In MATLAB ist die Funktion **dsolve** zur exakten Lösung vordefiniert, die ausführlicher im Abschn. 7.4.7 vorgestellt wird. Diese Funktion haben wir in den vorangehenden Abschnitten bei der Lösung von Dgl erster Ordnung getestet. Da sie allgemein auf gewöhnliche Dgl n-ter Ordnung anwendbar ist, werden wir ihr im Laufe des Buches öfters begegnen.

Im Abschn. 5.3.1 haben wir für lineare Dgl erster Ordnung eine Möglichkeit skizziert, wie auch MATHCAD exakte Lösungen berechnen kann. Eine weitere Möglichkeit für MATHCAD und MATLAB zur Berechnung exakter Lösungen für Dgl beliebiger und damit auch erster Ordnung besteht in der Anwendung der Laplacetransformation, die im Abschn. 7.4.3 besprochen wird.

Da die exakte Berechnung von Lösungen schon bei Dgl erster Ordnung schnell an Grenzen stößt, kann man von MATHCAD und MATLAB keine Wunder erwarten. Deshalb ist man in vielen Fällen auf numerische Methoden (Näherungsmethoden) angewiesen, die in MATHCAD und MATLAB umfangreich vordefiniert sind. Diese werden allgemein für gewöhnliche Dgl im Abschn. 10.4, 10.5, 11.5 und 11.6 behandelt.

6 Gewöhnliche Differentialgleichungen zweiter Ordnung

6.1 Einführung

Nachdem wir im vorangehenden Kap.5 Dgl erster Ordnung als Sonderfall gewöhnlicher Dgl n-ter Ordnung vorstellen, betrachten wir im folgenden als weiteren Sonderfall gewöhnliche Dgl zweiter Ordnung. Gründe zur gesonderten Betrachtung von Dgl erster und zweiter Ordnung sind:

- Sie besitzen viele praktische Anwendungen, wobei besonders Dgl zweiter Ordnung in der Physik eine große Rolle spielen.
- Es gibt effektive Lösungsmethoden bzw. weitreichende Eigenschaften für Lösungen dieser Dgl.
- Grundlegende Vorgehensweisen bei der Lösung Dgl höherer Ordnung sind bereits hier erkennbar.

Gewöhnliche *Dgl zweiter Ordnung* schreiben sich allgemein in der Form

- $F(x, y(x), y'(x), y''(x)) = 0$

  die man als *implizite Darstellung* bezeichnet. Dabei brauchen in dem funktionalen Zusammenhang F nicht alle Argumente auftreten. Es muß jedoch mindestens die zweite Ableitung $y''(x)$ vorkommen.

- $y''(x) = f(x, y(x), y'(x))$

  die man als *explizite Darstellung* bezeichnet. Man erhält diese, wenn sich die implizite Darstellung nach der zweiten Ableitung auflösen läßt.

☞

Eine Funktion $y(x)$ heißt *Lösung (Lösungsfunktion)* einer Dgl zweiter Ordnung, wenn sie stetige Ableitungen $y'(x)$ und $y''(x)$ besitzt und die Dgl identisch erfüllt, d.h., wenn

$$F(x, y(x), y'(x), y''(x)) \equiv 0 \quad \text{bzw.} \quad y''(x) \equiv f(x, y(x), y'(x))$$

gilt.

Bzgl. der Problematik der Existenz und Eindeutigkeit von Lösungen verweisen wir auf Abschn. 4.4.

♦

Bei Dgl zweiter Ordnung gibt es eine Reihe *Sonderfälle*, von denen wir wichtige im Abschn. 6.3.1–6.3.7 vorstellen.

Abschließend diskutieren wir im Abschn. 6.3.8 den Einsatz von MATHCAD und MATLAB zur exakten Lösung gewöhnlicher Dgl zweiter Ordnung. Da in MATLAB die Funktion **dsolve** zur exakten Lösung gewöhnlicher Dgl vordefiniert ist, wenden wir sie in den folgenden Beispielen an.

Die numerische Lösung gewöhnlicher Dgl im Rahmen von MATHCAD und MATLAB wird im Kap.9–11 behandelt.

6.2 Anfangs-, Rand- und Eigenwertaufgaben

Die *allgemeine Lösung*

$$y = y (x ; C_1 , C_2)$$

einer Dgl zweiter Ordnung hängt i.allg. von zwei frei wählbaren reellen Konstanten C_1 und C_2 ab. Deshalb ist es möglich, neben Anfangsbedingungen auch Randbedingungen vorzugeben, die diese Konstanten bestimmen (siehe Abschn. 4.3). Wir werden dies ausführlicher in den Abschn. 6.3.6 und 6.3.7 kennenlernen, wo typische Rand- und Eigenwertaufgaben für lineare Dgl zweiter Ordnung vorgestellt werden, an denen die Problematik auch für Dgl höherer Ordnung ersichtlich ist. Hier zeigt es sich bereits, daß bei Randwertaufgaben die Frage nach der Existenz von Lösungen wesentlich komplizierter ist als bei Anfangswertaufgaben, da bei Randwertaufgaben die Existenz von Lösungen nicht nur von der Dgl sondern auch von den Randbedingungen abhängt.

6.3 Exakte Lösungsmethoden

Ebenso wie für Dgl erster Ordnung gibt es auch für Dgl zweiter Ordnung eine Reihe von Sonderfällen, für die exakte Lösungsmethoden existieren. Im folgenden betrachten wir wichtige dieser Sonderfälle, für die im Abschn. 3.5.1 vorgestellte Lösungsprinzipien erfolgreich sind.

Trifft auf eine vorliegende Dgl zweiter Ordnung kein Sonderfall zu, der die Berechnung exakter Lösungen gestattet, so können nur Näherungslösungen durch Anwendung numerischer Methoden erhalten werden, die wir im Kap. 9–11 behandeln.

6.3.1 Zurückführung auf Differentialgleichungen erster Ordnung

Wenn in der Dgl zweiter Ordnung

$$y''(x) = f (x , y(x) , y'(x))$$

die Funktion f der rechten Seite nicht von allen Variablen x , y , y' abhängt, kann diese auf Dgl erster Ordnung zurückgeführt werden:

- $y''(x) = f(x)$ (y und y' kommen in f nicht vor)

Hier hat man den einfachsten Fall, da durch Integration eine Dgl erster Ordnung entsteht und durch nochmalige Integration die Lösung (siehe auch Beisp. 7.8).

- $y''(x) = f(x, y'(x))$ (y kommt in f nicht vor)

Hier ergibt sich mittels der Substitution $u(x) = y'(x)$ unmittelbar die Dgl

$$u'(x) = f(x, u(x))$$

erster Ordnung für u. Hat man eine Lösung u(x) dieser Dgl berechnet, so liefert die Integration von u(x) eine Lösung y(x) der gegebenen Dgl zweiter Ordnung.

- $y''(x) = f(y(x), y'(x))$ (x kommt in f nicht explizit vor)

Hier entsteht mittels der Substitution $y'(x) = p(y)$ unter Verwendung von

$$y''(x) = \frac{dp}{dy} \cdot \frac{dy}{dx} = \frac{dp}{dy} \cdot p$$

folgende Dgl erster Ordnung für p(y):

$$\frac{dp}{dy} = \frac{1}{p} \cdot f(y,p)$$

Hat man eine Lösung p(y) dieser Dgl bestimmt, so erhält man die Lösung y(x) der gegebenen Dgl zweiter Ordnung, indem man die weitere Dgl erster Ordnung $y'(x) = p(y)$ löst, z.B. durch Trennung der Variablen. Hier können bereits Schwierigkeiten auftreten, wenn die auftretende Dgl erster Ordnung zu kompliziert ist, um exakte Lösungen zu erhalten.

- $y''(x) = f(y(x))$ (x und y' kommen in f nicht vor)

Hier kann die Dgl zweiter Ordnung mittels der *Energiemethode* in eine erster Ordnung überführt werden, indem man beide Seiten der Dgl mit $y'(x)$ multipliziert und die entstehende Dgl

$$y''(x) \cdot y'(x) = f(y) \cdot y'(x)$$

auf folgende Form bringt:

$$\frac{1}{2} \cdot \frac{d}{dx}(y'(x))^2 = f(y) \cdot \frac{dy}{dx}$$

Die anschließende Integration bzgl. x liefert die Dgl erster Ordnung

$$\frac{1}{2} \cdot (y'(x))^2 = \int f(y)\, dy + C$$ (C – frei wählbare reelle Konstante)

zu deren Lösung die Methode der Trennung der Variablen anwendbar ist.

☞

Bei den gegebenen Sonderfällen wird die vorliegende Dgl zweiter Ordnung jeweils auf zwei Dgl erster Ordnung zurückgeführt, d.h., das im Abschn. 3.5.1 vorgestellte Reduktionsprinzip ist wirksam. Dies muß nicht immer zu exakten Lösungen führen, da die entstandenen Dgl erster Ordnung kompliziert sein können und nur numerische (näherungsweise) Lösungen gestatten. Da Dgl erster Ordnung i.allg. einfacher zu handhaben sind, empfehlen sich die gegebenen Transformationen.

Ähnliche Sonderfälle für Reduktionen der Ordnung lassen sich auch für Dgl höherer Ordnung finden.

♦

Beispiel 6.1:

a) Die lineare Dgl zweiter Ordnung

$(1+x^2)\cdot y''(x) + x\cdot y'(x) = x$ ("y fehlt")

läßt sich durch die Substitution $u(x) = y'(x)$ in die lineare Dgl erster Ordnung

$(1+x^2)\cdot u'(x) + x\cdot u(x) = x$

für $u(x)$ zurückführen, deren Lösung mittels Trennung der Variablen oder der Lösungsformel aus Abschn. 5.3.1 möglich ist. Die erhaltene Lösung $u(x)$ ist abschließend zu integrieren, um die Lösung $y(x)$ der gegebenen Dgl zweiter Ordnung zu erhalten. Dies überlassen wir dem Leser, der seine Lösung mit der von MATLAB mit **dsolve** berechneten vergleichen kann:

>> dsolve (' (1 + x^2) * D2y + x * Dy = x ', 'x')

ans =

x + C1 + C2 * asinh(x)

b) Die Dgl

$y\cdot y''(x) + (y'(x))^2 = 0$ ("x fehlt")

läßt sich durch die Substitution $y'(x) = p(y)$ in die Dgl erster Ordnung

$$\frac{dp}{dy} = -\frac{1}{p}\cdot\frac{p^2}{y} = -\frac{p}{y}$$

für $p(y)$ zurückführen, deren Lösung mittels Trennung der Variablen möglich ist. Mit dieser Lösung $p(y) = C_1/y$ ergibt sich die weitere Dgl erster Ordnung $y'(x) = C_1/y(x)$ deren Lösung mittels Trennung der Variablen die Lösungsfunktion (in impliziter Form)

$$(y(x))^2 = C_1\cdot x + C_2$$

der gegebenen Dgl liefert.

MATLAB berechnet die Lösungen in expliziter Form direkt mit **dsolve**:

>> dsolve (' y * D2y + (Dy) ^ 2 = 0 ' , ' x ')

ans =

[1/C1 * 2^(1/2) * (C1 * (x + C2)) ^(1/2)]
[−1/C1 * 2^(1/2) * (C1 * (x + C2)) ^ (1/2)]
[C2]

Da MATLAB nur Lösungen in expliziter Form berechnen kann, gibt es die
beiden Wurzeln der Lösung an, wobei die Konstanten in anderer Form eingehen. Zusätzlich wird noch die Lösung y(x) = C2 = konstant mit ausgegeben,
die die Dgl offensichtlich besitzt. Diese ist in der von uns gegebenen Lösungsdarstellung für $C_1 = 0$ enthalten.

6.3.2 Lineare Differentialgleichungen

Lineare Dgl zweiter Ordnung haben die Gestalt

$$A(x) \cdot y''(x) + B(x) \cdot y'(x) + C(x) \cdot y(x) = F(x)$$

wobei die Koeffizientenfunktionen A(x), B(x) und C(x) und die Funktion der
rechten Seite F(x) als stetig vorausgesetzt werden. Zählen wir wesentliche Gesichtspunkte zu diesen Dgl auf:

- Im Falle F(x) ≡ 0 heißen die Dgl *homogen* ansonsten *inhomogen*.

- Eigenschaften linearer Dgl werden im Abschn. 7.3.1 ausführlich beschrieben,
  so daß wir diese hier nicht extra angeben.

- Selbst bei linearen Dgl lassen sich für relativ einfache Aufgabe keine exakten
  Lösungen bestimmen, die sich aus endlich vielen elementaren mathematischen
  Funktionen zusammensetzen, wie im Beisp. 6.2a illustriert wird.

- Exakte Lösungsmethoden gibt es für zwei einfache Sonderfälle (a, b, c − gegebene reelle Konstanten):

  * Konstante Koeffizientenfunktionen, d.h.

    A(x) = a , B(x) = b und C(x) = c

  * Eulersche Dgl, d.h., die Koeffizientenfunktionen haben die Gestalt

    $A(x) = a \cdot x^2$, $B(x) = b \cdot x$ und $C(x) = c$

  Diese werden allgemein für lineare Dgl n-ter Ordnung im Abschn. 7.3.2 bzw.
  7.3.3 beschrieben.

- Lösungsmethoden existieren für weitere Sonderfälle:
  * Wenn die Koeffizientenfunktionen die Form A(x)≡1, B(x)≡0 und C(x)≡0
    besitzen, ergibt sich der einfachste Fall einer linearen Dgl zweiter Ordnung

$$y''(x) = F(x)$$

Hier liefert offensichtlich die zweifache Integration die Lösung.

* Es gelten für lineare Dgl ebenfalls die Sonderfälle aus Abschn. 6.3.1, die zu Dgl erster Ordnung führen (siehe Beisp. 6.1a).

* Praktisch wichtige Sonderfälle wie Besselsche, hypergeometrische und Legendresche Dgl werden im Abschn. 6.3.3 bis 6.3.5 vorgestellt.

• Wenn die Koeffizientenfunktion A(x) bei der zweiten Ableitung $y''(x)$ Nullstellen besitzt, können *Singularitäten* auftreten. Hierzu gehören z.B. die im Abschn. 6.3.3 bis 6.3.5 vorgestellten Dgl. Es gibt hierfür eine ausführliche Theorie, für die wir auf die Literatur verweisen.

Möchte man Singularitäten ausschließen, muß man A(x)≠0 voraussetzen. In diesem Fall läßt sich die Dgl durch A(x) dividieren und es ergibt sich folgende Form

$$y''(x) + b(x) \cdot y'(x) + c(x) \cdot y(x) = f(x)$$

Beispiel 6.2:

a) Bereits für die einfache homogene lineare Dgl zweiter Ordnung mit variablen Koeffizienten

$$y''(x) + y'(x) + \sin x \cdot y(x) = 0$$

läßt sich keine exakte Lösung finden, die sich aus endlich vielen elementaren mathematischen Funktionen zusammensetzt. Man kann nur Potenzreihenmethoden anwenden (siehe Abschn. 7.4.2), da sin x in eine konvergente Potenzreihe entwickelbar ist.

MATLAB findet mit **dsolve** keine exakte Lösung:

>> dsolve (' D2y + Dy + sin(x) * y = 0 ' , 'x')

Warning: Compact, analytic solution could not be found.

b) Die lineare Dgl zweiter Ordnung mit konstanten Koeffizienten

$$y''(t) + b \cdot y'(t) + c \cdot y(t) = f(t)$$

(b , c > 0 – gegebene reelle Konstanten , f(t) – gegebene stetige Funktion)

wobei t die Zeit darstellt, besitzt eine große Bedeutung in der Physik, da sie zur Klasse der *Schwingungs-Dgl* (*harmonischer Oszillator*) gehört, wie im Beisp. 4.1b illustriert wird. Treten keine äußeren Kräfte auf, so ist f(t)≡0 und es entsteht eine homogene Dgl, für die im Fall

• $b^2 = 4 \cdot c$ *aperiodischer Grenzfall*

• $b^2 < 4 \cdot c$ *Schwingfall* (schwache Dämpfung)

• $b^2 > 4 \cdot c$ *Kriechfall* (starke Dämpfung)

vorliegt. Wenn Auslenkung und Geschwindigkeit zum Zeitpunkt t=0 bekannt sind, d.h. $y(0) = y_0$ und $y'(0) = y_1$, so ist eine *Anfangswertaufgabe* zu lösen.

Für diese Dgl findet MATLAB mit **dsolve** immer exakte Lösungen, da Lösungsmethoden existieren, wie im Abschn. 7.3.2 zu sehen ist. Es kann höchstens vorkommen, daß das Integral für eine spezielle Lösung der inhomogenen Dgl nicht berechnet wird, wenn die Funktion f(t) der rechten Seite der Dgl zu kompliziert ist. Mittels MATHCAD kann man die Laplacetransformation zur Lösung heranziehen, wie im Abschn. 7.4.3 illustriert wird.

MATLAB berechnet die allgemeine Lösung der homogenen Dgl mit **dsolve** für beliebige Koeffizienten b und c exakt. Des weiteren berechnet **dsolve** auch spezielle Lösungen für konkrete Werte der Koeffizienten b und c und Anfangsbedingungen, wie im folgenden zu sehen ist:

```
>> dsolve (' D2y + b * Dy + c * y = 0 ' , ' t ')

ans =

C1 * exp (-1 / 2 * (b - (b^2 - 4 * c) ^ (1 / 2)) * t) + C2 * exp (-1 / 2 *

(b + (b^2 - 4 * c) ^ (1 / 2)) * t)
```

Da die Koeffizienten b und c beliebige reelle Werte annehmen können, kann die von MATLAB berechnete allgemeine Lösung komplex werden, wenn man konkrete Zahlenwerte für b und c einsetzt. Deshalb ist es günstiger, diese Zahlenwerte bereits vor der Berechnung mit MATLAB einzusetzen, wie im folgenden für verschiedene Verhaltensweisen des harmonischen Oszillators illustriert wird, wobei konkrete *Anfangsbedingungen* $y(0) = 2$, $y'(0) = 1$ angenommen werden:

b1) b = 2 , c = 1   (*aperiodischer Grenzfall*)

```
>> dsolve (' D2y + 2 * Dy + y = 0 , y(0) = 2 , Dy(0) = 1 ')

ans =

2 * exp (-t) + 3 * exp (-t) * t
```

b2) b = 1 , c = 2   (*Schwingfall*)

```
>> dsolve (' D2y + Dy + 2 * y = 0 , y(0) = 2 , Dy(0) = 1 ')
ans =

4 / 7 * 7 ^ (1 / 2) * exp (-1 / 2 * t) * sin (1 / 2 * 7 ^ (1 / 2) * t) + 2 *

exp (-1 / 2 * t) * cos (1 / 2 * 7 ^ (1 / 2) * t)
```

b3) b = 3 , c = 1   (*Kriechfall*)

```
>> dsolve (' D2y + 3 * Dy + y = 0 , y(0) = 2 , Dy(0) = 1 ')
```

ans =

$$(4 / 5 * 5 \wedge (1 / 2) + 1) * \exp (1 / 2 * (-3 + 5 \wedge (1 / 2)) * t) + 1 / 5 *$$
$$(-4 + 5 \wedge (1 / 2)) * 5 \wedge (1 / 2) * \exp (-1 / 2 * (3 + 5 \wedge (1 / 2)) * t)$$

Die grafische Darstellung der im Beisp. b1, b2 und b3 berechneten Lösungsfunktionen mittels MATLAB ist aus folgender Abbildung zu ersehen:

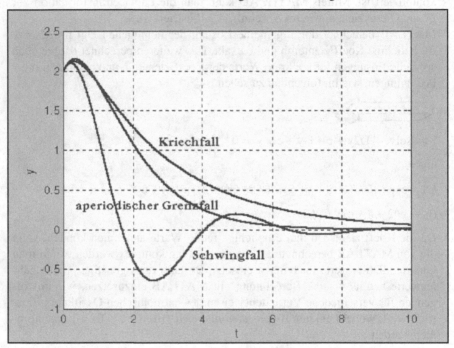

♦

6.3.3 Besselsche Differentialgleichungen

Besselsche Dgl haben die Form

$$x^2 \cdot y''(x) + x \cdot y'(x) + (x^2 - r^2) \cdot y(x) = 0$$

und bilden einen Sonderfall homogener linearer Dgl zweiter Ordnung, bei denen
die Koeffizientenfunktionen die gegebene spezielle Form haben und ein reeller
Parameter (Konstante) $r \geq 0$ enthalten ist, der die *Ordnung* bezeichnet.
Derartige Dgl spielen bei Anwendungen in Physik und Technik eine Rolle, wobei
besonders Schwingungsaufgaben aber auch Potentialtheorie, Wärmelehre und
Strömungsmechanik zu erwähnen sind. Deshalb ist ihre Theorie weit entwickelt,
so daß wir diese im Rahmen des vorliegenden Buches nicht behandeln sondern
nur wesentliche Fakten kurz angeben können:

- Als lineare Dgl besitzen Besselsche Dgl die im Abschn. 7.3 vorgestellten allgemeinen Eigenschaften linearer Dgl.

- Es werden Lösungen der Besselschen Dgl gesucht, die auf der positiven x-Achse definiert sind, wobei x=0 schwach singulär ist.

- Exakte Lösungen Besselscher Dgl lassen sich i.allg. nicht durch endlich viele elementare mathematische Funktionen darstellen. Hier führen Potenzreihenansätze zum Ziel, wie sie im Abschn. 7.4.2 beschrieben werden. Diese durch Potenzreihen dargestellten Lösungen werden als *Besselfunktionen* erster Art bzw. zweiter Art der Ordnung r bezeichnet und gehören zu *höheren mathematischen Funktionen*.

- Zwischen den einzelnen Besselfunktionen bestehen zahlreiche Beziehungen, wie z.B. Differentiationssatz, Rekursionssatz, Nullstellensatz. Bzgl. dieser Beziehungen und weiterer Eigenschaften der Besselfunktionen verweisen wir auf die Literatur [18].

- Die allgemeine Lösung $y(x ; C_1 , C_2)$ der Besselschen Dgl für x>0 hat in Abhängigkeit vom Parameter r folgende Form:

  * r – nicht ganzzahlig

  $$y(x) = C_1 \cdot J_r(x) + C_2 \cdot J_{-r}(x)$$

  * r – ganzzahlig

  $$y(x) = C_1 \cdot J_r(x) + C_2 \cdot Y_r(x)$$

wobei J und Y Besselfunktionen erster bzw. zweiter Art der Ordnung r und C_1 und C_2 frei wählbare reelle Konstanten sind.

Im folgenden Beispiel illustrieren wir die Anwendung von MATHCAD und MATLAB zur Lösung Besselscher Dgl.

Beispiel 6.3:

Berechnen wir allgemeine Lösungen der Besselschen Dgl mittels MATHCAD und MATLAB:

MATLAB liefert folgende allgemeine Lösungen:

- Für beliebiges r:

  ```
  >> dsolve (' x^2 * D2y + x * Dy + (x^2 – r^2) * y = 0 ' , ' x')
  ans =
  C1 * besselj (r , x) + C2 * bessely (r , x)
  ```

- Für konkretes ganzzahliges r = 2:

  ```
  >> dsolve (' x^2 * D2y + x * Dy + (x^2 – 2^2) * y = 0 ' , ' x')
  ans =
  C1 * besselj (2 , x) + C2 * bessely (2 , x)
  ```

- Für konkretes nichtganzzahliges r = 1/3:

  >> dsolve (' x^2 * D2y + x * Dy + (x^2 – (1/3)^2) * y = 0 ' , 'x')

  ans =

  C1 * bessely (1/3 , x) + C2 * besselj (1/3 , x)

Aus diesen allgemeinen Lösungen lassen sich mittels MATLAB einfach die Konstanten C1 und C2 bei vorgegebenen Anfangs- und Randbedingungen berechnen, indem man diese einsetzt.

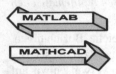

Da die allgemeine Lösung Besselscher Dgl beliebiger Ordnung r bekannt ist, die sich aus Besselfunktionen erster und zweiter Art zusammensetzt, kann auch MATHCAD problemlos zur Lösung angewandt werden, da hier ebenfalls Besselfunktionen vordefiniert sind. Es ist zu beachten, daß nur Besselfunktionen ganzzahliger Ordnung r (mit $1 \leq r \leq 100$) definiert sind, die mit

- **Jn** (r , x)   (Besselfunktionen erster Art)

- **Yn** (r , x)   (Besselfunktionen zweiter Art)

bezeichnet werden.

♦

6.3.4 Hypergeometrische Differentialgleichungen

Hypergeometrische Dgl werden auch als Dgl von Gauß bezeichnet und haben die Form

$$x \cdot (1 - x) \cdot y''(x) \; + \; (c - (1 + a + b) \cdot x) \cdot y'(x) \; - \; a \cdot b \cdot y(x) \; = \; 0$$

d.h., sie bilden einen Sonderfall homogener linearer Dgl zweiter Ordnung, bei denen die Koeffizientenfunktionen die gegebene spezielle Form haben und drei reelle Parameter (reelle Konstanten) a, b und c enthalten sind. Schwach singulär sind sie für x=0 und x=1.

Exakte Lösungen hypergeometrischer Dgl lassen sich i.allg. nicht durch endlich viele elementare mathematische Funktionen darstellen. Hier führen Potenzreihenansätze zum Ziel, wie sie im Abschn. 7.4.2 beschrieben werden. Diese durch Potenzreihen dargestellten Lösungen werden als *hypergeometrische Funktionen* (*hypergeometrische Reihen*) bezeichnet und gehören zu höheren mathematischen Funktionen.

Beispiel 6.4:

Berechnen wir allgemeine Lösungen der hypergeometrischen Dgl mittels MATH-CAD und MATLAB:

Für a=b=c=1 berechnet MATLAB mittels **dsolve** folgende allgemeine Lösung:

>> dsolve (' x * (1 – x) * D2y + (1 – 3 * x) * Dy – y = 0 ', 'x')

ans =

(C1 * log(x) + C2) / (–1 + x)

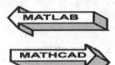

Da in MATHCAD hypergeometrische Funktionen

fhyper (a , b , c , x)

vordefiniert sind, lassen sich hiermit hypergeometrische Dgl lösen, wobei man die Lösungsdarstellung in Lehrbüchern findet (siehe z.B. [18]).

◆

6.3.5 Legendresche Differentialgleichungen

Legendresche Dgl haben die Form

$$(1 - x^2) \cdot y''(x) - 2 \cdot x \cdot y'(x) + r \cdot (r+1) \cdot y(x) = 0$$

und bilden einen Sonderfall homogener linearer Dgl zweiter Ordnung, bei denen die Koeffizientenfunktionen die gegebene spezielle Form haben und ein reeller Parameter (Konstante) r enthalten ist, der die *Ordnung* bezeichnet. Schwach singulär sind sie für x=1 und x=–1.

Exakte Lösungen Legendrescher Dgl lassen sich i.allg. nicht durch endlich viele elementare mathematische Funktionen darstellen. Hier führen Potenzreihenansätze zum Ziel, wie sie im Abschn. 7.4.2 beschrieben werden. Diese durch Potenzreihen dargestellten Lösungen werden als *Legendresche Funktionen* bezeichnet und gehören zu höheren mathematischen Funktionen. Für den Fall, daß der Parameter r eine natürliche Zahl ist, brechen die Potenzreihen ab und man erhält Polynomlösungen, die als *Legendresche Polynome* bezeichnet werden.

Beispiel 6.5:

Berechnen wir allgemeine Lösungen der Legendreschen Dgl mittels MATHCAD und MATLAB:

MATLAB liefert folgende allgemeine Lösungen mittels **dsolve**:

* Für beliebiges r:

  >> dsolve (' $(1 - x^2) * D2y - 2 * x * Dy + r * (r + 1) * y = 0$ ', 'x')

  ans =

  C1 * LegendreP (r , x) + C2 * LegendreQ (r , x)

* Für konkretes ganzzahliges r = 2:

  >> dsolve (' $(1 - x^2) * D2y - 2 * x * Dy + 2 * (2+1) * y = 0$ ', 'x')

  ans =

  C1 * $(1 - 3 * x^2)$ + C2 * (1/8 * log(-1+x) - 3/8 * log(-1 + x) * x^2 - 1/8 *

  log(1+x) + 3/8 * log(1+x) * x^2 - 3/4 * x)

* Für konkretes nichtganzzahliges r = 1/3:

  >> dsolve (' $(1 - x^2) * D2y - 2 * x * Dy + (1/3) * (1/3 + 1) * y = 0$ ', 'x')

  ans =

  C1 * LegendreP (1/3 , x) + C2 * LegendreQ (1/3 , x)

Aus diesen allgemeinen Lösungen lassen sich mittels MATLAB die Konstanten C1 und C2 bei vorgegebenen Anfangs- und Randbedingungen einfach berechnen, indem man diese einsetzt.

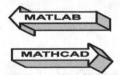

Da in MATHCAD Legendresche Polynome

Leg (n , x)

vordefiniert sind, lassen sich hiermit Legendresche Dgl ganzzahliger Ordnung lösen.

♦

6.3.6 Sturmsche Randwertaufgaben

Erste Begegnungen mit Randwertaufgaben haben wir bereits in den Abschn. 4.3 und 6.2. Im folgenden betrachten wir Randwertaufgaben für lineare Dgl zweiter Ordnung

$$y''(x) + b(x) \cdot y'(x) + c(x) \cdot y(x) = f(x)$$

die aufgrund zahlreicher Anwendungen in Technik und Naturwissenschaften eine große Rolle spielen. Randwertaufgaben sind dadurch charakterisiert, daß bei ihnen Bedingungen (Randbedingungen) in mindestens zwei x-Werten (Punkten) x_0 und x_1 des Lösungsintervall [a,b] gegeben sind, wobei meistens Anfangspunkt a und Endpunkt b auftreten, d.h. x_0 =a und x_1 =b. Bei der Vorgabe von Bedingungen für zwei x-Werte spricht man von *Zweipunkt-Randbedingungen* und bezeichnet derartige Aufgaben als *Zweipunkt-Randwertaufgaben*.

Bei praktischen Aufgabenstellungen sind folgende Formen für die Randbedingungen anzutreffen($y_0, y_1, \alpha_1, \alpha_2, \beta_1, \beta_2$ – gegebene reelle Konstanten):

- *Randbedingungen erster Art*

  $y(x_0) = y_0$, $y(x_1) = y_1$

- *Randbedingungen zweiter Art*

  $y'(x_0) = y_0$, $y'(x_1) = y_1$

- *Randbedingungen dritter Art (Sturmsche Randbedingungen)*

  $\alpha_1 \cdot y(x_0) + \beta_1 \cdot y'(x_0) = y_0$, $\alpha_2 \cdot y(x_1) + \beta_2 \cdot y'(x_1) = y_1$

  Dgl mit Sturmschen Randbedingungen werden als *Sturmsche Randwertaufgaben* bezeichnet.

Man sieht, daß Randbedingungen erster und zweiter Art Sonderfälle der Sturmschen Randbedingungen sind.

Im Gegensatz zu Anfangswertaufgaben, für die allgemeine Existenz- und Eindeutigkeitsaussagen bestehen (siehe Beisp. 4.3), können schon bei einfachen Randwertaufgaben Fälle der Unlösbarkeit bzw. Nichteindeutigkeit auftreten, weil hier Randbedingungen einen wesentlichen Einfluß ausüben. Wir illustrieren dies im folgenden Beisp. 6.6. Dieses Beispiel läßt bereits erkennen, daß es bei Randwertaufgaben keine allgemeingültigen Existenz- und Eindeutigkeitsaussagen gibt wie bei Anfangswertaufgaben. Hier lassen sich derartige Aussagen nur unter zusätzlichen Voraussetzungen beweisen.

♦

Beispiel 6.6:

Betrachten wir die einfache homogene lineare Dgl zweiter Ordnung

$$y''(x) + y(x) = 0$$

mit konstanten Koeffizienten, die zu Schwingungs-Dgl gehört und die *allgemeine Lösung*

$$y(x) = C_1 \cdot \cos x + C_2 \cdot \sin x \qquad (C_1 \text{ und } C_2 \text{ frei wählbare reelle Konstanten})$$

besitzt. Die allgemeine Lösung ist für praktische Aufgaben wenig von Interesse. Hier sucht man Lösungen, die gewisse vorgegebene Bedingungen erfüllen.

Im folgenden geben wir *Zweipunkt-Randbedingungen* für das Lösungsintervall $[0, \pi]$ vor. Durch Veränderung dieser Bedingungen zeigen wir die drei Möglichkeiten auf, die bei der Lösung von Randwertaufgaben auftreten können.
Für die Randbedingungen

a) $y(0) = y(\pi) = 0$ (homogene Randbedingungen)

   existieren neben der trivialen Lösung $y(x) = 0$ weitere (unendlich viele) Lösungen der Form

   $y(x) = C_2 \cdot \sin x$ (C_2 – frei wählbare reelle Konstante)

b) $y(0) = 2$, $y(\pi/2) = 3$

   existiert die eindeutige Lösung (siehe Beisp. 7.3b2)

   $y(x) = 2 \cdot \cos x + 3 \cdot \sin x$

c) $y(0) = 0$, $y(\pi) = -1$

   existiert keine Lösung.

◆

☞

Für Anfangswertaufgaben existieren leichter zu realisierende numerische Lösungsmethoden als für Randwertaufgaben (siehe Kap.10 und 11). Deshalb ist es wünschenswert, vorliegende Randwertaufgaben in äquivalente Anfangswertaufgaben zu überführen. Dies funktioniert nur für Sonderfälle, wie im Beisp. 6.7 illustriert wird.

◆

Beispiel 6.7:

Die folgende *Randwertaufgabe* für lineare Dgl zweiter Ordnung

$y''(x) + b(x) \cdot y'(x) + c(x) \cdot y(x) = f(x)$

$y(x_0) = y_0$, $y(x_1) = y_1$ (Randbedingungen erster Art)

läßt sich auf die beiden *Anfangswertaufgaben*

$u''(x) + b(x) \cdot u'(x) + c(x) \cdot u(x) = f(x)$, $u(x_0) = y_0$, $u'(x_0) = 0$

$v''(x) + b(x) \cdot v'(x) + c(x) \cdot v(x) = 0$, $v(x_0) = 0$, $v'(x_0) = 1$

für die Funktionen $u(x)$ und $v(x)$ zurückführen. Offensichtlich ist die aus $u(x)$ und $v(x)$ gebildete Funktion

$y(x) = u(x) + C \cdot v(x)$ (C – frei wählbare reelle Konstante)

eine Lösung der gegebenen Dgl, die die erste Randbedingung

$y(x_0) = y_0$

erfüllt. Da die Konstante C frei wählbar ist, wird sie so bestimmt, daß $y(x)$ die gegebene zweite Randbedingung erfüllt:

Wegen $y(x_1) = u(x_1) + C \cdot v(x_1) = y_1$ folgt $C = (y_1 - u(x_1)) / v(x_1)$

unter der Voraussetzung, daß $v(x_1) \neq 0$ gilt. Mit so berechneter Konstanten C ist
$y(x) = u(x) + C \cdot v(x)$ Lösungsfunktion der gegebenen Randwertaufgabe.

◆

☞

Eine erste Möglichkeit zur Berechnung exakter Lösungen von Randwertaufgaben besteht darin, die allgemeine Lösung der Dgl zu bestimmen und anschließend durch Einsetzen der Randbedingungen die enthaltenen beiden Konstanten C_1 und C_2 zu berechnen. Diese Methode ist offensichtlich nur in denjenigen Fällen anwendbar, für die sich die allgemeine Lösung der Dgl in analytischer (geschlossener) Form finden läßt.

♦

In der Theorie der Sturmschen Randwertaufgaben wird die Dgl in sogenannter selbstadjungierter Form

$(p(x) \cdot y'(x))' + q(x) \cdot y(x) = g(x)$ mit den Randbedingungen

$\alpha_1 \cdot y(x_0) + \beta_1 \cdot y'(x_0) = y_0$, $\alpha_2 \cdot y(x_1) + \beta_2 \cdot y'(x_1) = y_1$

geschrieben, in die sich jede lineare Dgl zweiter Ordnung

$y''(x) + b(x) \cdot y'(x) + c(x) \cdot y(x) = f(x)$

durch Setzen von

$p(x) = e^{\int b(x)\,dx}$, $q(x) = c(x) \cdot p(x)$ und $g(x) = f(x) \cdot p(x)$

überführen läßt.

Wenn $g(x) \equiv 0$, $y_0 = 0$ und $y_1 = 0$ gelten, so heißt die Sturmsche Randwertaufgabe *homogen*.

Die Theorie Sturmscher Randwertaufgaben ist weit entwickelt und liefert Aussagen über

- Existenz und Eindeutigkeit von Lösungen

- explizite Lösungsdarstellungen der Form

$$y(x) = \int_{x_0}^{x_1} G(x,s) \cdot g(s)\, ds$$

in der G(x,s) die *Greensche Funktion* bezeichnet. Die Greensche Funktion besitzt neben großer theoretischer Bedeutung auch physikalische Interpretationen. Für ihre analytische Berechnung existieren Methoden nur unter zusätzlichen Voraussetzungen (siehe auch Beisp. 7.8).

Da Sturmsche Randwertaufgaben nur eine andere Schreibweise für allgemeine Randwertaufgaben linearer Dgl zweiter Ordnung haben, kann ihre Theorie nur unter zusätzlichen Voraussetzungen weitere Aussagen liefern. Die Theorie Sturmscher Randwertaufgaben läßt sich auf lineare Dgl n-ter Ordnung verallgemeinern.

Im Rahmen des vorliegenden Buches können wir nicht näher auf diese Theorie eingehen und verweisen auf die Literatur (siehe [10,38]).

Im folgenden Beisp. 6.8 lösen wir eine Sturmsche Randwertaufgabe mittels der in MATLAB vordefinierten Funktion **dsolve**. Mittels MATHCAD ist die exakte Lösung von Randwertaufgaben nur für Sonderfälle mittels Laplacetransformation möglich, wie im Abschn. 7.4.3 illustriert wird.

Die numerische Lösung von Randwertaufgaben wird ausführlicher im Kap.11 besprochen.

Beispiel 6.8:

In MATLAB kann die vordefinierte Funktion **dsolve** auch zur exakten Lösung von Randwertaufgaben herangezogen werden:

a) Lösen wir die Sturmsche Randwertaufgabe für p(x)=q(x)=1 , g(x)=0, d.h. die Dgl

   $y''(x) + y(x) = 0$

   für die drei im Beisp. 6.6 gegebenen Randbedingungen mittels **dsolve**:

   *   >> dsolve (' D2y + y = 0 , y(0) = 0 , y(pi) = 0 ' , 'x')

       ans =

       C1 * sin(x)

   *   >> dsolve (' D2y + y = 0 , y(0) = 2 , y(pi/2) = 3 ' , 'x')

       ans =

       2 * cos(x) + 3 * sin(x)

   *   >> dsolve (' D2y + y = 0 , y(0) = 0 , y(pi) = −1 ' , 'x')

       ans =

       undefined

   Man sieht, daß MATLAB die gleichen Ergebnisse wie im Beisp. 6.6 erhält.

b) Die exakte Lösung der Sturmschen Randwertaufgabe

   $y''(x) + \sin x \cdot y(x) = 0$, $y(0) = 0$, $y(1) = 1$

   mittels **dsolve** gelingt nicht:

   >> dsolve (' D2y + sin(x) * y = 0 , y(0) = 0 , y(1) = 1 ' , 'x')

   Warning: Explicit solution could not be found.

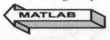

♦

6.3.7 Sturm-Liouvillesche Eigenwertaufgaben

Sturm-Liouvillesche Eigenwertaufgaben haben die Form

$$(p(x) \cdot y'(x))' + \lambda \cdot q(x) \cdot y(x) = 0$$

$$\alpha_1 \cdot y(x_0) + \beta_1 \cdot y'(x_0) = 0 , \quad \alpha_2 \cdot y(x_1) + \beta_2 \cdot y'(x_1) = 0$$

und entstehen für homogene Sturmsche Randwertaufgaben bei Beantwortung der Frage, wann diese nichttriviale (d.h. von Null verschiedene) Lösungen y(x) besitzen. Zu diesem Zweck wird ein Parameter λ in die homogene Dgl bei y(x) eingeführt. Konkrete Werte dieses Parameters λ heißen *Eigenwerte*, wenn hierfür nichttriviale Lösungen y(x) der Randwertaufgabe existieren, die als zugehörige *Eigenfunktionen* bezeichnet werden.

Diese anscheinend sehr theoretischen Eigenwertaufgaben besitzen zahlreiche praktische Anwendungen in Physik und Technik, wofür im folgenden Beisp. 6.9 eine typische Aufgabe vorgestellt wird.

Beispiel 6.9:

Die einfache Sturm-Liouvillesche Eigenwertaufgabe

$$y''(x) + \lambda \cdot y(x) = 0 \qquad\qquad\qquad\qquad x \in [0, 1]$$

mit homogenen Randbedingungen findet Anwendung bei der:

- Lösung von *Wärmeleitungsgleichungen* (partiellen Dgl) für Randbedingungen (siehe Beisp. 15.5a)

  $y(0) = 0$, $y(1) = 0$

- Lösung von *Schwingungsgleichungen* (partiellen Dgl) für Randbedingungen (siehe Beisp. 15.5b)

  $y(0) = y(1) = 0$

- *Eulerschen Knicklast* (siehe Beisp. 4.2d und 6.10a) für Randbedingungen

  $y(0) = 0$, $y'(1) = 0$

♦

Die Theorie Sturm-Liouvillescher Eigenwertaufgaben ist weit entwickelt, so daß wir im Rahmen dieses Buches nicht darauf eingehen können und auf die Literatur verweisen (siehe [18]). Es wird u.a. folgendes untersucht:

- Existenz von Eigenwerten
- Nichtnegativitätskriterien für Eigenwerte
- Asymptotische Aussagen bei unendlich vielen Eigenwerten
- Iterative Bestimmung von Eigenwerten
- Einschließungssätze und Extremalprinzipien für Eigenwerte
- Orthogonalität von Eigenfunktionen
- Entwicklung von Funktionen nach Eigenfunktionen

☞

Eine erste Methode zur analytischen Berechnung von Eigenwerten und zugehörigen Eigenfunktionen besteht darin, in die allgemeine Lösung der Dgl die Randbedingungen einzusetzen und aus den erhaltenen Bedingungen die Eigenwerte und Eigenfunktionen zu bestimmen. Diese Methode ist offensichtlich nur in denjenigen Fällen anwendbar, für die sich die allgemeine Lösung der Dgl in analytischer (geschlossener) Form finden läßt.

Im folgenden Beisp. 6.10 geben wir eine Illustration dieser Vorgehensweise für die Aufgabe der Eulerschen Knicklast. Im Beisp. 15.5 findet man eine weitere Illustration.

♦

In MATHCAD und MATLAB sind keine Funktionen vordefiniert, die für gewöhnliche Dgl Eigenwerte und zugehörige Eigenfunktionen berechnen. Es lassen sich mit ihnen nur bei bekannten Eigenwerten zugehörige Eigenfunktionen durch Lösung der Dgl berechnen.

Beispiel 6.10:

a) Berechnen wir die Eigenwerte für die Aufgabe der Eulerschen Knicklast (siehe Beisp. 6.9). Dazu schreiben wir die Dgl in der Form

$$y''(x) + k^2 \cdot y(x) = 0$$

da nur positive Eigenwerte $\lambda = k^2$ gesucht sind. Die allgemeine Lösung dieser Dgl hat die Form (siehe Abschn. 7.3.2)

$$y(x) = C_1 \cdot \sin(k \cdot x) + C_2 \cdot \cos(k \cdot x)$$

mit frei wählbaren reellen Konstanten C_1 und C_2, die von MATLAB mittels **dsolve** berechnet wird:

>> dsolve (' D2y + k^2 * y = 0 ', 'x')

ans =

C1 * sin (k * x) + C2 * cos (k * x)

Die Eigenwerte ergeben sich durch Einsetzen der Randbedingungen:

* Beginnen wir mit dem Einsetzen der ersten Randbedingung y(0) = 0:

  $$y(0) = C_1 \cdot 0 + C_2 \cdot 1 = 0$$

  d.h. $C_2 = 0$ und als Lösung bleibt $y(x) = C_1 \cdot \sin(k \cdot x)$.

* Das Einsetzen der zweiten Randbedingung y'(1) = 0 liefert:

  $$y'(1) = C_1 \cdot k \cdot \cos(k \cdot l) = 0$$

  Dies ist erfüllt, wenn einer der Faktoren gleich Null ist. C_1 und k dürfen nicht Null werden, da dann die triviale Lösung $y(x) \equiv 0$ entsteht. Es ergibt sich deshalb die Forderung

  $$\cos(k \cdot l) = 0$$

  aus der abzählbar unendlich viele Eigenwerte $\lambda_n = k_n^2$ mit

  $$k_n = \frac{\pi}{2 \cdot l}, \frac{3 \cdot \pi}{2 \cdot l}, \frac{5 \cdot \pi}{2 \cdot l}, \dots$$

  folgen, d.h.

$$k_n = \frac{(2 \cdot n - 1)}{2 \cdot 1} \cdot \pi \qquad\qquad (n-1,2,3,\ldots)$$

Praktische Bedeutung besitzt nur der erste Eigenwert λ_1 (d.h. n=1), der als *Eulersche Knicklast* bezeichnet wird. Die anderen Eigenwerte ergeben instabile Auslenkungen (siehe [10]). Die zu diesem Eigenwert gehörige *Eigenfunktion* (Auslenkung) lautet

$$y_1(x) = C_1 \cdot \sin\left(\frac{\pi}{2 \cdot 1} \cdot x\right)$$

die bis auf die reelle Konstante C_1 eindeutig bestimmt ist.

b) Wenn man die in MATLAB vordefinierte Funktion **dsolve** auf Sturm-Liouvillesche Eigenwertaufgaben anwendet, ohne einen konkreten Eigenwert für λ (lambda) einzugeben, so wird entweder nur die triviale Lösung berechnet oder die Unlösbarkeit angezeigt. Setzt man jedoch einen konkreten Eigenwert ein, so berechnet MATLAB die zugehörige Eigenfunktion:

Für die Aufgabe aus Beisp. a mit dem Lösungsintervall [0,1]

- berechnet MATLAB bei beliebigem λ nur die triviale Lösung y(x) = 0:

  \>> dsolve (' D2y + lambda * y = 0 , y(0) = 0 , Dy(1) = 0 ' , ' x ')

  ans =

  0

- berechnet MATLAB für den Eigenwert $\lambda = \pi^2/4$ die zugehörige Eigenfunktion

  \>> dsolve (' D2y + (pi ^ 2/4) * y = 0 , y(0) = 0 , Dy(1) = 0 ' , 'x')

  ans =

  C1 * sin (1/2 * pi * x)

♦

6.3.8 Anwendung von MATHCAD und MATLAB

Wie bereits erwähnt, besitzt MATHCAD im Gegensatz zu MATLAB keine vordefinierten Funktionen zur exakten Lösung von Dgl. In beiden Systemen lassen sich folgende Vorgehensweisen zur exakten Lösung gewöhnlicher Dgl heranziehen, die auch auf Dgl zweiter Ordnung anwendbar sind:

- In MATLAB ist die Funktion **dsolve** zur exakten Lösung gewöhnlicher Dgl vordefiniert, die ausführlicher im Abschn. 7.4.7 vorgestellt wird. **dsolve** haben wir bisher bei der Lösung von Dgl erster und zweiter Ordnung getestet. Da die vordefinierte Funktion **dsolve** allgemein sowohl auf Anfangs- als auch Randwertaufgaben für gewöhnliche Dgl n-ter Ordnung anwendbar ist, werden wir ihr im Laufe des Buches noch öfters begegnen.

• In MATHCAD kann ebenso wie in MATLAB die Laplacetransformation zur exakten Lösung von Sonderfällen gewöhnlicher Dgl herangezogen werden, wie ausführlicher im Abschn. 7.4.3 besprochen wird.

• Da in MATHCAD und MATLAB höhere mathematische Funktionen wie Besselfunktionen, hypergeometrische, Legendresche Funktionen vordefiniert sind, lassen sich mit beiden Sonderfälle von Dgl zweiter Ordnung wie Besselsche, hypergeometrische, Legendresche Dgl exakt lösen.

Da die Berechnung exakter Lösungen gewöhnlicher Dgl schnell an Grenzen stößt, kann man von MATHCAD und MATLAB keine Wunder erwarten. Deshalb sind in vielen Fällen numerische Methoden (Näherungsmethoden) anzuwenden, die in MATHCAD und MATLAB umfangreich vordefiniert sind. Diese werden im Kap. 9–11 vorgestellt.

♦

7 Gewöhnliche Differentialgleichungen n-ter Ordnung

7.1 Einführung

In diesem Kapitel betrachten wir gewöhnliche Dgl n-ter Ordnung (n – beliebige ganze Zahl ≥1). Die im Kap.5 und 6 vorgestellten gewöhnlichen Dgl erster und zweiter Ordnung sind Sonderfälle für n=1 und n=2 und besitzen eine Reihe zusätzlicher Eigenschaften.

Gewöhnliche Dgl n-ter Ordnung schreiben sich allgemein in der Form

- $F(x, y(x), y'(x), y''(x), \ldots, y^{(n)}(x)) = 0$

  die man als *implizite Darstellung* bezeichnet. Dabei brauchen in dem funktionalen Zusammenhang F nicht alle Argumente aufzutreten. Es muß aber mindestens die Ableitung n-ter Ordnung (n-te Ableitung)

  $y^{(n)}(x)$

  der gesuchten Funktion (Lösungsfunktion) y(x) vorhanden sein.

- $y^{(n)}(x) = f(x, y(x), y'(x), y''(x), \ldots, y^{(n-1)}(x))$

  die man als *explizite Darstellung* bezeichnet. Man erhält diese, wenn sich die implizite Darstellung nach der n-ten Ableitung der Lösungsfunktion y(x) auflösen läßt.

☞

Eine stetige Funktion y(x) heißt *Lösung (Lösungsfunktion)* einer Dgl n-ter Ordnung im Lösungsintervall [a,b], wenn sie stetige Ableitungen bis zur n-ten Ordnung besitzt und die Dgl identisch erfüllt, d.h., wenn

$F(x, y(x), y'(x), y''(x), \ldots, y^{(n)}(x)) \equiv 0$

bzw $\forall\, x \in [a, b]$

$y^{(n)}(x) \equiv f(x, y(x), y'(x), y''(x), \ldots, y^{(n-1)}(x))$

gilt. Bei der Frage nach der Existenz von Lösungen (Lösungsfunktionen) kann auf die Theorie für Dgl erster Ordnung zurückgegriffen werden (siehe Abschn. 4.4), da sich jede Dgl n-ter Ordnung auf ein Dgl-System erster Ordnung zurückführen läßt, wie im folgenden gezeigt wird.

◆

Eine gewöhnliche *Dgl n-ter Ordnung* in expliziter Darstellung

$$y^{(n)}(x) = f(x, y(x), y'(x), y''(x), \ldots, y^{(n-1)}(x))$$

läßt sich durch Setzen von

$$y_1(x) = y(x)$$

auf ein *System* von *n Dgl* erster Ordnung (siehe auch Kap.8) der Form

$$y_1'(x) = y_2(x)$$

$$y_2'(x) = y_3(x)$$

$$\vdots \qquad \vdots$$

$$y_{n-1}'(x) = y_n(x)$$

$$y_n'(x) = f(x, y_1(x), y_2(x), \ldots, y_n(x))$$

mit Lösungsfunktionen

$$y_1(x), \ldots, y_n(x)$$

zurückführen, wobei

$$y_1(x) = y(x)$$

die Lösungsfunktion der betrachteten Dgl n-ter Ordnung ist, während $y_k(x)$ für $k \geq 2$ die $(k-1)$-ten Ableitungen von $y(x)$ darstellen (siehe Beisp. 7.1a und b).

☞

Die Zurückführung einer Dgl höherer Ordnung in ein Dgl-System erster Ordnung benötigen wir bei der Anwendung von MATHCAD und MATLAB, da in beiden eine Reihe vordefinierter Funktionen nur auf Dgl-Systeme erster Ordnung anwendbar ist.

Unter gewissen Voraussetzungen läßt sich der umgekehrte Weg beschreiten, d.h. die Zurückführung eines gegebenen Dgl-Systems auf eine Dgl n-ter Ordnung (siehe Beisp. 7.1c). Falls dies mittels Eliminationsmethode (siehe Beisp. 7.1c) gelingt, wird diese Vorgehensweise empfohlen, da man eine Dgl meistens einfacher lösen kann als ein System.

◆

Beispiel 7.1:

a) Die homogene lineare Dgl zweiter Ordnung (harmonischer Oszillator)

$$y''(x) + 2 \cdot y'(x) + y(x) = 0$$

aus Beisp. 6.2b1 läßt sich auf das homogene lineare Dgl-System erster Ordnung

$$y_1'(x) = y_2(x)$$

$$y_2'(x) = -y_1(x) - 2 \cdot y_2(x)$$

zurückführen. Die Lösungsfunktion $y_1(x)$ dieses Dgl-Systems liefert die Lösungsfunktion $y(x)$ der betrachteten Dgl zweiter Ordnung, während die Lösungsfunktion $y_2(x)$ die erste Ableitung von $y(x)$ darstellt, d.h.

$$y_2(x) = y'(x).$$

b) Die nichtlineare Dgl dritter Ordnung

$$y'''(x) + y''(x) + y'(x) \cdot y(x) = f(x)$$

läßt sich auf das nichtlineare Dgl-System erster Ordnung

$$y_1'(x) = y_2(x)$$

$$y_2'(x) = y_3(x)$$

$$y_3'(x) = - y_2(x) \cdot y_1(x) - y_3(x) + f(x)$$

zurückführen. Die Lösungsfunktion $y_1(x)$ dieses Systems liefert die Lösung $y(x)$ der betrachteten Dgl dritter Ordnung, während die weiteren Lösungsfunktionen $y_2(x)$ und $y_3(x)$ die Ableitungen $y'(x)$ bzw. $y''(x)$ von $y(x)$ sind.

c) Das Dgl-System erster Ordnung mit zwei Gleichungen

$$y_1'(x) = y_2(x)$$

$$y_2'(x) = -y_1(x) - 2 \cdot y_2(x)$$

aus Beisp. a läßt sich durch Differentiation einer Gleichung und Einsetzen der anderen Gleichung in die Dgl zweiter Ordnung

$$y''(x) + 2 \cdot y'(x) + y(x) = 0$$

zurückführen, so z.B. mittels

$$y_1''(x) = y_2'(x) = -y_1(x) - 2 \cdot y_2(x) = -y_1(x) - 2 \cdot y_1'(x)$$

Diese angewandte Vorgehensweise wird als *Eliminationsmethode* bezeichnet.

♦

☞

Im Rahmen des vorliegenden Buches setzen wir voraus, daß die betrachteten gewöhnlichen Dgl n-ter Ordnung

• die Voraussetzungen für Existenz und Eindeutigkeit der Lösung erfüllen.

• eine n-parametrische Schar

$$y(x) = y(x ; C_1, C_2, ..., C_n)$$

$(C_1, C_2, ..., C_n -$ frei wählbare reelle Konstanten)

von Lösungsfunktionen besitzen, die als *allgemeine Lösung* bezeichnet werden, wobei wir von singulären Lösungen absehen.

♦

Bezüglich der Berechnung *exakter Lösungen* für Dgl n-ter Ordnung gilt das bereits für Dgl erster und zweiter Ordnung gesagte, das wir im folgenden zusammenfassen:

• Idealfälle bei Berechnungen exakter Lösungen von Dgl bestehen darin, daß sich Lösungsfunktionen auf eine der folgenden zwei Arten konstruieren lassen:

I. Lösungsfunktionen setzen sich aus elementaren mathematischen Funktionen (d.h. trigonometrischen, Exponential-, Potenzfunktionen und ihren inversen Funktionen) zusammen und werden in einer endlichen Anzahl von Schritten erhalten.

Eine derartige Lösungsdarstellung ist leider schon bei relativ einfachen Dgl nicht möglich, wie im Beisp. 4.4b und c zu sehen ist. Dieser Fakt ist nicht verwunderlich, da die Lösung von Dgl eng mit der Integration von Funktionen zusammenhängt, bei der die gleiche Problematik auftritt.

II. Lösungsfunktionen lassen sich in geschlossener Form wie z.B. durch konvergente Funktionenreihen oder in Integralform darstellen.

* Bei Lösungsdarstellungen durch Funktionenreihen spielen Potenzreihen eine wichtige Rolle und man spricht von Potenzreihenlösungen. Derartige *Potenzreihenlösungen* von Besselschen, hypergeometrischen und Legendreschen Dgl (siehe Abschn. 6.3.3-6.3.5) definieren sogenannte höhere mathematische Funktionen wie Bessel-, hypergeometrische und Legendresche Funktionen, deren Eigenschaften bekannt sind.

* Lösungsdarstellungen in *Integralform* lernen wir schon bei linearen Dgl erster Ordnung im Abschn. 5.3.1 kennen. Des weiteren werden sie bei Greenschen Methoden und Anwendung von Integraltransformationen erhalten.

Beide Lösungsdarstellungen bezeichnet man als *geschlossen* oder *analytisch*.

• Für *nichtlineare Dgl* lassen sich exakte Lösungen nur für Sonderfälle berechnen, wie bereits bei Dgl erster und zweiter Ordnung zu sehen ist.

• Selbst für *lineare Dgl* existieren Methoden zur Berechnung exakter Lösungen nur für Sonderfälle, von denen wir wichtige im Abschn. 5.3.1, 6.3.2, 7.3 und 8.5 betrachten.

• Da exakte Lösungsberechnungen bei Dgl schnell an Grenzen stoßen, kann man auch von MATHCAD und MATLAB keine Wunder erwarten. Deshalb sind bei vielen praktischen Aufgaben numerische Methoden (Näherungsmethoden) erforderlich, die in MATHCAD und MATLAB umfangreich enthalten sind und im Kap.9–11 behandelt werden.

Im folgenden Abschn. 7.2 gehen wir kurz auf die Problematik von Anfangs-, Rand- und Eigenwertaufgaben ein, da wir diese bereits in vorangehenden Kapiteln ausführlicher behandeln. Danach betrachten wir im Abschn. 7.3 lineare Dgl n-ter Ordnung als wichtigen Sonderfall und geben anschließend im Abschn. 7.4 eine Zusammenfassung über grundlegende Methoden zur Bestimmung exakter Lösungen, wobei im Abschn. 7.4.7 die Anwendung von MATHCAD und MATLAB zur exakten Lösung beliebiger Dgl n-ter Ordnung vorgestellt wird.

7.2 Anfangs-, Rand- und Eigenwertaufgaben

Für praktische Aufgaben sind meistens nicht allgemeine Lösungen von Dgl gesucht, sondern spezielle Lösungen, die vorliegenden Bedingungen erfüllen und als Anfangs- bzw. Randbedingungen bezeichnet werden.
Dies führt auf die Lösung von Anfangs-, Rand- und Eigenwertaufgaben, deren Problematik wir bereits bei Dgl erster und zweiter Ordnung in den Abschn. 5.2,

6.2, 6.3.6 und 6.3.7 kennenlernen. Während bei einer Dgl erster Ordnung nur Anfangswertaufgaben möglich sind, können ab Ordnung zwei auch Rand- und Eigenwertaufgaben auftreten. Derartige Aufgaben sind keine Erfindung der Mathematik, sondern entstehen aus konkreten praktischen Aufgabenstellungen.

Bei gewöhnlichen Dgl n-ter Ordnung hängt die *allgemeine Lösung* (Lösungsfunktion)

$$y(x \; ; \; C_1, C_2, ..., C_n)$$

unter gewissen Voraussetzungen von n frei wählbaren reellen Konstanten $C_1, C_2, ..., C_n$

ab, die sich durch Vorgabe von n Anfangs- bzw. Randbedingungen bestimmen:

- Man spricht von *Anfangswertaufgaben*, wenn für die Lösungsfunktion y(x) nur Bedingungen für einen Wert der unabhängigen Variablen x aus dem Lösungsintervall [a,b] vorliegen, die als *Anfangsbedingungen* bezeichnet werden. Die in Anfangsbedingungen vorgegebenen Zahlenwerte für die Lösungsfunktion heißen *Anfangswerte*.

  Für eine Dgl n-ter Ordnung bedeutet dies, daß n Bedingungen (Anfangsbedingungen) für die Lösungsfunktion y(x) und ihre Ableitungen nur für einen x-Wert (Punkt) $x = x_0$ des Lösungsintervalls [a,b] vorgegeben sind, wie z.B. im häufig vorkommenden Fall

  $$y(x_0) = y_0, \quad y'(x_0) = y_1, \quad ..., \quad y^{(n-1)}(x_0) = y_{n-1}$$

  mit n vorgegebenen Zahlenwerten (*Anfangswerten*) y_0, y_1, ..., y_{n-1} für die Lösungsfunktion y(x) und ihre Ableitungen im Punkt $x = x_0$. Oft sind Anfangsbedingungen im Anfangspunkt a des Lösungsintervalls vorgegeben, d.h. für $x_0 = a$.

- Bei *Randwertaufgaben* sind n Bedingungen für die Lösungsfunktion y(x) und ihre Ableitungen für mehrere x-Werte (Punkte) des Lösungsintervalls [a,b] vorgegeben, die man als *Randbedingungen* bezeichnet. Die in Randbedingungen vorgegebenen Zahlenwerte für die Lösungsfunktion y(x) bezeichnet man als *Randwerte*.

  Häufig sind Randbedingungen nur für zwei verschiedene x-Werte (Punkte) x_0 und x_1 aus dem Lösungsintervall [a,b] gegeben, wie z.B. bei Dgl zweiter Ordnung

  $$y(x_0) = y_0, \quad y(x_1) = y_1$$

  mit vorgegebenen Zahlenwerten (*Randwerten*) y_0, y_1 für die Lösungsfunktion y(x) im Punkt $x = x_0$ bzw. $x = x_1$. In diesem Fall spricht man *Zweipunkt-Randbedingungen* bzw. *Zweipunkt-Randwertaufgaben* (siehe Abschn. 6.3.6). Oft sind Zweipunkt-Randbedingungen im Anfangspunkt a und Endpunkt b des Lösungsintervalls vorgegeben, d.h. $x_0 = a$ und $x_1 = b$.

- Falls man die allgemeine Lösung einer Dgl kennt, besteht eine Möglichkeit zur exakten Lösung von *Anfangs-* und *Randwertaufgaben* darin, die Anfangs- bzw. Randbedingungen in die allgemeine Lösung einzusetzen und die dadurch entstehenden Gleichungen bzgl. der Konstanten aufzulösen (siehe Beisp. 7.3b).

Während Anfangswertaufgaben unter schwachen Voraussetzungen eine eindeutige Lösung besitzen, gestaltet sich diese Problematik bei Randwertaufgaben wesentlich schwieriger, da bei Randwertaufgaben die Existenz von Lösungen nicht nur von der Dgl sondern auch von den Randbedingungen abhängt (siehe Abschn. 4.3 und 6.3.6).

So kann schon für einfache Randwertaufgaben keine Lösung existieren, wie im Beisp. 6.6 für Dgl zweiter Ordnung illustriert wird.

♦

7.3 Lineare Differentialgleichungen

Lineare Dgl n-ter Ordnung haben die Form

$$A_n(x) \cdot y^{(n)}(x) + A_{n-1}(x) \cdot y^{(n-1)}(x) + ... + A_1(x) \cdot y'(x) + A_0(x) \cdot y(x) = F(x)$$

und stellen einen Sonderfall gewöhnlicher Dgl n-ter Ordnung dar, für den die Lösungstheorie wie bei allen linearen Gleichungen weitreichende Aussagen liefert. Im weiteren setzen wir voraus, daß alle *Koeffizientenfunktionen*

$$A_k(x) \hspace{6cm} (k = 0, 1, ... , n)$$

stetig sind. Zusätzlich fordern wir, daß $A_n(x)$ keine Nullstellen besitzt, um das Auftreten von Singularitäten zu vermeiden, wie sie z.B. bei Sonderfällen linearer Dgl zweiter Ordnung aus Abschn. 6.3.3 bis 6.3.5 auftreten. Unter dieser Voraussetzung, kann man lineare Dgl durch $A_n(x)$ dividieren, so daß folgende Form entsteht

$$y^{(n)}(x) + a_{n-1}(x) \cdot y^{(n-1)}(x) + ... + a_1(x) \cdot y'(x) + a_0(x) \cdot y(x) = f(x)$$

Lineare Dgl besitzen nicht nur großes theoretisches Interesse, sondern haben zahlreiche praktische Anwendungen, von denen wir bereits einige in Abschn. 6.3 und Beisp. 6.2b kennenlernen.

7.3.1 Eigenschaften

Lineare Dgl n-ter Ordnung besitzen eine umfassende Theorie, die eine Reihe von Eigenschaften und Lösungsmethoden liefert. Im folgenden skizzieren wir wesentliche Gesichtspunkte dieser Theorie und verweisen bzgl. detaillierterer Informationen auf die Literatur:

- Ist die Funktion $F(x)$ bzw. $f(x)$ der rechten Seite linearer Dgl identisch gleich Null (d.h. $F(x) \equiv 0$ bzw. $f(x) \equiv 0$), so spricht man von *homogenen* linearen Dgl, ansonsten von *inhomogenen*.

- Die *allgemeine Lösung* (Lösungsfunktion) $y(x)$ linearer Dgl n-ter Ordnung hängt von n frei wählbaren reellen Konstanten

$$C_1, C_2, ..., C_n$$

ab. Hierfür lassen sich weitreichendere Aussagen als für nichtlinearer Dgl herleiten:

* Die *allgemeine Lösung* $y_a(x)$ *homogener linearer Dgl* hat die Form

$$y_a(x) = C_1 \cdot y_1(x) + C_2 \cdot y_2(x) + \dots + C_n \cdot y_n(x)$$

wobei die Funktionen

$$y_1(x), y_2(x), \dots, y_n(x)$$

ein *Fundamentalsystem* von Lösungsfunktionen bilden und

$$C_1, C_2, \dots, C_n$$

frei wählbare reelle Konstanten sind, die linear in die allgemeine Lösung eingehen. Dies ist eine Anwendung des Superpositionsprinzips aus Abschn. 3.5.1.

Ein Fundamentalsystem ist dadurch charakterisiert, daß seine n Funktionen Lösungen der homogenen Dgl und linear unabhängig sind, d.h., sie bilden einen linearen Raum (Vektorraum) der Dimension n.

Notwendig und hinreichend für die lineare Unabhängigkeit der Lösungsfunktionen ist, daß die aus ihnen gebildete *Wronskische Determinante*

$$W(x) = \begin{vmatrix} y_1(x) & y_2(x) & \cdots & y_n(x) \\ y_1'(x) & y_2'(x) & \cdots & y_n'(x) \\ \vdots & \vdots & \vdots & \vdots \\ y_1^{(n-1)}(x) & y_2^{(n-1)}(x) & \cdots & y_n^{(n-1)}(x) \end{vmatrix}$$

für alle x im Lösungsintervall [a,b] ungleich Null ist. Des weiteren läßt sich unter gewissen Voraussetzungen die Existenz eines Fundamentalsystems nachweisen (siehe [18]).

Damit ist die Berechnung allgemeiner Lösungen homogener linearer Dgl auf die Bestimmung eines Fundamentalsystems zurückgeführt. Derartige Fundamentalsysteme lassen sich einfach nur für lineare Dgl mit speziellen Koeffizientenfunktionen bestimmen, wie im Abschn. 7.3.2 und 7.3.3 zu sehen ist.

Für lineare Dgl muß nicht nur ein Fundamentalsystem existieren, d.h., Fundamentalsysteme sind nicht eindeutig bestimmt. Sobald man ein Fundamentalsystem gefunden hat, ist die homogene lineare Dgl gelöst.

* Die *allgemeine Lösung* (Lösungsfunktion) y(x) *inhomogener linearer Dgl* ergibt sich als Summe aus *allgemeiner Lösung* $y_a(x)$ der zugehörigen homogenen Dgl und *spezieller Lösung* $y_s(x)$ der inhomogenen Dgl, d.h.

$$y(x) = y_a(x) + y_s(x)$$

Spezielle Lösungen inhomogener Dgl lassen sich mittels Ansatz oder Variation der Konstanten ermitteln, wie im Abschn. 7.3.4 zu sehen ist.

• Wenn die Koeffizientenfunktionen

$$A_k(x) \qquad\qquad (k = 0, 1, \dots, n)$$

linearer Dgl n-ter Ordnung gewisse Bedingungen erfüllen, wie z.B.:

* $A_k(x) = a_k = $ konstant   (a_k – gegebene reelle Konstanten)

   d.h., es liegen *Dgl* mit *konstanten Koeffizienten* vor.

* $A_k(x) = a_k \cdot x^k$ (a_k – gegebene reelle Konstanten)

   d.h., es liegen *Euler-Cauchysche Dgl* vor.

liefern Ansatzmethoden ein Fundamentalsystem (siehe Abschn. 7.3.2 und 7.3.3).

Beispiel 7.2:

Betrachten wir die inhomogene lineare Dgl zweiter Ordnung mit konstanten Koeffizienten

$$y''(x) + y(x) = 1$$

Offensichtlich sind die Funktionen cos x, sin x Lösungen der zugehörigen homogenen Dgl, wie man durch Einsetzen leicht nachprüfen kann. Sie sind linear unabhängig, wie die Berechnung der Wronskischen Determinante

$$\begin{vmatrix} \cos x & \sin x \\ -\sin x & \cos x \end{vmatrix} = \cos^2 x + \sin^2 x = 1$$

zeigt. Somit bilden beide Funktionen ein *Fundamentalsystem* von Lösungen der homogenen Dgl, so daß ihre allgemeine Lösung folgende Form mit frei wählbaren reellen Konstanten C_1, C_2 hat:

$$y_a(x) = C_1 \cdot \cos x + C_2 \cdot \sin x$$

Eine *spezielle Lösung* $y_s(x) = 1$ der inhomogenen Dgl läßt sich leicht erraten, so daß die *allgemeine Lösung* der gegebenen inhomogenen Dgl die Form

$$y(x) = y_a(x) + y_s(x) = C_1 \cdot \cos x + C_2 \cdot \sin x + 1$$

hat. In diesem Beispiel wurden Lösungen vorgegeben, um die Konstruktion allgemeiner Lösungen linearer Dgl zu illustrieren.
Methoden zur Berechnung dieser Lösungen lernen wir im Abschn. 7.3.2 bzw. 7.3.4 kennen.
♦

7.3.2 Konstante Koeffizienten

Lineare Dgl n-ter Ordnung mit konstanten Koeffizienten haben die Form

$$a_n \cdot y^{(n)}(x) + a_{n-1} \cdot y^{(n-1)}(x) + \ldots + a_1 \cdot y'(x) + a_0 \cdot y(x) = f(x)$$

wobei sämtliche Koeffizienten a_k (k = 0, 1, ... , n) gegebene reelle Konstanten sind ($a_n \neq 0$), d.h., nicht von x abhängen dürfen.
Bei *homogenen Dgl* (d.h. f(x) ≡ 0) kann mittels des *Lösungsansatzes*

$$y(x) = e^{\lambda \cdot x}$$

mit frei wählbarem Parameter (Konstante) λ ein *Fundamentalsystem* von Lösungen und damit die allgemeine Lösung bestimmt werden. Das Einsetzen dieses Ansatzes in die homogene Dgl liefert für λ das *charakteristische Polynom* n-ten Grades

$$P_n(\lambda) = a_n \cdot \lambda^n + a_{n-1} \cdot \lambda^{n-1} + \ldots + a_1 \cdot \lambda + a_0$$

Damit der Ansatz die homogene Dgl löst, sind die n Nullstellen des charakteristischen Polynoms zu bestimmen, d.h., es ist die Polynomgleichung

$$P_n(\lambda) = 0$$

zu lösen.

Mit den n berechneten Nullstellen des charakteristischen Polynoms lassen sich allgemeine Lösungen homogener linearer Dgl mit konstanten Koeffizienten folgendermaßen konstruieren:

- Der einfachste Fall liegt vor, wenn die Nullstellen

$$\lambda_1, \lambda_2, \lambda_3, \ldots, \lambda_n$$

paarweise verschieden und reell sind. Hier lautet die *allgemeine Lösung* der homogenen Dgl ($C_1, C_2, \ldots, C_n$ – frei wählbare reelle Konstanten):

$$y(x) = C_1 \cdot e^{\lambda_1 \cdot x} + C_2 \cdot e^{\lambda_2 \cdot x} + C_3 \cdot e^{\lambda_3 \cdot x} + \ldots + C_n \cdot e^{\lambda_n \cdot x}$$

wobei die Lösungsfunktionen

$$e^{\lambda_1 \cdot x}, \quad e^{\lambda_2 \cdot x}, \quad e^{\lambda_3 \cdot x}, \ldots, \quad e^{\lambda_n \cdot x}$$

ein *Fundamentalsystem* bilden. Diesen Nachweis überlassen wir dem Leser.

- Besitzt das charakteristische Polynom eine r-fache reelle Nullstelle λ, so lautet der entsprechende Anteil der allgemeinen Lösung

$$\left(C_1 + C_2 \cdot x + C_3 \cdot x^2 + \ldots + C_r \cdot x^{r-1} \right) \cdot e^{\lambda \cdot x}$$

d.h., es werden r linear unabhängige Lösungsfunktionen

$$e^{\lambda \cdot x}, \quad x \cdot e^{\lambda \cdot x}, \quad x^2 \cdot e^{\lambda \cdot x}, \ldots, \quad x^{r-1} \cdot e^{\lambda \cdot x}$$

für λ erhalten.

- Besitzt das charakteristische Polynom eine komplexe Nullstelle $a + b \cdot i$, so besitzt es laut Theorie auch die konjugiert komplexe Nullstelle $a - b \cdot i$. Hierfür lassen sich zwei reelle linear unabhängige Lösungsfunktionen

$$\cos(b \cdot x) \cdot e^{a \cdot x}, \quad \sin(b \cdot x) \cdot e^{a \cdot x}$$

der Dgl konstruieren, so daß der entsprechende Anteil der allgemeinen Lösung folgendermaßen lautet:

$$\left(C_1 \cdot \cos(b \cdot x) + C_2 \cdot \sin(b \cdot x) \right) \cdot e^{a \cdot x}$$

Treten komplexe Nullstellen mehrfach auf, so ist analog zu mehrfach reellen zu verfahren.

Die einzige aber nicht unwesentliche Schwierigkeit bei der Berechnung allgemeiner Lösungen homogener linearer Dgl mit konstanten Koeffizienten besteht in der Bestimmung der Nullstellen des charakteristischen Polynoms, weil ab 5. Grad hierfür keine Lösungsformeln existieren. Da auch Lösungsformeln für 3. und 4.

Grad nicht einfach zu handhaben sind, besteht bei ganzzahligen Nullstellen eine Lösungsmöglichkeit darin, eine Nullstelle zu erraten und anschließend den Grad des charakteristischen Polynoms durch Division um eins zu verringern usw. Diese Vorgehensweise benutzt die Faktorisierung von Polynomen und ist bei einfach-strukturierten Polynomen anwendbar (siehe Beisp. 7.3).

Zur Bestimmung der Nullstellen des charakteristischen Polynoms kann man MATHCAD und MATLAB heranziehen, in denen Funktionen zur Lösung von Gleichungen vordefiniert sind.

Man kann sich allgemeine Lösungen linearer Dgl mit konstanten Koeffizienten direkt von MATHCAD und MATLAB berechnen lassen, indem man die Laplace-Transformation (siehe Abschn. 7.4.3 und Beisp. 7.7c) bzw. in MATLAB zusätzlich die vordefinierte Funktion **dsolve** anwendet (siehe Beisp. 7.3).

◆

Beispiel 7.3:

a) Lösen wir die homogene lineare Dgl 5. Ordnung mit konstanten Koeffizienten

$$y^{(5)}(x) - 3 \cdot y^{(4)}(x) + 4 \cdot y^{(3)}(x) - 4 \cdot y^{(2)}(x) + 3 \cdot y'(x) - y(x) = 0$$

Das charakteristische Polynom hat hierfür die Form

$$P_5(\lambda) = \lambda^5 - 3 \cdot \lambda^4 + 4 \cdot \lambda^3 - 4 \cdot \lambda^2 + 3 \cdot \lambda - 1$$

Man kann aufgrund der einfachen Struktur die Nullstelle 1 erraten und anschließend das Polynom durch $\lambda - 1$ dividieren und erhält ein Polynom vierten Grades, das wieder die Nullstelle 1 besitzt, so daß man erneut dividieren kann und ein Polynom dritten Grades erhält, das wieder die Nullstelle 1 besitzt. Das übrigbleibende Polynom zweiten Grades besitzt die beiden komplexen Nullstellen i und −i. Da $\lambda = 1$ eine dreifache Nullstelle ist, lautet die *allgemeine Lösung*:

$$y(x) = C_1 \cdot \cos x + C_2 \cdot \sin x + \left(C_3 + C_4 \cdot x + C_5 \cdot x^2\right) \cdot e^x$$

die MATLAB mittels **dsolve** berechnet:

\>> dsolve (' D5y − 3 ∗ D4y + 4 ∗ D3y − 4 ∗ D2y + 3 ∗ Dy − y ', ' x')

ans =

C1∗cos(x) + C2∗sin(x) + C3∗exp(x) + C4∗exp(x)∗x^ 2 + C5∗exp(x)∗x

b) Lösen wir die homogene lineare Dgl zweiter Ordnung mit konstanten Koeffizienten

$$y''(x) + y(x) = 0$$

Das charakteristische Polynom lautet hierfür

$$P_2(\lambda) = \lambda^2 + 1$$

und besitzt die beiden komplexen Nullstellen i und −i, so daß sich folgende allgemeine Lösung der Dgl ergibt:

$$y(x) = C_1 \cdot \cos x + C_2 \cdot \sin x \qquad (C_1, C_2 - \text{frei wählbare reelle Konstanten})$$

Aus dieser allgemeinen Lösung lassen sich spezielle Lösungen für vorgegebene Anfangs- und Randbedingungen konstruieren, wie im folgenden illustriert wird:

b1) Für die Anfangsbedingungen $y(0) = 1$ und $y'(0) = 0$ berechnet sich die zugehörige Lösung aus der allgemeinen Lösung, indem man die beiden Anfangsbedingungen einsetzt und aus dem entstehenden Gleichungssystem C_1 und C_2 berechnet:

$$y(0) = C_1 \cdot \cos 0 + C_2 \cdot \sin 0 = C_1 = 1$$

$$y'(0) = -C_1 \cdot \sin 0 + C_2 \cdot \cos 0 = C_2 = 0$$

Damit ergibt sich $y(x) = \cos x$ als Lösung der Anfangswertaufgabe.

b2) Für die Randbedingungen $y(0) = 2$ und $y(\pi/2) = 3$ berechnet sich die zugehörige Lösung aus der allgemeinen Lösung, indem man die beiden Randbedingungen einsetzt und aus dem entstehenden Gleichungssystem C_1 und C_2 berechnet:

$$y(0) = C_1 \cdot \cos 0 + C_2 \cdot \sin 0 = C_1 = 2$$

$$y(\pi/2) = C_1 \cdot \cos \pi/2 + C_2 \cdot \sin \pi/2 = C_2 = 3$$

Damit ergibt sich $y(x) = 2 \cdot \cos x + 3 \cdot \sin x$ als Lösung der Randwertaufgabe.

◆

7.3.3 Euler-Cauchysche Differentialgleichungen

Euler-Cauchysche Dgl n-ter Ordnung sind lineare Dgl folgender Form ($a_n \neq 0$)

$$a_n \cdot x^n \cdot y^{(n)}(x) + a_{n-1} \cdot x^{n-1} \cdot y^{(n-1)}(x) + \ldots + a_1 \cdot x \cdot y'(x) + a_0 \cdot y(x) = f(x)$$

d.h., die Koeffizientenfunktionen sind durch

$$a_k \cdot x^k \qquad\qquad (a_k - \text{gegebene reelle Konstanten}, k = 0, 1, \ldots, n)$$

gegeben.

Euler-Cauchysche Dgl können mittels der Transformation
$x = e^t$, d.h. $t = \ln x$

auf lineare Dgl mit konstanten Koeffizienten zurückgeführt werden, wie im Beisp. 7.4b illustriert wird. Damit läßt sich deren Lösungskonstruktion unmittelbar anwenden, indem man x durch ln x ersetzt, wie im folgenden zu sehen ist.

♦

Bei homogenen Euler-Cauchyschen Dgl (d.h. $f(x) \equiv 0$) läßt sich mittels des *Lösungsansatzes*

$$y(x) = x^\lambda$$

mit frei wählbarem Parameter (Konstante) λ ein Fundamentalsystem und damit die allgemeine Lösung bestimmen. Dieser Ansatz ergibt sich unmittelbar, indem man im Ansatz für Dgl mit konstanten Koeffizienten x durch ln x ersetzt, d.h.

$$e^{\lambda \cdot \ln x} = x^\lambda$$

Das Einsetzen dieses Ansatzes in die homogene Euler-Cauchysche Dgl liefert für λ das *charakteristische Polynom*

$$P_n(\lambda) = a_n \cdot \lambda \cdot (\lambda - 1) \cdot ... \cdot (\lambda - n + 1) + ... + a_2 \cdot \lambda \cdot (\lambda - 1) + a_1 \cdot \lambda + a_0$$

n-ten Grades. Damit der Ansatz die homogene Dgl löst, sind die Nullstellen des charakteristischen Polynoms zu bestimmen, d.h., es ist die Polynomgleichung $P_n(\lambda) = 0$ zu lösen.

Mit den n berechneten Nullstellen lassen sich allgemeine Lösungen homogener Euler-Cauchyscher Dgl analog zu homogenen linearen Dgl mit konstanten Koeffizienten konstruieren, indem man dort x durch ln x ersetzt, wie im folgenden zu sehen ist:

- Der einfachste Fall liegt vor, wenn die n Nullstellen

  $$\lambda_1, \lambda_2, \lambda_3, ..., \lambda_n$$

  des charakteristischen Polynoms paarweise verschieden und reell sind. Hier lautet die *allgemeine Lösung* (Lösungsfunktion) der homogenen Dgl ($C_1, C_2,$ ... , C_n – frei wählbare reelle Konstanten):

  $$y(x) = C_1 \cdot x^{\lambda_1} + C_2 \cdot x^{\lambda_2} + C_3 \cdot x^{\lambda_3} + ... + C_n \cdot x^{\lambda_n}$$

  wobei die Lösungsfunktionen

  $$x^{\lambda_1}, x^{\lambda_2}, x^{\lambda_3}, ..., x^{\lambda_n}$$

  ein Fundamentalsystem der Dgl bilden. Diesen Nachweis überlassen wir dem Leser.

- Besitzt das charakteristische Polynom eine r-fache reelle Nullstelle λ, so lautet der entsprechende Anteil der allgemeinen Lösung

  $$\left(C_1 + C_2 \cdot \ln x + C_3 \cdot (\ln x)^2 + ... + C_r \cdot (\ln x)^{r-1} \right) \cdot x^\lambda$$

  d.h., es werden r linear unabhängige Lösungsfunktionen

  $$x^\lambda, \ln x \cdot x^\lambda, (\ln x)^2 \cdot x^\lambda, ..., (\ln x)^{r-1} \cdot x^\lambda$$

  für λ erhalten.

- Besitzt das charakteristische Polynom eine komplexe Nullstelle $a + b \cdot i$, so besitzt es laut Theorie auch die konjugiert komplexe Nullstelle $a - b \cdot i$. Hierfür lassen sich zwei reelle linear unabhängige Lösungsfunktionen

  $$\cos(b \cdot \ln x) \cdot x^a, \quad \sin(b \cdot \ln x) \cdot x^a$$

der Dgl konstruieren, so daß der entsprechende Anteil der allgemeinen Lösung folgendermaßen lautet:

$$\left(C_1 \cdot \cos(b \cdot \ln x) + C_2 \cdot \sin(b \cdot \ln x) \right) \cdot x^a$$

Treten komplexe Nullstellen mehrfach auf, so ist analog zu mehrfach reellen zu verfahren.

Die einzige aber nicht unwesentliche Schwierigkeit bei der Berechnung allgemeiner Lösungen homogener Euler-Cauchyscher Dgl besteht in der Bestimmung der Nullstellen des charakteristischen Polynoms, weil ab 5. Grad keine Lösungsformeln mehr existieren. Da auch Lösungsformeln für 3. und 4. Grad nicht einfach zu handhaben sind, besteht bei ganzzahligen Nullstellen eine Möglichkeit darin, eine Nullstellen zu erraten und anschließend den Grad durch Division um eins zu verringern usw.

Zur Bestimmung der Nullstellen des charakteristischen Polynoms können MATH-CAD und MATLAB herangezogen werden, in denen Funktionen zur Lösung von Gleichungen vordefiniert sind.

Man kann sich allgemeine Lösungen Euler-Cauchyscher Dgl direkt von MATH-CAD und MATLAB berechnen lassen, wenn man die Laplace-Transformation bzw. in MATLAB zusätzlich die vordefinierte Funktion **dsolve** anwendet (siehe Beisp. 7.4). Vor Anwendung der Laplacetransformation empfiehlt es sich, die zu lösende Euler-Cauchysche Dgl in eine Dgl mit konstanten Koeffizienten zu transformieren, wie im Beisp. 7.4b illustriert wird.

♦

Beispiel 7.4:

a) Lösen wir die homogene Euler-Cauchysche Dgl vierter Ordnung

$$x^4 \cdot y''''(x) + 3 \cdot x^2 \cdot y''(x) - 7 \cdot x \cdot y'(x) + 8 \cdot y(x) = 0$$

Das charakteristische Polynom hat hierfür die Form

$$P_4(\lambda) = \lambda \cdot (\lambda - 1) \cdot (\lambda - 2) \cdot (\lambda - 3) + 3 \cdot \lambda \cdot (\lambda - 1) - 7 \cdot \lambda + 8$$

und besitzt die Nullstellen 2 (doppelt), 1+i und 1−i, deren Berechnung wir dem Leser überlassen, wofür auch MATHCAD oder MATLAB herangezogen werden können:

MATHCAD berechnet die Nullstellen des charakteristischen Polynoms mit dem Schlüsselwort **solve** (deutsch: **auflösen**) zur Gleichungslösung:

$$\lambda \cdot (\lambda - 1) \cdot (\lambda - 2) \cdot (\lambda - 3) + 3 \cdot \lambda \cdot (\lambda - 1) - 7 \cdot \lambda + 8 \text{ solve}, \lambda \; \rightarrow \; \begin{pmatrix} 1+1i \\ 1-1i \\ 2 \\ 2 \end{pmatrix}$$

MATLAB berechnet die Nullstellen des charakteristischen Polynoms mit der vordefinierten Funktion **solve** zur Gleichungslösung:

>> solve(' la * (la–1) * (la–2) * (la–3) + 3 * la * (la-1) – 7 * la + 8 = 0 ' , ' la')

ans =

2
2
1+i
1–i

Mit den berechneten Nullstellen des charakteristischen Polynoms ergibt sich folgende *allgemeine Lösung* der gegebenen Euler-Cauchyschen Dgl:

$$y(x) = (C_1 + C_2 \cdot \ln x) \cdot x^2 + \left(C_3 \cdot \cos (\ln x) + C_4 \cdot \sin (\ln x) \right) \cdot x$$

die MATLAB direkt mittels **dsolve** berechnet:

>> dsolve (' x^4 * D4y + 3 * x^2 * D2y – 7 * x * Dy + 8 * y = 0 ' , ' x')

ans =

C1 * x^2 + C2 * x^2 * log (x) + C3 * x * cos (log (x)) + C4 * x * sin (log (x))

b) Illustrieren wir die Transformation Euler-Cauchyscher Dgl in lineare Dgl mit konstanten Koeffizienten, indem wir die homogene Euler-Cauchysche Dgl zweiter Ordnung

$$x^2 \cdot y''(x) + 3 \cdot x \cdot y'(x) + y(x) = 0$$

transformieren. Diese wird mittels der *Transformation*

$y(x) = u(t)$, $x = e^t$ d.h. $t = \ln x$

in die lineare Dgl mit konstanten Koeffizienten

$$u''(t) + 2 \cdot u'(t) + u(t) = 0$$

für u(t) überführt, da sich die Ableitungen folgendermaßen transformieren:

$$\frac{d y(x)}{d x} = \frac{d u(t)}{d t} \cdot \frac{d t}{d x} = \frac{d u(t)}{d t} \cdot \frac{1}{x} , \frac{d^2 y(x)}{d x^2} = \frac{d^2 u(t)}{d t^2} \cdot \frac{1}{x^2} - \frac{d u(t)}{d t} \cdot \frac{1}{x^2}$$

Diese Dgl für u(t) besitzt die Lösung

$$u(t) = C_1 \cdot e^{-t} + C_2 \cdot t \cdot e^{-t} = \left(C_1 + C_2 \cdot t \right) \cdot e^{-t}$$

deren Berechnung wir dem Leser überlassen. Durch Einsetzen der Transformation $t - \ln x$ ergibt sich die *allgemeine Lösung* der betrachteten Euler-Cauchyschen Dgl

$$y(x) = C_1 \cdot e^{-\ln x} + C_2 \cdot \ln x \cdot e^{-\ln x} = C_1 \cdot \frac{1}{x} + C_2 \cdot \ln x \cdot \frac{1}{x} = (C_1 + C_2 \cdot \ln x) \cdot \frac{1}{x}$$

Diese Lösung folgt auch durch direkte Anwendung der Ansatzmethode auf die Euler-Cauchysche Dgl, die folgendes charakteristisches Polynom liefert

$$\lambda \cdot (\lambda - 1) + 3 \cdot \lambda + 1 = \lambda^2 + 2 \cdot \lambda + 1 = (\lambda + 1)^2 = 0$$

das die doppelte Nullstelle -1 besitzt. Diese Lösung berechnet MATLAB mittels **dsolve**:

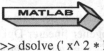

```
>> dsolve ('x^2 * D2y + 3 * x * Dy + y = 0', 'x')
```

ans =

C1 / x + C2 / x * log(x)

◆

7.3.4 Spezielle Lösungen inhomogener Differentialgleichungen

Zur Berechnung allgemeiner Lösungen inhomogener linearer Dgl

$$y^{(n)}(x) + a_{n-1}(x) \cdot y^{(n-1)}(x) + \ldots + a_1(x) \cdot y'(x) + a_0(x) \cdot y(x) = f(x)$$

benötigt man eine *spezielle (partikuläre) Lösung* $y_s(x)$ der inhomogenen Dgl, wie aus Abschn. 7.3.1 zu sehen ist.

Die Bestimmung derartiger Lösungen hängt wesentlich von der Gestalt der Funktion $f(x)$ der rechten Seite der Dgl ab.

Der einfachste Fall besteht im Erraten einer speziellen Lösung. Dies wird aber nur bei sehr einfachen rechten Seiten gelingen. Deshalb existieren systematische Vorgehensweisen, von denen wir zwei wichtige vorstellen:

- *Ansatzmethode:*

    In einer Reihe von Fällen besitzt der Funktionstyp einer speziellen Lösung $y_s(x)$ der inhomogenen Dgl die gleiche Gestalt wie die Funktion $f(x)$ der rechten Seite der Dgl. Hier kann ein Ansatz der Form

    $$y_s(x) = \sum_{k=1}^{m} b_k \cdot u_k(x)$$

    mit frei wählbaren Koeffizienten (Parametern) b_k zum Erfolg führen, wobei die Ansatzfunktionen $u_k(x)$ aus den gleichen Funktionsklassen der elementaren mathematischen Funktionen wie die rechte Seite $f(x)$ gewählt werden. Die noch unbekannten Koeffizienten b_k werden durch Koeffizientenvergleich bestimmt, indem man den gewählten Ansatz in die Dgl einsetzt. Man erhält ein lineares Gleichungssystem zur Bestimmung der Koeffizienten. Wenn dies eine Lösung besitzt, so ist die Ansatzmethode erfolgreich, wie im Fall, wenn sich f(x) aus Potenz-, Exponential-, Sinus- und Cosinusfunktionen zusammensetzt (siehe Beisp. 7.5a). Sie versagt jedoch auch hier, wenn Ansatzfunktionen Lösungen der zugehörigen homogenen Dgl sind. Man bezeichnet diesen Fall als *Resonanzfall*. Hier muß man den Ansatz modifizieren, um erfolgreich zu sein (siehe [18]und Beisp. 7.5c).

Wenn Ansatzmethoden erfolgreich sind, zieht man diese vor, da sie sich einfacher gestalten als die im folgenden beschriebene Methode der Variation der Konstanten (siehe Beisp. 7.5a).

• *Methode der Variation der Konstanten:*

Im Gegensatz zu Ansatzmethoden sind Methoden der Variation der Konstanten universell einsetzbar, um spezielle Lösungen inhomogener linearer Dgl zu berechnen. Da sie aufwendiger sind, sollten sie nur herangezogen werden, wenn Ansatzmethoden nicht zum Ziel führen.

Die Methode der Variation der Konstanten geht davon aus, daß die allgemeine Lösung $y_a(x)$ der zugehörigen homogenen Dgl bekannt ist, d.h.

$$y_a(x) = C_1 \cdot y_1(x) + C_2 \cdot y_2(x) + ... + C_n \cdot y_n(x)$$

wobei die Funktionen

$$y_1(x) , y_2(x) , ... , y_n(x)$$

ein Fundamentalsystem der homogenen Dgl bilden.

Die Grundidee der Methode der Variation der Konstanten besteht darin, die frei wählbaren Konstanten

$$C_1, C_2, ..., C_n$$

der allgemeinen Lösung der homogenen Dgl durch frei wählbare Funktionen

$$C_1(x) , C_2(x) , ..., C_n(x)$$

zu ersetzen und diese so zu bestimmen, daß der Ansatz

$$y_s(x) = C_1(x) \cdot y_1(x) + C_2(x) \cdot y_2(x) + ... + C_n(x) \cdot y_n(x)$$

eine spezielle Lösung der inhomogenen Dgl liefert. Die Funktionen

$$C_k(x) \hspace{5cm} (k = 1 , ... , n)$$

lassen sich bestimmen, indem man den Ansatz in die inhomogene Dgl einsetzt. Da man hier Freiheiten hat, werden die $C_k(x)$ so gewählt, daß sich eine möglichst einfache Berechnung ergibt. Das führt zu folgendem linearen Gleichungssystem für die ersten Ableitungen $C_k'(x)$ der Funktionen $C_k(x)$:

$$
\begin{array}{llll}
C_1'(x) \cdot y_1(x) & +...+ & C_n'(x) \cdot y_n(x) & = & 0 \\
C_1'(x) \cdot y_1'(x) & +...+ & C_n'(x) \cdot y_n'(x) & = & 0 \\
\quad\vdots & & \quad\vdots & & \vdots \\
C_1'(x) \cdot y_1^{(n-2)}(x) & +...+ & C_n'(x) \cdot y_n^{(n-2)}(x) & = & 0 \\
C_1'(x) \cdot y_1^{(n-1)}(x) & +...+ & C_n'(x) \cdot y_n^{(n-1)}(x) & = & f(x)
\end{array}
$$

Zur Herleitung dieses Gleichungssystem verweisen wir auf die Literatur (siehe [18]). Für Anwender genügt es, dieses Gleichungssystem bzgl. der unbekannten Funktionen $C_k{}'(x)$ (k = 1, 2, ... , n) zu lösen. Da erhaltene Lösungen erste Ableitungen der Funktionen $C_k(x)$ sind, muß abschließend integriert werden (siehe Beisp. 7.5). Hier kann die Schwierigkeit auftreten, daß auftretende Integrale nicht exakt berechenbar sind.

Illustrieren wir beide Methoden zur Berechnung spezieller Lösungen im folgenden Beisp. 7.5.

Beispiel 7.5:

a) Betrachten wir die inhomogene lineare Dgl zweiter Ordnung mit konstanten Koeffizienten

$$y''(x) - 2 \cdot y'(x) + y(x) = x + \cos x$$

deren zugehörige homogene Dgl die allgemeine Lösung

$$y_a(x) = C_1 \cdot e^x + C_2 \cdot x \cdot e^x = (C_1 + C_2 \cdot x) \cdot e^x$$

besitzt (C_1 und C_2 – frei wählbare reelle Konstanten), da das zugehörige charakteristische Polynom

$$\lambda^2 - 2 \cdot \lambda + 1 = (\lambda - 1)^2$$

die doppelte Nullstelle 1 hat. Damit bilden die Funktionen

$$y_1(x) = e^x, \quad y_2(x) = x \cdot e^x$$

ein Fundamentalsystem der homogenen Dgl.

Im folgenden bestimmen wir eine spezielle Lösung für die inhomogene Dgl mittels:

a1) Anwendung der *Ansatzmethode*

Aufgrund der Gestalt der Funktionen der rechten Seite der Dgl führt folgender *Ansatz* zum Ziel

$$y_s(x) = b_1 + b_2 \cdot x + b_3 \cdot \cos x + b_4 \cdot \sin x$$

Dieser Ansatz wird in die Dgl eingesetzt und ergibt

$$-b_3 \cdot \cos x - b_4 \cdot \sin x - 2 \cdot b_2 + 2 \cdot b_3 \cdot \sin x - 2 \cdot b_4 \cdot \cos x$$
$$+ b_1 + b_2 \cdot x + b_3 \cdot \cos x + b_4 \cdot \sin x = x + \cos x$$

Der anschließende Koeffizientenvergleich liefert folgendes lineare Gleichungssystem für die frei wählbaren Koeffizienten (Parameter):

$$-b_3 - 2 \cdot b_4 + b_3 = 1$$
$$-b_4 + 2 \cdot b_3 + b_4 = 0$$
$$-2 \cdot b_2 + b_1 = 0$$
$$b_2 = 1$$

Dieses lineare Gleichungssystem ist einfach per Hand lösbar:

$$b_1 = 2, \quad b_2 = 1, \quad b_3 = 0, \quad b_4 = -\frac{1}{2}$$

Bei umfangreicheren Systemen kann man MATHCAD und MATLAB heranziehen, in denen Funktionen zur Gleichungslösung vordefiniert sind:

MATHCAD berechnet die Lösung mit dem Schlüsselwort **solve** (deutsch: **auflösen**):

$$\begin{pmatrix} -b3 - 2 \cdot b4 + b3 = 1 \\ -b4 + 2 \cdot b3 + b4 = 0 \\ -2 \cdot b2 + b1 = 0 \\ b2 = 1 \end{pmatrix} \text{ solve }, \begin{pmatrix} b1 \\ b2 \\ b3 \\ b4 \end{pmatrix} \rightarrow \begin{pmatrix} 2 & 1 & 0 & \dfrac{-1}{2} \end{pmatrix}$$

Damit ergibt sich folgende *spezielle Lösung* der inhomogenen Dgl:

$$y_s(x) = 2 + x - \frac{1}{2} \cdot \sin x$$

so daß die *allgemeine Lösung* der inhomogenen Dgl die Form

$$y(x) = y_a(x) + y_s(x) = (C_1 + C_2 \cdot x) \cdot e^x + 2 + x - \frac{1}{2} \cdot \sin x$$

hat.

a2) Anwendung der *Methode der Variation der Konstanten:*

Hier wird eine spezielle Lösung der inhomogenen Dgl in der Form

$$y_s(x) = C_1(x) \cdot e^x + C_2(x) \cdot x \cdot e^x$$

gesucht, die dadurch entsteht, daß die Konstanten C_1 und C_2 in der allgemeinen Lösung der homogenen Dgl durch Funktionen $C_1(x)$ und $C_2(x)$ ersetzt werden.

Bei Anwendung der Methode der Variation der Konstanten berechnen sich die frei wählbaren Funktionen $C_1(x)$ und $C_2(x)$ aus folgendem linearen Gleichungssystem:

$$C_1'(x) \cdot e^x + C_2'(x) \cdot x \cdot e^x = 0$$

$$C_1'(x) \cdot e^x + C_2'(x) \cdot \left(e^x + x \cdot e^x\right) = x + \cos x$$

Dieses lineare Gleichungssystem läßt sich einfach durch Elimination per Hand bzgl. $C_1(x)$ und $C_2(x)$ lösen:

$$C_1'(x) = -x^2 \cdot e^{-x} - x \cdot e^{-x} \cdot \cos x$$

$$C_2'(x) = e^{-x} \cdot x + e^{-x} \cdot \cos x$$

Bei umfangreicheren Systemen kann man MATHCAD und MATLAB zur Lösung heranziehen.

Die beiden erhaltenen Lösungen sind noch zu integrieren. Dazu kann man ebenfalls MATHCAD oder MATLAB heranziehen:

In MATHCAD lassen sich diese Integrationen folgendermaßen durchführen, wobei die Integralsymbole aus der Symbolleiste "Differential/Integral" zu verwenden sind:

$$C_1(x) := \int -x^2 \cdot e^{-x} - x \cdot e^{-x} \cdot \cos(x) dx$$

$$C_2(x) := \int e^{-x} \cdot x + e^{-x} \cdot \cos(x) dx$$

Mittels des Schlüsselworts **simplify** (deutsch: **vereinfachen**) oder **expand** (deutsch: **entwickeln**) kann MATHCAD die damit gebildete spezielle Lösung

$$C_1(x) \cdot e^x + C_2(x) \cdot x \cdot e^x \text{ simplify} \rightarrow x + 2 - \frac{1}{2} \cdot \sin(x)$$

der inhomogenen Dgl berechnen, die auch im Beisp. a1 erhalten wird.

Man sieht bereits an diesem einfachen Beispiel, daß die Methode der Variation der Konstanten umfangreichere Rechnungen erfordert und deshalb nur zu empfehlen ist, wenn Ansatzmethoden scheitern.
Bei der Anwendung der vordefinierten Funktion **dsolve** übernimmt MATLAB die gesamte Rechenarbeit bei der Lösung der Dgl:

>> dsolve (' D2y – 2 * Dy + y = x + cos (x) ' , ' x ')

ans =

exp (x) * C2 + exp (x) * x * C1 + x + 2 – 1/2 * sin(x)

b) Betrachten wir die inhomogene lineare Dgl zweiter Ordnung mit konstanten Koeffizienten

$$y''(x) + y(x) = \frac{2}{\cos x}$$

deren zugehörige homogene Dgl die allgemeine Lösung

$$y_a(x) = C_1 \cdot \cos x + C_2 \cdot \sin x$$

besitzt (siehe Beisp. 7.3b), d.h., die Funktionen

$$y_1(x) = \cos x , \quad y_2(x) = \sin x$$

bilden ein Fundamentalsystem der homogenen Dgl.
Bei der hier vorliegenden rechten Seite der Dgl ist für Ansatzmethoden kein erfolgreicher Ansatz zu erkennen, so daß die Methode der Variation der Konstanten bleibt:

Diese liefert das lineare Gleichungssystem

$$C_1'(x) \cdot \cos x \ + \ C_2'(x) \cdot \sin x \ = \ 0$$

$$-C_1'(x) \cdot \sin x \ + \ C_2'(x) \cdot \cos x \ = \ \frac{2}{\cos x}$$

das die Lösungen

$$C_1'(x) \ = \ -2 \cdot \tan x \ , \ C_2'(x) \ = \ 2$$

besitzt, deren Integration folgendes liefert

$$C_1(x) \ = \ 2 \cdot \ln(\cos x) \ , \ C_2(x) \ = \ 2 \cdot x$$

so daß die allgemeine Lösung der gegebenen inhomogenen Dgl folgende Form besitzt

$$y(x) \ = \ C_1 \cdot \cos x + C_2 \cdot \sin x \ + \ 2 \cdot \ln(\cos x) \cdot \cos x \ + \ 2 \cdot x \cdot \sin x$$

die MATLAB mit **dsolve** berechnet:

\>> dsolve (' D2y + y = 2 / cos(x) ' , ' x')

ans =

2 * log (cos (x)) * cos (x) + 2 * x * sin (x) + C1 * cos (x) + C2 * sin (x)

c) Betrachten wir die inhomogene lineare Dgl erster Ordnung

$$y'(x) \ - \ y(x) \ = \ e^x$$

mit konstanten Koeffizienten. Hier tritt bei Anwendung von Ansatzmethoden der *Resonanzfall* auf, da die Funktion der rechten Seite zugleich Lösung der zugehörigen homogenen Dgl ist. Hier führt

nicht der Ansatz $y_s(x) = a \cdot e^x$ sondern der Ansatz $y_s(x) = a \cdot x \cdot e^x$

zum Erfolg, der das Ergebnis a = 1 liefert, so daß sich die allgemeine Lösung in folgender Form schreibt:

$$y(x) = C \cdot e^x + x \cdot e^x$$

die MATLAB mit **dsolve** berechnet:

\>> dsolve (' Dy – y = exp (x) ' , 'x')

ans =

exp (x) * x + exp (x) * C1

d) Leiten wir die *Lösungsformel* für inhomogene lineare Dgl erster Ordnung

$$y'(x) + a(x) \cdot y(x) = f(x)$$

ab, die im Abschn. 5.3.1 vorgestellt wird. Die allgemeine Lösung dieser inhomogenen Dgl setzt sich aus der allgemeinen Lösung

$$y_a(x) = C \cdot e^{-\int a(x)\,dx}$$

der zugehörigen homogenen Dgl

$$y'(x) + a(x) \cdot y(x) = 0$$

die im Beisp. 5.2c berechnet wird, und einer speziellen Lösung der inhomogenen Dgl zusammen. Zur Berechnung einer speziellen Lösung $y_s(x)$ der inhomogenen Dgl kann die *Methode der Variation der Konstanten* mittels des Ansatzes

$$y_s(x) = C(x) \cdot e^{-\int a(x)\,dx}$$

angewandt werden. Das Einsetzen dieses Ansatzes in die Dgl liefert die Gleichung

$$C'(x) \cdot e^{-\int a(x)\,dx} = f(x)$$

zur Bestimmung der frei wählbaren Funktion $C(x)$. Durch Auflösung nach $C'(x)$ und anschließender Integration ergibt sich

$$C(x) = \int e^{\int a(x)\,dx} \cdot f(x)\,dx$$

so daß eine spezielle Lösung der inhomogenen Dgl die Form

$$y_s(x) = \int e^{\int a(x)\,dx} \cdot f(x)\,dx \cdot e^{-\int a(x)\,dx}$$

hat. Damit folgt für die allgemeine Lösung der gegebenen linearen Dgl erster Ordnung die im Abschn. 5.3.1 gegebene Formel

$$y(x) = y_a(x) + y_s(x) = \left(C + \int e^{\int a(x)\,dx} \cdot f(x)\,dx \right) \cdot e^{-\int a(x)\,dx}$$

Diese Lösungsformel für allgemeine lineare Dgl erster Ordnung liefert auch MATLAB mit der vordefinierten Funktion **dsolve**:

```
>> dsolve (' Dy + a(x) * y = f(x) ' , ' x ')
ans =
(Int (f(x) * exp (Int (a(x) , x)) , x) + C1) * exp (Int (−a(x) , x))
```

7.4 Exakte Lösungsmethoden

Exakte Lösungsmethoden für Sonderfälle gewöhnlicher Dgl erster und zweiter Ordnung stellen wir bereits im Abschn. 5.3 und 6.3 vor.
Für allgemeine gewöhnliche Dgl n-ter Ordnung lassen sich keine Methoden zur exakten Lösung angeben. Dies gelingt ebenfalls nur für Sonderfälle, bei denen die im Abschn. 3.5.1 vorgestellten allgemeinen *Lösungsprinzipien*

- Ansatzprinzip
- Reduktionsprinzip
- Superpositionsprinzip
- Transformationsprinzip

erfolgreich sind. Die aus diesen Prinzipien folgenden *Lösungsmethoden*

- Ansatzmethode
- Potenzreihenmethode
- Anwendung der Laplacetransformation

stellen wir in den folgenden Abschn. 7.4.1–7.4.3 vor. Zusätzlich skizzieren wir in den anschließenden Abschn. 7.4.4–7.4.6 weitere wichtige Vorgehensweisen wie

- Methode der Greenschen Funktionen
- Integralgleichungsmethode
- Variationsprinzip

die sich zur Lösung gewisser Klassen gewöhnlicher Dgl erfolgreich heranziehen lassen.

7.4.1 Ansatzmethode

In den vorangehenden Abschn. 7.3.2-7.3.4 konstruieren wir exakte (analytische) Lösungen für lineare Dgl n-ter Ordnung, die auf Ansatzmethoden beruhen.
Da Ansatzmethoden bei linearen Dgl häufig eingesetzt werden, listen wir im folgenden Eigenschaften und Vorgehensweisen auf:

- Das *Grundprinzip* von *Ansatzmethoden* besteht darin:
  * vorgegebene Funktionen aus der Klasse der elementaren mathematischen Funktionen mit frei wählbaren Parametern (Konstanten) und Funktionen zu verknüpfen, die als *Ansätze* bezeichnet werden.
  * frei wählbare Parameter (Konstanten) bzw. Funktionen der Ansätze so zu bestimmen, daß der Ansatz die Dgl erfüllt, d.h., eine Lösungsfunktion $y(x)$ liefert.

  Bisher haben wir für lineare Dgl folgende konkrete *Ansätze* kennengelernt:
  * $y(x) = e^{\lambda \cdot x}$ und $y(x) = x^{\lambda}$

  Zur Konstruktion allgemeiner Lösungen für Sonderfälle homogener linearer Dgl.

Bei beiden Ansätzen werden als Funktionen Exponential- bzw. Potenz-funktionen vorgegeben, in die der frei wählbare Parameter (Konstante) λ nichtlinear eingeht (siehe Abschn. 7.3.2 und 7.3.3).

$$* \quad y(x) = \sum_{k=1}^{m} b_k \cdot u_k(x)$$

Zur Konstruktion spezieller Lösungen für inhomogene lineare Dgl (siehe Abschn. 7.3.4).

Bei diesem Ansatz sind die Funktionen $u_k(x)$ gegeben (bekannt), da sie sich aus der Klasse der Funktionen der rechten Seite $f(x)$ der Dgl ergeben. Nur die Koeffizienten (Parameter) b_k $(k = 1, \ldots, m)$ sind frei wählbar (siehe Abschn. 7.3.4).

$$* \quad y(x) = C_1(x) \cdot y_1(x) + C_2(x) \cdot y_2(x) + \ldots + C_n(x) \cdot y_n(x)$$

Zur Konstruktion spezieller Lösungen inhomogener linearer Dgl n-ter Ord-nung mittels der Methode der Variation der Konstanten (siehe Abschn. 7.3.4).

Bei diesem Ansatz sind die Funktionen $y_k(x)$ vorgegeben, da sie ein Fun-damentalsystem der zugehörigen homogenen Dgl bilden. Statt Parametern (Konstanten) werden hier frei wählbare Funktionen

$$C_k(x) \qquad\qquad\qquad\qquad\qquad (k = 1, \ldots, n)$$

eingesetzt.

- Ansatzmethoden sind universell einsetzbar, so daß wir ihnen bei partiellen Dgl im Abschn. 15.4.1 wiederbegegnen.

- Ansatzmethoden spielen eine große Rolle bei linearen Dgl, bei denen sie be-sonders effektiv sind. Für Sonderfälle können hiermit allgemeine und spezielle Lösungen konstruiert werden, wie im Abschn. 7.3.2 bis 7.3.4 und 15.4.1 illust-riert wird.

- Bei nichtlinearen Dgl sind Ansatzmethoden nur bei gewissen Sonderfällen er-folgreich.

7.4.2 Potenzreihenmethode

Unter *Potenzreihenmethode* versteht man die Vorgehensweise, Lösungsfunktionen für Dgl in Form von Potenzreihen zu konstruieren, falls die Dgl derartige Potenz-reihenentwicklungen gestatten. Auf diese Weise erhaltene Lösungsfunktionen werden als *Potenzreihenlösungen* bezeichnet.

Potenzreihenlösungen für Sonderfälle linearer gewöhnlicher Dgl sind uns bereits in den Abschn. 6.3.3 bis 6.3.5 begegnet.

Stellen wir Potenzreihenmethode kurz vor:

- Unter *Potenzreihenlösungen* versteht man Lösungsfunktionen $y(x)$ von Dgl, die sich als endliche oder unendliche konvergente Potenzreihen der Form

$$y(x) = \sum_{k=0}^{m} c_k \cdot (x - x_0)^k \qquad \text{bzw.} \qquad y(x) = \sum_{k=0}^{\infty} c_k \cdot (x - x_0)^k$$

darstellen lassen, wobei x_0 ein gegebener x-Wert (Punkt der x-Achse) ist. Man spricht auch von einer Entwicklung der Lösungsfunktion in Potenzreihen bzw. *Potenzreihenansatz* für Lösungsfunktionen. Die frei wählbaren Koeffizienten (Parameter) c_k werden durch Einsetzen des Potenzreihenansatzes in die Dgl und anschließendem Koeffizientenvergleich so bestimmt, daß die durch die Reihe definierte Funktion die Dgl erfüllt, d.h. Lösungsfunktion ist.

• Potenzreihenlösungen lassen sich zur Lösung von Anfangswertaufgaben für lineare gewöhnliche Dgl

$$A_n(x) \cdot y^{(n)}(x) + A_{n-1}(x) \cdot y^{(n-1)}(x) + ... + A_1(x) \cdot y'(x) + A_0(x) \cdot y(x) = F(x)$$

$$y(x_0) = y_0, \ y'(x_0) = y_1, \ ... , \ y^{(n-1)}(x_0) = y_{n-1}$$

heranziehen.

Wenn man voraussetzt, daß alle Koeffizientenfunktionen $A_k(x)$ und die rechte Seite F(x) der Dgl in einem Intervall ($x_0 - r$, $x_0 + r$) um einen Punkt x_0 in Potenzreihen entwickelbar sind, läßt sich auch eine Lösungsfunktion y(x) der Dgl in diesem Intervall in eine Potenzreihe entwickeln (siehe [18]).

• Potenzreihenlösungen spielen bei einer Reihe linearer Dgl zweiter Ordnung eine große Rolle, die zahlreiche praktische Anwendung besitzen. Dazu gehören

  * *Airysche Dgl*

  $$y''(x) - x \cdot y(x) = 0$$

  * *Hermitesche Dgl*   (a – gegebene reelle Konstante)

  $$y''(x) - 2 \cdot x \cdot y'(x) + a \cdot y(x) = 0$$

  * *Besselsche Dgl*   (r – gegebene reelle Konstante ≥ 0)

  $$x^2 \cdot y''(x) + x \cdot y'(x) + (x^2 - r^2) \cdot y(x) = 0$$

  * *hypergeometrische Dgl*   (a, b, c – gegebene reelle Konstanten)

  $$x \cdot (1-x) \cdot y''(x) + (c - (1+a+b) \cdot x) \cdot y'(x) - a \cdot b \cdot y(x) = 0$$

  * *Legendresche Dgl*   (r – gegebene reelle Konstante)

  $$(1 - x^2) \cdot y''(x) - 2 \cdot x \cdot y'(x) + r \cdot (r+1) \cdot y(x) = 0$$

Airysche Dgl können MATHCAD und MATLAB lösen, da Airyfunktionen vordefiniert sind ebenso wie Hermitesche und Legendresche Polynome. Deshalb können beide auch exakte Lösungen Hermitescher und Legendrescher Dgl berechnen, wenn die Konstanten a und r gerade positive bzw. positive ganze Zahlen sind.

Potenzreihenlösungen sind unter gewissen Voraussetzungen auch für lineare Dgl möglich, bei denen Singularitäten auftreten, d.h., die Koeffizientenfunktion $A_n(x)$ Nullstellen besitzt (siehe [18]). Beispiele hierfür sind Besselsche, hypergeometrische und Legendresche Dgl, die in den Abschn. 6.3.3 bis 6.3.5 vorgestellt werden. Potenzreihenlösungen für diese Dgl definieren sogenannte höhere mathematische Funktionen, die in MATHCAD und MATLAB vordefiniert sind, so daß beide Systeme auch Aufgaben für diese Dgl exakt lösen können.

- Praktisch geht man bei der Berechnung von Potenzreihenlösungen für Dgl folgendermaßen vor (siehe auch Beisp. 7.6):

  * Zuerst setzt man den Potenzreihenansatz in zu lösende Dgl ein, wobei die Potenzreihe unter Voraussetzung der Konvergenz gliedweise differenziert werden kann.

  * Nach Zusammenfassung der einzelnen Reihen führt man einen Koeffizientenvergleich durch.

  * Da beim Koeffizientenvergleich i.allg. unendliche Gleichungssysteme entstehen, liefert deren Auflösung Rekursionsbeziehungen, aus denen sich die unbekannten Koeffizienten c_k berechnen. Wenn keine Anfangsbedingungen vorliegen, bleiben die ersten n dieser Koeffizienten unbestimmt und man erhält die allgemeine Lösung.

Beispiel 7.6:

a) Lösen wir die Hermitesche Dgl

$$y''(x) - 2 \cdot x \cdot y'(x) + a \cdot y(x) = 0 \qquad (a - \text{gegebene reelle Konstante})$$

mittels Potenzreihenansatz

$$y(x) = \sum_{k=0}^{\infty} c_k \cdot x^k$$

Das Einsetzen dieses Ansatzes in die Dgl liefert

$$\sum_{k=0}^{\infty} (k+2) \cdot (k+1) \cdot c_{k+2} \cdot x^k - 2 \cdot \sum_{k=0}^{\infty} (k+1) \cdot c_{k+1} \cdot x^{k+1} + a \cdot \sum_{k=0}^{\infty} c_k \cdot x^k = 0$$

Faßt man die einzelnen Reihen zusammen, so ergibt sich

$$(2 \cdot c_2 + a \cdot c_0) + \sum_{k=1}^{\infty} [(k+2) \cdot (k+1) \cdot c_{k+2} - 2 \cdot k \cdot c_k + a \cdot c_k] \cdot x^k = 0$$

so daß ein Koeffizientenvergleich das unendliche lineare Gleichungssystem

$$(k+2) \cdot (k+1) \cdot c_{k+2} - 2 \cdot k \cdot c_k + a \cdot c_k = 0 \qquad (k = 0, 1, 2, ...)$$

liefert, aus dem sich die *Rekursionsformel*

$$c_{k+2} = \frac{2 \cdot k - a}{(k+1) \cdot (k+2)} \cdot c_k \qquad (k = 0, 1, 2, ...)$$

zur Berechnung der Koeffizienten c_k ergibt, wobei die Koeffizienten c_0 und c_1 frei wählbar sind, falls keine Anfangs- oder Randbedingungen vorliegen. In diesem Fall hat man die allgemeine Lösung berechnet.

Ermitteln wir die Lösung der Hermiteschen Dgl für die Konstante a=4 und die Anfangsbedingungen y(0)=1 und y'(0)=0, indem wir die Koeffizienten der Potenzreihe mittels der erhaltenen Rekursionsformel berechnen:

Aus den Anfangsbedingungen ergeben sich die beiden ersten Koeffizienten zu

$$c_0 = 1 \text{ und } c_1 = 0$$

Damit berechnen sich die weiteren Koeffizienten aus der Rekursionsformel zu

$c_2 = -2$, $c_3 = c_4 = c_5 = \ldots = 0$

so daß die Lösungsfunktion für die gegebenen Anfangsbedingungen das Hermitesche Polynom

$y(x) = 1 - 2 \cdot x^2$

ist, das auch MATLAB mittels **dsolve** berechnet:

>> dsolve ('D2y − 2 * x * Dy + 4 * y = 0 , y(0) = 1 , Dy(0) = 0 ', 'x')

ans =

$-2 * x^2 + 1$

b) Lösen wir die Airysche Dgl

$y''(x) - x \cdot y(x) = 0$

mittels der in MATLAB vordefinierten Funktion **dsolve**:

>> dsolve ('D2y − x * y = 0 ', 'x')
ans =

C1 * AiryAi (x) + C2 * AiryBi (x)

Man sieht, daß MATLAB die Lösung durch vordefinierte Airyfunktionen darstellt, die durch Potenzreihen gebildet werden und zu höheren mathematischen Funktionen gehören.

♦

7.4.3 Anwendung der Laplacetransformation

Bei der *Laplacetransformation* wird eine Funktion $y(t)$ die man als *Originalfunktion* oder *Urbildfunktion* bezeichnet, in eine *Bildfunktion* $Y(s)$ mittels der linearen Integraltransformation

$$Y(s) = L[y] = \int_0^\infty y(t) \cdot e^{-st} \, dt$$

transformiert. Die Bildfunktion $Y(s)$ wird als *Laplacetransformierte* bezeichnet. Die Durchführung der Laplacetransformation ist nur unter gewissen Voraussetzungen an die Originalfunktion $y(t)$ möglich. Die *inverse Laplacetransformation*

(*Rücktransformation*), d.h. die Berechnung der Originalfunktion aus der Bildfunktion, bestimmt sich unter gewissen Voraussetzungen aus

$$y(t) = L^{-1}[Y] = \frac{1}{2 \cdot \pi \cdot i} \cdot \int_{c-i\infty}^{c+i\infty} e^{st} \cdot Y(s) \, ds$$

Auf die umfangreiche mathematische Theorie der Laplacetransformation können wir nicht näher eingehen und verweisen auf die Literatur. Wir beschreiben im folgenden nur die Vorgehensweise bei der Lösung linearer Dgl mittels Laplacetransformation unter Anwendung von MATHCAD und MATLAB. Hierzu benötigen wir folgende beiden wichtigen Eigenschaften der Laplacetransformation:

- Linearität (Additionssatz):

  $$L[c_1 \cdot y_1 + c_2 \cdot y_2] = c_1 \cdot L[y_1] + c_2 \cdot L[y_2]$$

- Transformation von Ableitungen (Differentiationssatz):

  Ableitungen von Funktionen y(t) transformieren sich folgendermaßen

  $$L[y'] = s \cdot L[y] - y(0) \ , \ L[y''] = s \cdot (s \cdot L[y] - y(0)) - y'(0) \ , \ ...$$

  d.h., sie lassen sich immer durch die Laplacetransformierte der Funktion y(t) darstellen.

Die Laplacetransformation liefert ein wirksames Hilfsmittel, um Lösungen linearer Dgl mit konstanten Koeffizienten zu berechnen, wobei sowohl allgemeine Lösungen bestimmt als auch Anfangs- und Randwertaufgaben gelöst werden können. Bei der Anwendung der Laplacetransformation schreiben wir Lösungsfunktionen y(t) der Dgl mit der unabhängigen Variablen t, da meistens zeitabhängige Aufgaben vorliegen und MATHCAD und MATLAB ebenfalls t verwenden.

Die Vorgehensweise bei der Anwendung der *Laplacetransformation* zur Lösung von Dgl besteht aus folgenden Schritten:

I. Zuerst wird die zu lösende Dgl (*Originalgleichung*) für die gesuchte Funktion (*Originalfunktion*) y(t) mittels Laplacetransformation in eine i.allg. einfacher zu lösende algebraische Gleichung (*Bildgleichung*) für die *Bildfunktion* Y(s) überführt.

II. Danach wird die erhaltene *Bildgleichung* nach der *Bildfunktion* Y(s) aufgelöst.

III. Abschließend wird durch Anwendung der *inversen Laplacetransformation* (*Rücktransformation*) auf die Bildfunktion Y(s) die Lösungsfunktion y(t) der Dgl erhalten.

☞

Die skizzierte Vorgehensweise für die Anwendung der Laplacetransformation findet man bei allen Transformationen zur Lösung von Gleichungen wie z.B. bei z-Transformation (siehe Abschn. 2.3.2) und Fouriertransformation (siehe Abschn. 15.4.5).

◆

Bei der Anwendung der Laplacetransformation zur Lösung gewöhnlicher Dgl ist folgendes zu beachten:

- Sie führt bei linearen Dgl mit konstanten Koeffizienten zum Erfolg. Bei linearen Dgl mit variablen Koeffizienten muß sie nicht erfolgreich sein. Schon bei einfachen Euler-Cauchyschen Dgl treten Schwierigkeiten auf, wie im Beisp. 7.7d illustriert wird.

- Mittels Laplacetransformation lassen sich vor allem *Anfangswertaufgaben* erfolgreich lösen, da man hier die Funktionswerte für die gesuchte Funktion und ihre Ableitungen im Anfangspunkt t=0 besitzt.

  Falls die Anfangsbedingungen nicht im Punkt t=0 gegeben sind, muß man die Aufgabe vorher durch eine Transformation in diese Form bringen. Bei *zeitabhängigen Aufgaben* (z.B. in der Elektrotechnik) hat man meistens die Anfangsbedingungen im Punkt t=0.

- Es lassen sich einfache *Randwertaufgaben* mittels Laplacetransformation lösen, wie im Beisp. 7.7a illustriert wird.

- Man kann mittels Laplacetransformation auch allgemeine Lösungen linearer Dgl bestimmen, wie im Beisp. 7.7c illustriert wird.

Da sowohl in MATHCAD als auch in MATLAB Funktionen zur Laplacetransformation vordefiniert sind, können damit beide Dgl lösen, wobei folgendes zu beachten ist:

- Da MATHCAD und MATLAB die berechnete Laplacetransformierte (Bildfunktion) einer Funktion y(t) in der unhandlichen Form

  laplace (y(t) , t , s)

  anzeigen, empfiehlt sich für weitere Rechnungen hierfür eine einfachere Bezeichnung wie z.B. Y zu schreiben.

- Da die von MATHCAD und MATLAB gelieferten Ergebnisse für die Laplacetransformierte von Ableitungen höherer Ordnung einer Funktion y(t) unhandlich sind, kann man Dgl höherer Ordnung auf ein System von Dgl erster Ordnung zurückführen. Man vergleiche diesbezüglich die Beisp. 7.7a und 8.4a.

- Zu lösende Dgl sind in das Arbeitsfenster von MATHCAD und MATLAB ohne Gleichheitszeichen einzugeben, d.h., alle Ausdrücke der Dgl sind auf die linke Seite zu bringen, so daß auf der rechten Seite vom Gleichheitszeichen nur noch Null steht. Die Laplacetransformation ist dann auf den linken Teil (ohne Gleichheitszeichen) anzuwenden, wie im folgenden Beisp. 7.7 illustriert wird.

Beispiel 7.7:

a) Illustrieren wir die Anwendung der Laplacetransformation mittels MATHCAD und MATLAB an der Lösung der einfachen homogenen lineare Dgl zweiter Ordnung mit konstanten Koeffizienten (*harmonischer Oszillator*)

$$y''(t) + y(t) = 0$$

die die allgemeine Lösung

$$y(t) = C_1 \cdot \cos t + C_2 \cdot \sin t \qquad (C_1 \text{ und } C_2 - \text{frei wählbare reelle Konstanten})$$

besitzt (siehe Beisp. 7.3b), wobei wir

* Anfangsbedingungen y(0) = 2 , y'(0) = 3

  (Lösungsfunktion y(t) = 2 · cos t + 3 · sin t)

bzw.

* Randbedingungen y(0) = 0 , y(π/2) = 1

  (Lösungsfunktion y(t) = sin t)

vorgeben, d.h. eine Anfangs- bzw. Randwertaufgabe lösen. Im Beisp. 8.4a lösen wir die gleiche Aufgabe mittels Laplacetransformation, indem wir das zur Dgl äquivalente Dgl-System heranziehen.

Lösen wir mittels MATHCAD die

* *Anfangswertaufgabe:* Es sind folgende Schritte erforderlich:

I. Berechnung der Bildgleichung durch Anwendung des Schlüsselworts für die Laplacetransformation **laplace** auf die gegebene Dgl zweiter Ordnung (ohne Gleichheitszeichen):

$$\frac{d^2}{dt^2} y(t) + y(t) \text{ laplace, } t \rightarrow$$

$$s \cdot (s \cdot \text{laplace} (y(t),t,s) - y(0)) - \left| \begin{array}{l} t \leftarrow 0 \\ \frac{d}{dt} y(t) \end{array} \right. + \text{laplace} (y(t),t,s)$$

II. Anschließend verwendet man Y für die von MATHCAD angezeigte Laplacetransformierte laplace(y(t),t,s), ersetzt die Anfangswerte y(0) und y'(0) durch die konkreten Werte 2 bzw. 3 und löst den erhaltenen Ausdruck (Bildgleichung) mit dem Schlüsselwort **solve** (deutsch: **auflösen**) nach Y auf:

$$s \cdot (s \cdot Y - 2) - 3 + Y \text{ solve, } Y \rightarrow \frac{2 \cdot s + 3}{s^2 + 1}$$

III. Abschließend liefert die Anwendung der inversen Laplacetransformation mit dem Schlüsselwort **invlaplace** auf den für Y erhaltenen Ausdruck die Lösungsfunktion der Dgl:

$$\frac{2 \cdot s + 3}{s^2 + 1} \text{ invlaplace , } s \rightarrow 2 \cdot \cos(t) + 3 \cdot \sin(t)$$

* *Randwertaufgabe:*

  Hier sind die gleichen Schritte wie bei der Lösung von Anfangswertaufgaben erforderlich, wobei nur für die fehlende Anfangsbedingung y'(0) der Parameter a eingesetzt wird, so daß MATHCAD für die Laplacetransformierte Y

$$\frac{a}{s^2 + 1}$$

berechnet. Die Rücktransformation mittels **invlaplace** liefert folgende Lösung mit dem Parameter a:

$$\frac{a}{s^2+1} \text{ invlaplace, } s \to a \cdot \sin(t)$$

Das Einsetzen der gegebenen Randbedingung in die erhaltene Lösung berechnet den noch unbekannten Parameter a. Dies kann in MATHCAD unter Verwendung des Schlüsselworts **solve** (deutsch: **auflösen**) zur Lösung von Gleichungen geschehen:

$$a \cdot \sin\left(\frac{\pi}{2}\right) = 1 \text{ solve, } a \to 1$$

Damit wird die Lösungsfunktion y(t)=sin(t) für die betrachtete Randwertaufgabe erhalten.

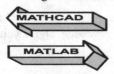

Die Anwendung der Laplacetransformation vollzieht sich in MATLAB analog zu MATHCAD, so daß wir erforderliche Schritte nur kurz skizzieren:

* *Lösung der Anfangswertaufgabe:*

   I. Berechnung der Bildgleichung durch Anwendung der vordefinierten Funktion **laplace**:

      >> syms t **;** laplace (diff ('y(t)' , t , 2) + 'y(t)')

      ans =

      s * (s * laplace (y(t) , t , s) − y(0)) − D(y)(0) + laplace (y(t) , t , s)

      Anschließend verwendet man Y für die von MATLAB angezeigte Laplacetransformierte (Bildfunktion) laplace(y(t),t,s) und setzt die konkreten Anfangswerte

      y(0) = 2 und D(y)(0) = y'(0) = 3
      ein.

  II. Auflösung der Bildgleichung nach Y durch Anwendung der vordefinierten Funktion **solve** zur Lösung von Gleichungen:

      >> solve (' s * (s * Y − 2) − 3 + Y ' , 'Y')

      ans =

      (2 * s + 3) / (s^2 + 1)

 III. Rücktransformation des für Y erhaltenen Ausdrucks durch Anwendung der vordefinierten Funktion **ilaplace** für die inverse Laplacetransformation. Dies liefert die Lösung der Anfangswertaufgabe:

>> ilaplace (ans)

ans =

2 * cos (t) + 3 * sin (t)

* *Lösung der Randwertaufgabe:*

Hier sind die gleichen Schritte wie bei der Lösung von Anfangswertaufgaben durchzuführen, wobei nur für die fehlende Anfangsbedingung y'(0) der Parameter a eingesetzt wird, so daß MATLAB für die Laplacetransformierte Y

$$\frac{a}{s^2+1}$$

berechnet. Die Rücktransformation mittels **ilaplace** liefert die folgende Lösung mit dem Parameter a:

>> ilaplace (Y)

ans =

a * sin(t)

Das Einsetzen der gegebenen Randbedingung in die erhaltene Lösung berechnet den noch unbekannten Parameter a. Dies kann in MATLAB unter Verwendung der vordefinierten Funktion **solve** zur Lösung von Gleichungen geschehen:

>> solve (' a * sin (pi/2) = 1 ', 'a')

ans =

1

Damit ergibt sich die Lösungsfunktion

y(t) = sin(t)

für die betrachtete Randwertaufgabe.

b) Lösen wir mittels Laplacetransformation die Anfangswertaufgabe aus Beisp. a mit der zusätzlichen Inhomogenität cos t, d.h. die Dgl

y"(t) + y(t) = cos t

und wenden die Vorgehensweise aus Beisp. a an:

In MATHCAD vollzieht sich die Rechnung folgendermaßen:

$$\frac{d^2}{dt^2}y(t) + y(t) - \cos(t) \text{ laplace, } t \rightarrow$$

$$s \cdot (s \cdot \text{laplace}(y(t),t,s) - y(0)) - \left| \begin{matrix} t \leftarrow 0 \\ \dfrac{d}{dt}y(t) \end{matrix} \right. + \text{laplace}(y(t),t,s) - \frac{s}{s^2+1}$$

Bei der gleichen Vorgehensweise wie im Beisp. a ergibt sich folgende Bildgleichung für die Bildfunktion Y, deren Lösung mittels des Schlüsselworts **solve** (deutsch: **auflösen**) berechnet wird:

$$s \cdot (s \cdot Y - 2) - 3 + Y - \frac{s}{s^2+1} \text{ solve, } Y \rightarrow \frac{2 \cdot s^3 + 3 \cdot s + 3 \cdot s^2 + 3}{\left(s^2+1\right)^2}$$

Die Lösung der betrachteten Dgl ergibt sich durch Anwendung der inversen Laplacetransformation mittels des Schlüsselworts **invlaplace**:

$$\frac{2 \cdot s^3 + 3 \cdot s + 3 \cdot s^2 + 3}{(s^2+1)^2} \text{ invlaplace, } s \rightarrow \frac{1}{2} \cdot t \cdot \sin(t) + 2 \cdot \cos(t) + 3 \cdot \sin(t)$$

Die Anwendung von MATLAB geschieht analog. Dies überlassen wir dem Leser.

c) Berechnen wir mittels Laplacetransformation die allgemeine Lösung der homogenen linearen Dgl dritter Ordnung mit konstanten Koeffizienten

$$y'''(t) - 3 \cdot y''(t) + 3 \cdot y'(t) - y(t) = 0$$

deren charakteristisches Polynom die dreifache Nullstelle 1 besitzt. Dazu verwenden wir für unbekannte Anfangswerte $y(0)$, $y'(0)$ und $y''(0)$ die Parameter a, b bzw. c. Die Transformation der Originalgleichung in die Bildgleichung überlassen wir dem Leser, der hierzu MATHCAD oder MATLAB heranziehen kann.

Im folgenden lösen wir mittels MATHCAD nur die erhaltene Bildgleichung und geben die Rücktransformation, die die allgemeine Lösung der Dgl liefert:

MATHCAD

$$s \cdot [s \cdot (s \cdot Y(s) - a) - b] - c - 3 \cdot s \cdot (s \cdot Y(s) - a) + 3 \cdot b + 3 \cdot s \cdot Y(s) - 3 \cdot a - Y(s) \text{ solve, } Y(s)$$
$$\rightarrow$$

$$\frac{s^2 \cdot a + s \cdot b + c - 3 \cdot s \cdot a - 3 \cdot b + 3 \cdot a}{s^3 - 3 \cdot s^2 + 3 \cdot s - 1}$$

$$\frac{s^2 \cdot a + s \cdot b + c - 3 \cdot s \cdot a - 3 \cdot b + 3 \cdot a}{s^3 - 3 \cdot s^2 + 3 \cdot s - 1} \text{ invlaplace, } s \rightarrow$$

$$-t^2 \cdot \exp(t) \cdot b + \frac{1}{2} \cdot t^2 \cdot \exp(t) \cdot a + \frac{1}{2} \cdot t^2 \cdot \exp(t) \cdot c + t \cdot \exp(t) \cdot b - t \cdot \exp(t) \cdot a + a \cdot \exp(t)$$

Durch Ausklammern der e-Funktion und Zusammenfassung erhält man die von MATHCAD berechnete allgemeine Lösung in der Gestalt

$$y(t) = (A + B \cdot t + C \cdot t^2) \cdot e^t$$

und bestätigt damit die aus der Theorie für eine dreifache Nullstelle des charakteristischen Polynoms folgende Form der *allgemeinen Lösung*.

d) Versuchen wir mittels Laplacetransformation die Lösung der einfachen Euler-Cauchyschen Dgl

$$t \cdot y'(t) - y(t) = 0$$

indem wir MATLAB anwenden:

>> syms t ; laplace (t * diff (' y(t) ' , t) – ' y(t) ')

ans =

–2 * laplace (y(t) , t , s) – s * diff (laplace (y(t) , t , s) , s)

Das Versagen bei der Anwendung der Laplacetransformation liegt nicht an MATLAB, sondern an den Eigenschaften der Laplacetransformation, die den Ausdruck $t \cdot y'(t)$ nicht lösungsfreundlich transformieren kann, so daß für die Laplacetransformierte wieder eine Euler-Cauchysche Dgl entsteht.
Bei Euler-Cauchyschen Dgl kann man sich jedoch helfen, indem man sie vor Anwendung der Laplacetransformation in lineare Dgl mit konstanten Koeffizienten überführt, wie im Abschn. 7.3.3 (Beisp. 7.4b) illustriert wird.

♦

Beisp. 7.7 zeigt, daß sich die Anwendung der Laplacetransformation zur Lösung von Dgl in MATHCAD und MATLAB analog gestaltet, wobei Rechnungen in MATHCAD übersichtlicher sind. Deshalb haben wir MATHCAD öfters angewandt.
Beisp. 7.7 zeigt auch, daß für lineare Dgl mit konstanten Koeffizienten mittels Laplacetransformation neben Anfangswertaufgaben auch Randwertaufgaben gelöst und allgemeine Lösungen bestimmt werden können:

• Lösung von *Randwertaufgaben:*

Die gegebene Randwertaufgabe wird als Anfangswertaufgabe mittels Laplacetransformation gelöst, wobei unbekannte Anfangswerte durch frei wählbare

Parameter a , b , ... ersetzt werden. Anschließend werden mittels der gegebenen Randbedingungen die Parameter a , b , ... in der berechneten Lösung bestimmt.

- Bestimmung *allgemeiner Lösungen:*

    Die gegebene Dgl wird als Anfangswertaufgabe mittels Laplacetransformation gelöst, wobei unbekannte Anfangswerte durch frei wählbare Parameter a , b , ... ersetzt werden. Diese Parameter stehen für frei wählbare Konstanten der allgemeinen Lösung.

Die gerechneten Beispiele lassen bereits erkennen, daß eine effektive Anwendung der Laplacetransformation auf lineare Dgl mit konstanten Koeffizienten beschränkt bleibt.

♦

7.4.4 Methode der Greenschen Funktionen

Diese auch als *Greensche Methode* bezeichnete Lösungsmethode besitzt fundamentale Bedeutung bei der Lösung von Randwertaufgaben gewöhnlicher und partieller Dgl. Eine erste Begegnung mit dieser Methode haben wir im Abschn. 6.3.6. Die *Grundidee* Greenscher Methoden besteht für inhomogene lineare gewöhnliche Dgl

$$y^{(n)}(x) + a_{n-1}(x) \cdot y^{(n-1)}(x) + ... + a_1(x) \cdot y'(x) + a_0(x) \cdot y(x) = f(x)$$

in der Konstruktion *Greenscher Funktionen*
G(x,s)
mit deren Hilfe sich Lösungen für Randwertaufgaben im Lösungsintervall [a,b] in der Form

$$y(x) = \int_a^b G(x,s) \cdot f(s) \, ds$$

darstellen lassen. Damit hat man eine analytische Darstellung für die Lösung (geschlossene Lösungsdarstellung) erhalten, die für beliebige stetige rechte Seiten f(x) der Dgl gültig ist, wobei Greensche Funktionen durch die zugehörige homogene Dgl und gegebene Randbedingungen bestimmt sind.
Ein tieferes Eindringen in die Problematik Greenscher Funktionen ist im Rahmen des vorliegenden Buches nicht möglich, da umfangreiche mathematische Hilfsmittel benötigt werden. Wir geben im folgenden Beisp. 7.8 eine einfache Illustration.

Beispiel 7.8:
Die einfache Randwertaufgabe

$$- y''(x) = f(x) \quad , \quad y(0) = y(l) = 0 \quad , \quad x \in [0, l]$$

läßt sich durch zweifache Integration lösen, die folgendes Ergebnis liefert:

$$y(x) = \int_0^x \frac{s}{l} \cdot (l - x) \cdot f(s) \, ds + \int_x^l \frac{x}{l} \cdot (l - s) \cdot f(s) \, ds$$

Durch Einführung einer *Greenschen Funktion* (siehe [10])

$$G(x,s) = \begin{cases} \dfrac{s}{1}\cdot(1-x) & \text{für} \quad 0\leq s\leq x \leq 1 \\[2em] \dfrac{x}{1}\cdot(1-s) & \text{für} \quad 0\leq x\leq s\leq 1 \end{cases}$$

die die Randbedingungen $G(0,s) = G(1,s) = 0$ erfüllt, schreibt sich die Lösung in der Form

$$y(x) = \int_0^1 G(x,s)\cdot f(s)\,ds$$

wie man leicht nachprüft. Damit hat man eine Lösungsdarstellung erhalten, die für beliebige rechte Seiten f(x) der Dgl gültig ist.

Diese einfache Konstruktion der Greenschen Funktion wird im Beisp. 7.9 dazu benutzt, um nichtlineare Randwertaufgaben auf Integralgleichungen zurückzuführen.

◆

☞

Wenn die Dgl komplizierter sind, verläuft die Konstruktion Greenscher Funktionen nicht so einfach wie im Beisp. 7.8. Hierfür benötigt man tiefergehende mathematische Hilfsmittel (siehe [10,24]).

Wir haben die einfache Aufgabe im Beisp. 7.8 nur zur Illustration gewählt, um einen ersten Eindruck zu vermitteln.

◆

7.4.5 Integralgleichungsmethode

Unter *Integralgleichungsmethode* versteht man die Vorgehensweise, eine zu lösende (gewöhnliche oder partielle) Dgl in eine äquivalente Integralgleichung zu überführen (siehe Abschn. 12.2 und 15.4.6) und diese zu lösen. Diese Vorgehensweise kann vorteilhaft sein, da

- die Theorie der Integralgleichungen in gewisser Hinsicht abgerundeter ist als die der Dgl. So braucht man sich bei Integralgleichungen nicht um Anfangs- und Randbedingungen zu kümmern und Dgl verschiedener Ordnung entsprechen demselben Typ von Integralgleichungen.

- für gewisse Integralgleichungstypen effektive Lösungsmethoden existieren.

☞

Die Überführung einer gegebenen Dgl in eine äquivalente Integralgleichung ist in gewissen Fällen möglich:

- Die Anfangswertaufgabe

$$y'(x) = f(x,y(x)) \quad , \quad y(x_0) = y_0$$

für Dgl erster Ordnung ist unter den im Beisp. 4.3 geforderten Voraussetzungen offensichtlich der Integralgleichung

$$y(x) = y_0 + \int_{x_0}^{x} f(s, y(s))\, ds$$

äquivalent, wie man durch Integration nachprüfen kann (siehe auch Beisp. 12.1).

- Unter Verwendung *Greenscher Funktionen* (siehe Abschn. 6.3.6 und 7.4.4) können lineare und gewisse Typen nichtlinearer Randwertaufgaben in äquivalente Aufgaben für Integralgleichungen überführt werden, wie im Beisp. 7.9 illustriert wird.

♦

Im Rahmen dieses Buches können wir nicht ausführlicher auf die Integralgleichungsmethode eingehen und verweisen auf die Literatur. Im folgenden Beisp. 7.9 geben wir eine Illustration der Problematik bei Verwendung Greenscher Funktionen. Im Kap.12 (Beisp. 12.1) illustrieren wir am Beispiel der klassischen Iterationsmethode von Picard, wie man eine in eine Integralgleichung überführte Dgl iterativ lösen kann.

Beispiel 7.9:
Hat man eine nichtlineare Randwertaufgabe

$$-y''(x) = f(x, y(x)) \quad , \quad y(0) = y(l) = 0$$

für gewöhnliche Dgl zweiter Ordnung zu lösen, so kann man diese unter Verwendung der im Beisp. 7.8 konstruierten Greenschen Funktion G(x,s) auf folgende nichtlineare *Integralgleichung* zurückführen:

$$y(x) = \int_{0}^{l} G(x,s) \cdot f(s, y(s))\, ds$$

♦

7.4.6 Variationsprinzip

Die Grundidee von *Variationsprinzipien* besteht darin, eine vorliegende Dgl in eine äquivalente Variationsgleichung bzw. Aufgabe der Variationsrechnung (Variationsaufgabe) zu überführen.

In der Physik lassen sich umgekehrt eine Reihe von Dgl aus Variationsaufgaben ableiten, so daß man in diesen Fällen die Variationsaufgabe bereits kennt. Man spricht hier von *Extremalprinzipien* und denke z.B. an folgende:

- *Hamiltonsches Prinzip*
  Das bekannte Prinzip zur allgemeinen Formulierung Newtonscher Bewegungsgesetze gilt nicht nur in der Punktmechanik sondern auch für zahlreiche Feldtheorien.
- *Fermatsches Prinzip* der Strahlenoptik

♦

Während die Überführung einer Dgl in eine Variationsgleichung einfach möglich ist, gelingt die Überführung in eine Variationsaufgabe nur unter gewissen Voraussetzungen an die Dgl, wie im Beisp. 7.10 illustriert wird.

Für numerische Methoden zur Lösung von Dgl sind Variationsprinzipien von großem Interesse:

- Äquivalente Variationsgleichungen bzw. Variationsaufgaben lassen sich numerisch in gewissen Fällen effektiver lösen als Dgl, wie z.B. Galerkin-, Ritz- und Finite-Elemente-Methoden zeigen (siehe Abschn. 11.4.3)

- Die Vorgehensweise, anstatt einer vorliegenden Dgl die dazu äquivalente Variationsgleichung/Variationsaufgabe numerisch zu lösen, bezeichnet man als *Variationsmethode*.

Wir können im Rahmen des vorliegenden Buches nicht näher auf Variationsprinzipien eingehen und verweisen auf die Literatur (siehe [15,46,49]). Wir begegnen ihnen in den Abschn. 11.4.3 und 16.3.3 nochmals bei der Vorstellung von Variationsmethoden zur numerischen Lösung gewöhnlicher bzw. partieller Dgl.

Im folgenden Beisp. 7.10 illustrieren wir die Problematik von Variationsprinzipien, indem wir eine einfache Dgl in eine Variationsgleichung bzw. Variationsaufgabe überführen.

Beispiel 7.10:

Eine Lösungsfunktion y(x) der linearen Dgl zweiter Ordnung

$$-y''(x) + a(x) \cdot y'(x) + b(x) \cdot y(x) = f(x)$$

mit den homogenen Zweipunkt-Randbedingungen

$y(0) = y(1) = 0$

im Lösungsintervall [0,1] ist Lösungsfunktion der *Variationsgleichung*

$$\int_0^1 (-y''(x) + a(x) \cdot y'(x) + b(x) \cdot y(x) - f(x)) \cdot v(x) \, dx = 0$$

in der v(x) beliebige stetige Funktionen darstellen. Wenn umgekehrt eine Funktion y(x) für beliebige stetige Funktionen v(x) dieser Variationsgleichung genügt, so ist y(x) eine Lösungsfunktion der Dgl (siehe [37,49]).

Unter der Voraussetzung, daß die Funktionen v(x) die vorliegenden Randbedingungen

$v(0) = v(1) = 0$

erfüllen und differenzierbar sind, kann die gegebene Variationsgleichung durch Integration unter Berücksichtigung der Randbedingungen in die *Variationsgleichung*

$$\int_0^1 (y'(x) \cdot v'(x) + (a(x) \cdot y'(x) + b(x) \cdot y(x) - f(x)) \cdot v(x)) \, dx = 0$$

überführt werden, in der nur noch Ableitungen erster Ordnung für Lösungsfunktionen y(x) benötigt werden, so daß Lösungen dieser Variationsgleichung nicht mehr Lösungen der gegebenen Dgl im klassischen Sinne sein müssen. Man nennt diese Lösungen *schwache* oder *verallgemeinerte Lösungen* der betrachteten Dgl.

Die betrachtete Dgl ist unter den Voraussetzungen

$a(x) \equiv 0$ und $b(x) \ge 0$

folgender *Variationsaufgabe* äquivalent:

$$J(y) = \int_0^1 [(y'(x))^2 + b(x) \cdot (y(x))^2 - 2 \cdot f(x) \cdot y(x)] \, dx \rightarrow \underset{y \in B}{\text{Minimum}}$$

Bei dieser Variationsaufgabe ist ein Integralfunktional J(y) über der Menge B stetig differenzierbarer Funktionen y(x) mit der Eigenschaft y(0) = y(l) = 0 zu minimieren. Die Variationsrechnung liefert für diese Aufgabe als Optimalitätsbedingung die gegebene Randwertaufgabe (siehe [15])

$$-y''(x) + b(x) \cdot y(x) = f(x) \quad , \quad y(0) = y(l) = 0$$

so daß Äquivalenz zwischen Variationsgleichung, Variationsaufgabe und Randwertaufgabe gewährleistet ist, da die Dgl erforderliche Symmetrievoraussetzungen erfüllt (siehe [30,49]).

♦

7.4.7 Anwendung von MATHCAD und MATLAB

Wie bereits bei Dgl erster und zweiter Ordnung erwähnt, besitzt MATHCAD im Gegensatz zu MATLAB keine vordefinierten Funktionen zur exakten Lösung gewöhnlicher Dgl. Folgende Vorgehensweisen können in beiden Systemen herangezogen werden

*   Eine Möglichkeit zur exakten Lösung von Dgl bietet die Laplacetransformation, die sich in MATHCAD ebenso wie in MATLAB heranziehen läßt, wie im Abschn. 7.4.3 illustriert wird.

*   In beiden Systemen sind höhere mathematische Funktionen vordefiniert mit deren Hilfe sich Sonderfälle wie Besselsche, hypergeometrische und Legendresche Dgl exakt lösen lassen.

*   In MATLAB ist für Dgl n-ter Ordnung die Funktion **dsolve** vordefiniert, um exakte Lösungen zu berechnen. Wir haben **dsolve** in den bisherigen Betrachtungen schon öfters eingesetzt. Im folgenden fassen wir die Vorgehensweise zusammen:

    dsolve berechnet die *allgemeine Lösung* einer Dgl exakt, wenn sie in der Form

    >> dsolve (' Dgl ' , ' x')

    in das Arbeitsfenster eingegeben wird, wobei im Argument bei 'Dgl' und 'x' die konkrete Dgl bzw. die unabhängige Variable als Zeichenketten einzutragen sind.
    Falls man bei 'Dgl' zusätzlich Anfangs- oder Randbedingungen durch Komma getrennt eingibt, wird die zugehörige spezielle Lösung exakt berechnet.
    Bei der Anwendung von **dsolve** ist zu beachten, daß beide Argumente als Zeichenketten einzugeben sind. Falls man 'x' im Argument von **dsolve** wegläßt, so

berechnet MATLAB die Lösungsfunktion y als Funktion von t, d.h. y=y(t). Die Form dieser Eingaben ist aus Beisp. 5.1, 6.1, 6.2, 6.8, 6.10, 7.3, 7.4 und 7.5. ersichtlich. Da sie allgemein sowohl auf Anfangs- als auch Randwertaufgaben für gewöhnliche Dgl n-ter Ordnung und Systeme von Dgl anwendbar ist, werden wir ihr im Laufe des Buches noch öfters begegnen (siehe auch Beisp. 8.3).

Da die exakte Lösung von Dgl schnell an Grenzen stößt, kann man von MATH-CAD und MATLAB keine Wunder erwarten. Dies betrifft auch die in MATLAB vordefinierte Funktion **dsolve**. Sie kann nur Dgl lösen, für die exakte Lösungsmethoden existieren.

Deshalb ist man häufig auf numerische Methoden (Näherungsmethoden) angewiesen, die den Gegenstand von Kap.9-11 bilden. Die in MATHCAD und MATLAB vordefinierten Funktionen zur numerischen Lösung werden im Abschn. 10.4, 10.5, 11.5 und 11.6 vorgestellt.

◆

8 Systeme gewöhnlicher Differentialgleichungen erster Ordnung

8.1 Einführung

Systeme gewöhnlicher Dgl (*gewöhnliche Dgl-Systeme*) erster Ordnung (kurz: Dgl-Systeme) lernen wir bereits im Abschn. 7.1 kennen, da sich gewöhnliche Dgl n-ter Ordnung hierauf zurückführen lassen.

Analog lassen sich gewöhnliche Dgl-Systeme höherer Ordnung auf gewöhnliche Dgl-Systeme erster Ordnung zurückführen (siehe Beisp. 8.1), so daß man sich auf Dgl-Systeme erster Ordnung beschränken kann.

Systeme von n Dgl erster Ordnung haben in expliziter Darstellung die Form

$$y_1'(x) = f_1(x, y_1(x), \dots, y_n(x))$$
$$y_2'(x) = f_2(x, y_1(x), \dots, y_n(x))$$
$$\vdots \qquad \vdots \qquad\qquad\qquad (n \geq 1)$$
$$y_n'(x) = f_n(x, y_1(x), \dots, y_n(x))$$

d.h., sie bestehen aus n gewöhnlichen Dgl erster Ordnung mit n Lösungsfunktionen

$$y_1(x), \dots, y_n(x)$$

wobei die unabhängige Variable x Werte aus einem vorgegebenen Lösungsintervall [a,b] annehmen kann.

Wenn man die n Lösungsfunktionen als Komponenten eines *Lösungsvektors* $\mathbf{y}(x)$ und die Funktionen der rechten Seiten der Dgl als Komponenten eines Vektors $\mathbf{f}(x,\mathbf{y}(x))$ auffaßt, schreiben sich gewöhnliche Dgl-Systeme erster Ordnung *vektoriell* in der Form

$$\mathbf{y}'(x) = \mathbf{f}(x,\mathbf{y}(x))$$

mit

Lösungsvektor   Vektor der rechten Seiten

$$\mathbf{y}(x) = \begin{pmatrix} y_1(x) \\ y_2(x) \\ \vdots \\ y_n(x) \end{pmatrix} \qquad\qquad \mathbf{f}(x,\mathbf{y}(x)) = \begin{pmatrix} f_1(x,\mathbf{y}(x)) \\ f_2(x,\mathbf{y}(x)) \\ \vdots \\ f_n(x,\mathbf{y}(x)) \end{pmatrix}$$

In vektorieller Schreibweise ist die Analogie zu Dgl erster Ordnung offensichtlich (siehe Kap.5), die mit einer gesuchten Funktion (Lösungsfunktion) und einer Dgl einen Sonderfall (für n=1) bilden. Von einem Dgl-System spricht man erst, wenn $n \geq 2$ gilt.

Statt der gegebenen Schreibweise verwendet man in Anwendungen auch die Form

$$\dot{x}_1(t) = f_1(t, x_1(t), \dots, x_n(t))$$

$$\dot{x}_2(t) = f_2(t, x_1(t), \dots, x_n(t)) \qquad \text{bzw. } \textit{vektoriell} \qquad \dot{\mathbf{x}}(t) = \mathbf{f}(t, \mathbf{x}(t))$$

$$\vdots \qquad \qquad \vdots$$

$$\dot{x}_n(t) = f_n(t, x_1(t), \dots, x_n(t))$$

wenn die Zeit t als unabhängige Variable auftritt.

Betreffs Lösungsmethoden für Dgl-Systeme gilt das bisher für gewöhnliche Dgl gesagte:

- · Exakte Lösungsmethoden existieren nur für Sonderfälle wie z.B. lineare Dgl-Systeme, die im Abschn. 8.4 beschrieben werden.

- In gewissen Fällen lassen sich Dgl-Systeme durch Eliminationsmethoden auf Dgl n-ter Ordnung zurückführen (siehe Beisp. 7.1c und 8.3d).

- Numerische Lösungsmethoden (Näherungsmethoden) bilden das Hauptinstrument, um praktische Aufgaben für Dgl-Systeme zu lösen. Diese werden im Kap.9-11 vorgestellt.

☞

Dgl-Systeme spielen nicht nur eine große Rolle, weil sich gewöhnliche Dgl n-ter Ordnung hierauf zurückführen lassen. Es gibt praktische Anwendungen, die sich direkt durch Dgl-Systeme modellieren lassen (siehe Beisp. 8.1).

Des weiteren werden sie in Theorie und Numerik partieller Dgl benötigt:

- Die exakte Lösung partieller Dgl erster Ordnung läßt sich auf die Lösung gewöhnlicher Dgl-Systeme zurückführen, wie im Kap.14 illustriert wird. Diese Vorgehensweise wird als *Charakteristikenmethode* bezeichnet.

- Die numerische Lösung gewisser Klassen partieller Dgl zweiter Ordnung (z.B. eindimensionale Wärmeleitungsgleichungen) läßt sich z.B. durch Diskretisierung bzgl. der Ortsvariablen x oder durch Kollokation auf die Lösung gewöhnlicher Dgl-Systeme zurückführen. Diese Vorgehensweise wird bei *Linien-* bzw. *Kollokationsmethoden* angewandt (siehe Abschn. 16.2.3 und 16.3.2).

♦

Beispiel 8.1:

Schwingungen zweier gekoppelter Pendel (harmonische Oszillatoren) lassen sich durch das Dgl-System

$$y_1''(t) = a \cdot y_1(t) + b \cdot y_2(t)$$

$$y_2''(t) = c \cdot y_1(t) + d \cdot y_2(t) \qquad \text{(a, b, c, d – gegebene reelle Konstanten)}$$

von zwei linearen Dgl zweiter Ordnung beschreiben, wenn man die Reibung vernachlässigt. Durch Einführung neuer Funktionen mittels

$$y_3(t) = y_1'(t) \quad , \quad y_4(t) = y_2'(t)$$

läßt sich das gegebene Dgl-System zweiter Ordnung auf das Dgl-System erster Ordnung

$$y_1'(t) = y_3(t)$$

$$y_2'(t) = y_4(t)$$

$$y_3'(t) = a \cdot y_1(t) + b \cdot y_2(t)$$

$$y_4'(t) = c \cdot y_1(t) + d \cdot y_2(t)$$

mit vier linearen Dgl erster Ordnung und vier gesuchten Funktionen (Lösungsfunktionen)

$$y_1(t) \, , \; y_2(t) \, , \; y_3(t) \, , \; y_4(t)$$

zurückführen.

♦

8.2 Anfangswertaufgaben

Für eine Dgl erster Ordnung werden Anfangswertaufgaben im Abschn. 5.2 vorgestellt. Diese lassen sich unmittelbar auf Dgl-Systeme erster Ordnung verallgemeinern:

* *Anfangsbedingungen* für den Lösungsvektor

$$\mathbf{y}(x) = \begin{pmatrix} y_1(x) \\ y_2(x) \\ \vdots \\ y_n(x) \end{pmatrix}$$

eines Dgl-Systems erster Ordnung in vektorieller Darstellung

$$\mathbf{y}'(x) = \mathbf{f}(x, \mathbf{y}(x))$$

haben die Form

$$y_1(x_0) = y_1^0 \, , y_2(x_0) = y_2^0 \, , \dots , y_n(x_0) = y_n^0$$

wobei x_0 ein Wert (Punkt) aus dem Lösungsintervall [a,b] und

$$y_1^0, y_2^0, \dots , y_n^0$$

gegebene Anfangswerte sind.

Häufig sind Anfangsbedingungen im Anfangspunkt a des Lösungsintervalls [a,b] gestellt, d.h., es gilt $x_0 = a$. In diesem Fall schreibt man Anfangswerte auch in der Form

$$y_1^a, y_2^a, \ldots, y_n^a$$

- *Vektoriell* schreibt man *Anfangsbedingungen* in der Form

$$y(x_0) = y^0 \quad \text{bzw.} \quad y(a) = y^a$$

mit dem Vektor der Anfangswerte $\quad y^0 = \begin{pmatrix} y_1^0 \\ y_2^0 \\ \vdots \\ y_n^0 \end{pmatrix} \quad$ bzw. $\quad y^a = \begin{pmatrix} y_1^a \\ y_2^a \\ \vdots \\ y_n^a \end{pmatrix}$

- Existenz von Lösungen lassen sich analog wie für eine Dgl beweisen (siehe Beisp. 4.3).

8.3 Rand- und Eigenwertaufgaben

Im Unterschied zu einer Dgl erster Ordnung, sind für Dgl-Systeme erster Ordnung auch *Rand-* und *Eigenwertaufgaben* möglich, wie im folgenden Beisp. 8.2 illustriert wird.

Beispiel 8.2:

a) Die Zweipunkt-Randwertaufgabe für die nichtlineare Dgl zweiter Ordnung der Kettenlinie mit dem Lösungsintervall $[x_0, x_1]$ aus Beisp. 4.2c

$$y''(x) = a \cdot \sqrt{1 + y^2(x)} \qquad , \qquad y(x_0) = A, \ y(x_1) = B$$

läßt sich durch Einführung zweier Funktionen (siehe Abschn. 7.1) mittels

$$y_1(x) = y(x) \quad , \quad y_2(x) = y_1'(x)$$

auf folgende *Zweipunkt-Randwertaufgabe* für ein Dgl-System erster Ordnung mit dem Lösungsintervall $[x_0, x_1]$ zurückführen:

$$y_1'(x) = y_2(x) \qquad\qquad \text{mit } \textit{Zweipunkt-Randbedingungen}$$

$$y_2'(x) = a \cdot \sqrt{1 + y_1^2(x)} \qquad\qquad y_1(x_0) = A, \ y_1(x_1) = B$$

b) Die Eigenwertaufgabe für die lineare Dgl zweiter Ordnung der Eulerschen Knicklast mit dem Lösungsintervall [0,1] aus Beisp. 4.2d

$$y''(x) + \lambda \cdot y(x) = 0 \qquad , \qquad y(0) = 0, \ y'(1) = 0$$

läßt sich analog zu Beisp. a auf folgende *Eigenwertaufgabe* für ein Dgl-System erster Ordnung mit dem Lösungsintervall [0,1] zurückführen:

$$y_1'(x) = y_2(x) \qquad\qquad \text{mit homogenen } \textit{Zweipunkt-Randbedingungen}$$
$$y_2'(x) = -\lambda \cdot y_1(x) \qquad\qquad\qquad y_1(0) = 0, \ y_2(l) = 0$$

◆

8.4 Lineare Differentialgleichungssysteme

Lineare gewöhnliche *Dgl-Systeme* erster Ordnung besitzen die Form

$$y_1'(x) = a_{11}(x) \cdot y_1(x) + \cdots + a_{1n}(x) \cdot y_n(x) + f_1(x)$$
$$y_2'(x) = a_{21}(x) \cdot y_1(x) + \cdots + a_{2n}(x) \cdot y_n(x) + f_2(x) \qquad\qquad (n \geq 1)$$
$$\vdots \qquad\qquad\qquad\qquad \vdots$$
$$y_n'(x) = a_{n1}(x) \cdot y_1(x) + \cdots + a_{nn}(x) \cdot y_n(x) + f_n(x)$$

mit Koeffizientenfunktionen $a_{ik}(x)$ und lauten in Vektor-Matrix- Schreibweise

$$\mathbf{y}'(x) = \mathbf{A}(x) \cdot \mathbf{y}(x) + \mathbf{f}(x)$$

wobei $\mathbf{y}(x)$ und $\mathbf{f}(x)$ den Vektor der gesuchten Funktionen (Lösungsvektor) bzw. rechten Seiten und $\mathbf{A}(x)$ die Matrix der Koeffizientenfunktionen darstellen und folgende Form besitzen:

$$\mathbf{y}(x) = \begin{pmatrix} y_1(x) \\ y_2(x) \\ \vdots \\ y_n(x) \end{pmatrix}, \ \mathbf{A}(x) = \begin{pmatrix} a_{11}(x) & a_{12}(x) & \cdots & a_{1n}(x) \\ a_{21}(x) & a_{22}(x) & \cdots & a_{2n}(x) \\ \vdots & \vdots & \vdots & \vdots \\ a_{n1}(x) & a_{n2}(x) & \cdots & a_{nn}(x) \end{pmatrix}, \ \mathbf{f}(x) = \begin{pmatrix} f_1(x) \\ f_2(x) \\ \vdots \\ f_n(x) \end{pmatrix}$$

Für lineare Dgl-Systeme ist folgendes zu bemerken:

- Ist die Vektorfunktion $\mathbf{f}(x)$ der rechten Seite identisch Null (d.h. $\mathbf{f}(x) \equiv 0$), so spricht man von *homogenen Dgl-Systemen*, ansonsten von *inhomogenen*.

- Wenn die Koeffizientenfunktionen

  $a_{ik}(x)$

  des linearen Dgl-Systems konstant sind, d.h. $\qquad\qquad (i, k = 0, 1, \ldots, n)$

  $a_{ik}(x) = a_{ik} = $ konstant

  so spricht man von linearen *Dgl-Systemen* mit *konstanten Koeffizienten* (siehe Abschn. 8.4.2)

- Die Theorie gewöhnlicher linearer Dgl ist weit entwickelt und liefert eine Reihe von Eigenschaften und Lösungsmethoden. Wesentliche Gesichtspunkte dieser Theorie lernen wir im Kap.7.3 für lineare Dgl n-ter Ordnung kennen.
  Diese Theorie gilt analog für lineare Dgl-Systeme erster Ordnung, so daß wir im folgenden Abschn. 8.4.1 nur wesentliche Fakten wiederholen. Anschließend stellen wir im Abschn. 8.4.2 lineare Dgl-Systeme mit konstanten Koeffizienten vor, für die sich Lösungsfunktionen mittels Ansatzmethoden exakt berechnen lassen, wie im Abschn. 8.5.1 illustriert wird.

8.4.1 Eigenschaften

Die im Abschn. 7.3 vorgestellte Theorie linearer Dgl gilt auch für lineare Dgl-Systeme, so daß wir sie im folgenden nur skizzieren brauchen:

Die *allgemeine Lösung* (Lösungsvektor) $\mathbf{y}(x)$ eines Systems n linearer Dgl erster Ordnung hängt von n frei wählbaren reellen Konstanten ab und besitzt folgende Eigenschaften:

- Die *allgemeine Lösung* $\mathbf{y}^a(x)$ eines *homogenen linearen Dgl-Systems* hat die Form

$$\mathbf{y}^a(x) = C_1 \cdot \mathbf{y}^1(x) + C_2 \cdot \mathbf{y}^2(x) + \dots + C_n \cdot \mathbf{y}^n(x)$$

wobei die Vektorfunktionen

$$\mathbf{y}^k(x) = \begin{pmatrix} y_1^k(x) \\ y_2^k(x) \\ \vdots \\ y_n^k(x) \end{pmatrix} \qquad\qquad (k = 1, 2, \dots, n)$$

ein Fundamentalsystem bilden und die frei wählbaren reellen Konstanten

$$C_1, C_2, \dots, C_n$$

linear eingehen.

Ein *Fundamentalsystem* ist dadurch charakterisiert, daß seine n Vektorfunktionen Lösungsvektoren des zugehörigen homogenen Dgl-Systems und linear unabhängig sind. Notwendig und hinreichend für die lineare Unabhängigkeit von n Lösungsvektoren ist, daß die aus ihnen gebildete *Wronskische Determinante*

$$\begin{vmatrix} y_1^1(x) & y_1^2(x) & \cdots & y_1^n(x) \\ y_2^1(x) & y_2^2(x) & \cdots & y_2^n(x) \\ \vdots & \vdots & \vdots & \vdots \\ y_n^1(x) & y_n^2(x) & \cdots & y_n^n(x) \end{vmatrix}$$

im Lösungsintervall [a,b] ungleich Null ist. Des weiteren läßt sich unter gewissen Voraussetzungen die Existenz eines Fundamentalsystems nachweisen (siehe [18]).

Damit ist die Berechnung allgemeiner Lösungen homogener linearer Dgl-Systeme auf die Bestimmung eines Fundamentalsystems zurückgeführt. Derartige Fundamentalsysteme lassen sich nur für Sonderfälle linearer Dgl-Systeme einfach bestimmen, von denen wir den wichtigsten im Abschn. 8.4.2 vorstellen.

- Die *allgemeine Lösung* (Lösungsvektor) $\mathbf{y}(x)$ eines *inhomogenen linearen Dgl-Systems* ergibt sich als Summe aus der *allgemeinen Lösung* (Lösungsvektor)

$$\mathbf{y}^a(x)$$

des zugehörigen homogenen Dgl-Systems und einer *speziellen Lösung* (Lösungsvektor)

$$\mathbf{y}^s(x)$$

des inhomogenen Dgl-Systems, d.h.

$$y(x) = y^a(x) + y^s(x)$$

Spezielle Lösungen inhomogener Dgl-Systeme erhält man analog zu linearen Dgl n-ter Ordnung mittels Ansatzmethode oder Methode der Variation der Konstanten (siehe Abschn. 7.3.4). Im Beisp. 8.3 illustrieren wir die Anwendung der Ansatzmethode.

8.4.2 Konstante Koeffizienten

Bei linearen Dgl-Systemen mit konstanten Koeffizienten hängen die Koeffizientenfunktionen nicht von x ab, sondern sind gegebene reelle Konstanten, d.h.

$$a_{ik}(x) \equiv a_{ik} = \text{konstant} \qquad\qquad (i, k = 0, 1, \dots, n)$$

In Vektor-Matrix-Schreibweise haben Dgl-Systeme mit konstanten Koeffizienten die Form

$$y'(x) = A \cdot y(x) + f(x)$$

mit der *Koeffizientenmatrix* A und dem *Vektor* f(x) der *rechten Seiten*

$$A = \begin{pmatrix} a_{11} & a_{12} & \cdots & a_{1n} \\ a_{21} & a_{22} & \cdots & a_{2n} \\ \vdots & \vdots & \vdots & \vdots \\ a_{n1} & a_{n2} & \cdots & a_{nn} \end{pmatrix} \qquad f(x) = \begin{pmatrix} f_1(x) \\ f_2(x) \\ \vdots \\ f_n(x) \end{pmatrix}$$

Für Systeme mit konstanten Koeffizienten lassen sich exakte Lösungen mittels Ansatzmethoden und Laplacetransformation konstruieren, wie im Abschn. 8.5.1 bzw. 8.5.2 illustriert wird.

8.5 Exakte Lösungsmethoden

Für allgemeine nichtlineare Dgl-Systeme lassen sich ebenso wie für nichtlineare Dgl n-ter Ordnung keine Methoden zur exakten Lösung angeben. Dies gelingt nur für Sonderfälle, wie z.B. lineare Dgl-Systeme mit konstanten Koeffizienten, für die im Abschn. 3.5.1 vorgestellte Lösungsprinzipien erfolgreich sind:

- Ansatzmethoden stellen ein grundlegendes Prinzip zur Berechnung exakter Lösungen linearer Dgl-Systeme dar. Ihre allgemeine Vorgehensweise fassen wir im folgenden Abschn. 8.5.1 zusammen.

- Die Laplacetransformation stellt eine weitere Lösungsmethode für lineare Dgl-Systeme dar. Wir illustrieren ihre Anwendung im Abschn. 8.5.2.

- Falls sich ein Dgl-System mittels Eliminationsmethode auf eine Dgl n-ter Ordnung zurückführen läßt, können hierfür existierende Methoden eingesetzt werden (siehe Beisp. 8.3d).

Abschließend diskutieren wir im Abschn. 8.5.3 die Anwendung von MATHCAD und MATLAB zur Lösung von Dgl-Systemen.

8.5.1 Ansatzmethoden

Analog zu linearen Dgl n-ter Ordnung verwendet man für homogene lineare Dgl-Systeme (d.h. $\mathbf{f}(x) \equiv 0$)

$$\mathbf{y}'(x) \;=\; \mathbf{A} \cdot \mathbf{y}(x)$$

mit konstanten Koeffizienten den *Ansatz*

$$\mathbf{y}(x) = \mathbf{v} \cdot e^{\lambda \cdot x}$$

mit frei wählbarem Parameter (Konstante) λ und einem Vektor

$$\mathbf{v} = \begin{pmatrix} v_1 \\ v_2 \\ \vdots \\ v_n \end{pmatrix}$$

mit frei wählbaren konstanten Komponenten $v_1, v_2, \ldots, v_n$.

Mit diesem Ansatz läßt sich ein Fundamentalsystem bestimmen, indem man den Ansatz in das Dgl-System einsetzt und Parameter λ und Vektor $\mathbf{v}$ so bestimmt, daß der Ansatz das Dgl-System löst. Um von Null verschiedene Lösungen zu erhalten, liefert dies die *Eigenwertaufgabe*

$$\mathbf{A} \cdot \mathbf{v} = \lambda \cdot \mathbf{v}$$

für die Koeffizientenmatrix $\mathbf{A}$, d.h., Parameter λ und Vektor $\mathbf{v}$ berechnen sich als *Eigenwert* bzw. *Eigenvektor* der Matrix $\mathbf{A}$. Ein Fundamentalsystem berechnet sich je nach Form der Eigenwerte von $\mathbf{A}$ folgendermaßen:

- Der einfachste Fall liegt vor, wenn die n Eigenwerte

  $$\lambda_1, \lambda_2, \ldots, \lambda_n$$

  paarweise verschieden und reell sind. Ein Fundamentalsystem ergibt sich hier in der Form (siehe Beisp. 8.3a)

  $$\mathbf{y}^1(x) \;=\; \mathbf{v}^1 \cdot e^{\lambda_1 \cdot x}, \quad \mathbf{y}^2(x) = \mathbf{v}^2 \cdot e^{\lambda_2 \cdot x}, \; \ldots, \quad \mathbf{y}^n(x) = \mathbf{v}^n \cdot e^{\lambda_n \cdot x}$$

  wobei $\mathbf{v}^k$ der zum Eigenwert λ_k gehörige Eigenvektor ist (k=1, 2, ... , n).

- Wenn ein Eigenwert λ_k komplex ist, so ist der Eigenwert λ_{k+1} die dazu konjugiert komplexe Zahl. Die für λ_k und zugehörigem Eigenvektor $\mathbf{v}^k$ erhaltene Lösung ist ebenfalls komplex und hat die Form

  $$\mathbf{y}^k(x) + i \cdot \mathbf{y}^{k+1}(x)$$

  aus der man die beiden reellen Lösungsvektoren

  $$\mathbf{y}^k(x) \qquad \text{und} \qquad \mathbf{y}^{k+1}(x)$$

  bekommt, wie im Beisp. 8.3c illustriert wird.

- Wenn ein Eigenwert mehrfach (r-fach) ist, sind folgende zwei Fälle zu unterscheiden:

  * Wenn zum Eigenwert r linear unabhängige Eigenvektoren existieren, so ergibt sich der Anteil am Fundamentalsystem wie im vorangehenden.

* Wenn zum Eigenwert weniger als r zugehörige linear unabhängige Eigenvektoren existieren, so ist die Vorgehensweise analog zu linearen Dgl n-ter Ordnung (siehe Abschn. 7.3.2), um r linear unabhängige Lösungen zu erhalten. Wir geben eine Illustration im Beisp. 8.3b.

Zur Lösungsproblematik linearer Dgl-Systeme ist folgendes zu bemerken:

• Bei der Konstruktion eines Fundamentalsystems haben wir auf den Beweis der Unabhängigkeit der Lösungsvektoren verzichtet. Hierzu verweisen wir auf die Literatur.

• Spezielle Lösungen inhomogener linearer Dgl-Systeme mit konstanten Koeffizienten können analog zu Dgl n-ter Ordnung mittels Ansatzmethode oder Methode der Variation der Konstanten konstruiert werden.

Beispiel 8.3:

a) Lösen wir das homogene lineare Dgl-System mit konstanten Koeffizienten

$$y_1'(x) = 3 \cdot y_1(x) + y_2(x) + 4 \cdot y_3(x)$$
$$y_2'(x) = \qquad 2 \cdot y_2(x) + 6 \cdot y_3(x)$$
$$y_3'(x) = \qquad\qquad 4 \cdot y_3(x)$$

Die Koeffizientenmatrix **A** hat hierfür die Form einer Dreiecksmatrix

$$\mathbf{A} = \begin{pmatrix} 3 & 1 & 4 \\ 0 & 2 & 6 \\ 0 & 0 & 4 \end{pmatrix}$$

so daß Eigenwerte unmittelbar aus der Hauptdiagonalen ablesbar sind:

$$\lambda_1 = 2\,, \lambda_2 = 3\,, \lambda_3 = 4$$

Die zugehörigen Eigenvektoren ergeben sich zu: $\mathbf{v}^1 = \begin{pmatrix} 1 \\ -1 \\ 0 \end{pmatrix}$, $\mathbf{v}^2 = \begin{pmatrix} 1 \\ 0 \\ 0 \end{pmatrix}$, $\mathbf{v}^3 = \begin{pmatrix} 7 \\ 3 \\ 1 \end{pmatrix}$

Mit den berechneten Eigenwerten und Eigenvektoren hat die *allgemeine Lösung* (C_1, C_2, C_3 – frei wählbare reelle Konstanten)

$$\mathbf{y}(x) = C_1 \cdot \mathbf{y}^1(x) + C_2 \cdot \mathbf{y}^2(x) + C_3 \cdot \mathbf{y}^3(x)$$

des betrachteten Dgl-Systems folgende Gestalt:

$$\mathbf{y}(x) = \begin{pmatrix} y_1(x) \\ y_2(x) \\ y_3(x) \end{pmatrix} = C_1 \cdot \begin{pmatrix} 1 \\ -1 \\ 0 \end{pmatrix} \cdot e^{2 \cdot x} + C_2 \cdot \begin{pmatrix} 1 \\ 0 \\ 0 \end{pmatrix} \cdot e^{3 \cdot x} + C_3 \cdot \begin{pmatrix} 7 \\ 3 \\ 1 \end{pmatrix} \cdot e^{4 \cdot x}$$

Eigenwerte und Eigenvektoren der Koeffizientenmatrix **A** lassen sich einfach mit MATHCAD und MATLAB berechnen, wie im folgenden zu sehen ist. Eigenvektoren sind bzgl. Länge und Orientierung nicht eindeutig bestimmt. In MATHCAD und MATLAB werden sie auf die Länge 1 normiert.

MATHCAD berechnet für eine Matrix **A** mittels der vordefinierten Funktion

- **eigenvals (A)**
  die Eigenwerte, die als Komponenten eines Vektors angezeigt werden:

- **eigenvecs (A)**
  die zugehörigen Eigenvektoren, die als Spalten einer Matrix angezeigt werden:

$$A := \begin{pmatrix} 3 & 1 & 4 \\ 0 & 2 & 6 \\ 0 & 0 & 4 \end{pmatrix} \quad \text{eigenvals (A)} = \begin{pmatrix} 3 \\ 2 \\ 4 \end{pmatrix} \quad \text{eigenvecs (A)} = \begin{pmatrix} 1 & 0.7071 & 0.9113 \\ 0 & -0.7071 & 0.3906 \\ 0 & 0 & 0.1302 \end{pmatrix}$$

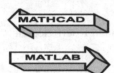

MATLAB berechnet für eine Matrix **A** mittels der vordefinierten Funktion **eig** in der Form

`>> [V,M] = eig (A)`

- Eigenwerte
  die sich in der Hauptdiagonalen der Ergebnismatrix **M** befinden,
- Eigenvektoren
  die als Spalten der Ergebnismatrix **V** angezeigt werden, wie im folgenden zu sehen ist:

`>> A = [3 1 4 ; 0 2 6 ; 0 0 4];`

`>> [V , M] = eig (A)`

```
V =
    1.0000   -0.7071   0.9113
         0    0.7071   0.3906
         0         0   0.1302
M =
    3   0   0
    0   2   0
    0   0   4
```

Mittels MATLAB läßt sich die exakte Lösung des Dgl-Systems auch direkt berechnen, d.h., ohne erst Eigenwerte und Eigenfunktionen zu bestimmen. Hierfür kann die vordefinierte Funktion **dsolve** eingesetzt werden, die auch auf Dgl-Systeme anwendbar ist:

>> [y1 , y2 , y3] = dsolve (' Dy1 = 3 * y1 + y2 + 4 * y3 , Dy2 = 2 * y2 +

   6 * y3 , Dy3 = 4 * y3 ' , ' x ')

y1 =

7 * C3 * exp (4 * x) − exp (2 * x) * C2 + exp (3 * x) * C1

y2 =

3 * C3 * exp (4 * x) + exp (2 * x) * C2

y3 =

C3 * exp (4 * x)

b) Lösen wir das homogene lineare Dgl-System mit konstanten Koeffizienten

$$y_1'(x) = y_1(x) \ - y_2(x)$$
$$y_2'(x) = 4 \cdot y_1(x) - 3 \cdot y_2(x)$$

Die Koeffizientenmatrix **A** hat hierfür die Form

$$\mathbf{A} = \begin{pmatrix} 1 & -1 \\ 4 & -3 \end{pmatrix}$$

und besitzt den zweifachen Eigenwert $\lambda_1 = -1$, $\lambda_2 = -1$ mit nur einem zugehörigen Eigenvektor

$$\mathbf{v}^1 = \begin{pmatrix} 1 \\ 2 \end{pmatrix}$$

so daß man nur einen Lösungsvektor

$$\mathbf{y}^1(x) = \begin{pmatrix} 1 \\ 2 \end{pmatrix} \cdot e^{-x}$$

erhält.

Den für ein Fundamentalsystem benötigten zweiten linear unabhängige Lösungsvektor erhält man mittels des *Ansatzes*

$$\mathbf{y}^2(x) = \begin{pmatrix} a+b\cdot x \\ c+d\cdot x \end{pmatrix} \cdot e^{-x}$$

wobei sich die Parameter (Konstanten) a , b , c und d durch Einsetzen des Ansatz in das Dgl-System berechnen, so daß sich folgende allgemeine Lösung ergibt:

$$y(x) = C_1 \cdot \begin{pmatrix} 1 \\ 2 \end{pmatrix} \cdot e^{-x} + C_2 \cdot \begin{pmatrix} x \\ -1+2\cdot x \end{pmatrix} \cdot e^{-x}$$

MATLAB berechnet mittels der vordefinierten Funktion **dsolve** die allgemeine Lösung in folgender Form:

>> [y1 , y2] = dsolve (' Dy1 = y1 – y2 , Dy2 = 4 * y1 – 3 * y2 ' , ' x ')

y1 =

exp (– x) * (C1 + C2 * x)

y2 =

exp (– x) * (2 * C1 + 2 * C2 * x – C2)

c) Lösen wir das homogene lineare Dgl-System mit konstanten Koeffizienten

$$y_1'(x) = y_2(x)$$

$$y_2'(x) = -y_1(x)$$

Die Koeffizientenmatrix **A** hat hierfür die Form

$$\mathbf{A} = \begin{pmatrix} 0 & 1 \\ -1 & 0 \end{pmatrix}$$

und besitzt zwei komplexe Eigenwerte $\lambda_1 = i$, $\lambda_2 = -i$.

Da beide Eigenwerte konjugiert komplex sind, benötigen wir nur einen zugehörigen komplexen Eigenvektor

$$\mathbf{v}^1 = \begin{pmatrix} -i \\ 1 \end{pmatrix}$$

mit dessen Hilfe sich der komplexe Lösungsvektor

$$y(x) = \begin{pmatrix} -i \\ 1 \end{pmatrix} \cdot e^{i\cdot x} = (\cos x + i\cdot\sin x) \cdot \begin{pmatrix} -i \\ 1 \end{pmatrix} = \begin{pmatrix} \sin x \\ \cos x \end{pmatrix} + i \cdot \begin{pmatrix} -\cos x \\ \sin x \end{pmatrix}$$

berechnet, dessen Real- und Imaginärteil die beiden benötigten linear unabhängigen reellen Lösungsvektoren (Fundamentalsystem) liefern, so daß die allgemeine Lösung des gegebenen Dgl-Systems folgende Form besitzt:

$$y(x) = \begin{pmatrix} y_1(x) \\ y_2(x) \end{pmatrix} = C_1 \cdot \begin{pmatrix} \sin x \\ \cos x \end{pmatrix} + C_2 \cdot \begin{pmatrix} -\cos x \\ \sin x \end{pmatrix}$$

MATLAB berechnet mittels der vordefinierten Funktion **dsolve** die allgemeine Lösung in folgender Form:

>> [y1 , y2] = dsolve (' Dy1 = y2 , Dy2 = − y1 ' , ' x ')

y1 =

C1 * sin (x) + C2 * cos (x)

y2 =

C1 * cos (x) − C2 * sin(x)

d) Lösen wir das homogene lineare Dgl-System mit konstanten Koeffizienten aus Beisp. c, indem wir es mittels *Eliminationsmethode* auf eine Dgl zweiter Ordnung zurückführen (siehe auch Abschn. 7.1 und 8.1):

Differentiation der ersten Dgl des Systems : $y_1''(x) = y_2'(x)$

und Einsetzen der zweiten Dgl des Systems liefert : $y_1''(x) = y_2'(x) = − y_1(x)$

so daß sich die lineare Dgl zweiter Ordnung mit konstanten Koeffizienten

$y''(x) + y(x) = 0$

ergibt, die folgende allgemeine Lösung besitzt (siehe Beisp. 7.3b):

$y(x) = C_1 \cdot \sin x + C_2 \cdot \cos x$

Wegen $y(x) = y_1(x)$ und $y_1'(x) = y_2(x)$

ergibt sich die allgemeine Lösung des gegebenen Dgl-Systems in folgender Form:

$y_1(x) = C_1 \cdot \sin x + C_2 \cdot \cos x$

$y_2(x) = C_1 \cdot \cos x − C_2 \cdot \sin x$

♦

Das vorangehende Beisp. 8.3 läßt bereits erkennen, daß sich lineare Dgl-Systeme mit konstanten Koeffizienten nur bei wenigen Gleichungen per Hand mit vertretbarem Aufwand exakt lösen lassen. Bei größerem n wird die Lösung der Eigenwertaufgabe für die Koeffizientenmatrix **A** zum Problem. Man kann in diesem Fall MATHCAD und MATLAB heranziehen, da in beiden Funktionen zur Lösung von Eigenwertaufgaben für Matrizen vordefiniert sind (siehe Beisp. 8.3a).

Des weiteren kann man in MATHCAD und MATLAB die Laplacetransformation zur Lösung linearer Dgl-Systeme mit konstanten Koeffizienten heranziehen, wie im folgenden Abschn. 8.5.2 illustriert wird. In MATLAB kann zusätzlich die vordefinierte Funktion **dsolve** zur exakten Lösung von Dgl eingesetzt werden (siehe Beisp. 8.3 und 8.5).

Für lineare Dgl-Systeme mit variablen Koeffizienten und nichtlineare Dgl-Systeme gibt es keine allgemein anwendbaren exakten Lösungsmethoden, so daß man auf numerische Lösungsmethoden (Näherungsmethoden) angewiesen ist, von denen in MATHCAD und MATLAB effektive Standardmethoden vordefiniert sind. Wenn man die Lösung nicht unbedingt in analytischer Form benötigt, so ist die numerische Lösung mittels MATHCAD und MATLAB vorzuziehen (siehe Kap. 9-11), die in vielen Fällen erfolgreich ist.

♦

8.5.2 Anwendung der Laplacetransformation

Die *Laplacetransformation* bietet eine Möglichkeit, um lineare Dgl-Systeme mit konstanten Koeffizienten exakt zu lösen. Die Vorgehensweise ist analog zu Dgl n-ter Ordnung, die wir ausführlich im Abschn. 7.4.3 besprechen.
Wir wiederholen nochmals wesentliche Schritte, die auch bei der Anwendung von MATHCAD und MATLAB zu beachten sind:

I.   Zuerst wird die Laplacetransformation auf das Dgl-System angewandt.

II. Anschließend ist das entstandene lineare Gleichungssystem (*Bildgleichungssystem*) nach den *Bildfunktionen* aufzulösen.

III. Abschließend wird mittels inverser Laplacetransformation aus den Bildfunktionen die Lösung des gegebenen Dgl-Systems berechnet.

Im folgenden Beisp. 8.4 illustrieren wir die Vorgehensweise bei der Anwendung der Laplacetransformation zur Lösung linearer Dgl-Systeme unter Anwendung von MATHCAD und MATLAB. Hierbei ist zu beachten, daß zu lösende Dgl in MATHCAD und MATLAB ohne Gleichheitszeichen einzugeben sind, d.h., alle Ausdrücke der Dgl sind auf die linke Seite zu bringen, so daß auf der rechten Seite vom Gleichheitszeichen nur noch Null steht. Die Laplacetransformation ist dann auf den linken Teil (ohne Gleichheitszeichen) anzuwenden.

Beispiel 8.4:

a) Lösen wir das zur Dgl $y''(x) + y(x) = 0$ äquivalente lineare Dgl-System erster Ordnung mit konstanten Koeffizienten

$$y_1'(t) - y_2(t) = 0$$
$$y_2'(t) + y_1(t) = 0$$

aus Beisp. 8.3c und d für die Anfangsbedingungen

$$y_1(0) = 2 \quad , \quad y_2(0) = 3$$

mittels Laplacetransformation, indem wir MATHCAD und MATLAB anwenden.
Man vergleiche die erhaltenen Ergebnisse mit Beisp. 7.7a, in dem die Dgl $y''(x) + y(x) = 0$ mittels Laplacetransformation gelöst wird.

Die Lösung mittels Laplacetransformation kann mit MATHCAD in folgenden Schritten erfolgen:

I. Zuerst wird mittels Laplacetransformation das Dgl-System in ein algebraisches Bildgleichungssystem transformiert, wozu wir das Schlüsselwort **laplace** und für die Indizierung den Literalindex einsetzen:

$$\frac{d}{dt} y_1(t) - y_2(t) \text{ laplace, } t \to$$

$$s \cdot \text{laplace}(y_1(t),t,s) - y_1(0) - \text{laplace}(y_2(t),t,s)$$

$$\frac{d}{dt} y_2(t) + y_2(t) \text{ laplace, } t \to$$

$$s \cdot \text{laplace}(y_2(t),t,s) - y_2(0) + \text{laplace}(y_2(t),t,s)$$

II. Anschließend setzt man

$$Y_1 := \text{laplace}(y_1(t), t, s) \qquad\qquad Y_2 := \text{laplace}(y_2(t), t, s)$$

und weist

$$y_1(0), \quad y_2(0)$$

die gegebenen Anfangswerte 2 bzw. 3 zu. Das entstandene lineare Bildgleichungssystem wird von MATHCAD problemlos gelöst:

given

$$s \cdot Y_1 - 2 - Y_2 = 0 \qquad\qquad s \cdot Y_2 - 3 + Y_1 = 0$$

$$\text{find } (Y_1, Y_2) \to \begin{pmatrix} \dfrac{2 \cdot s + 3}{s^2 + 1} \\ \dfrac{3 \cdot s - 2}{s^2 + 1} \end{pmatrix}$$

III. Abschließend wird mittels des Schlüsselworts **invlaplace** für die inverse Laplacetransformation (Rücktransformation) die erhaltene Lösung für

$$Y_1 \text{ und } Y_2$$

rücktransformiert und man erhält die Lösungen

$$y_1(t) \text{ bzw. } y_2(t)$$

des gegebenen Dgl-Systems:

$$\frac{2\cdot s+3}{s^2+1} \text{ invlaplace, } s \to 2\cdot\cos(t)+3\cdot\sin(t)$$

$$\frac{3\cdot s-2}{s^2+1} \text{ invlaplace, } s \to 3\cdot\cos(t)-2\cdot\sin(t)$$

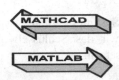

In MATLAB geschieht die Lösung des Dgl-System mittels Laplacetransformation analog zu MATHCAD, so daß wir die erforderlichen Schritte nur kurz skizzieren:

I. Berechnung des Bildgleichungssystems mit der vordefinierten Funktion **laplace** zur Laplacetransformation:

>> syms t ; laplace (diff (' y1(t) ' , t) − ' y2(t) ')

ans =

s * laplace (y1(t) , t , s) − y1(0) − laplace (y2(t) , t , s)

>> syms t ; laplace (diff (' y2(t) ' , t) + ' y1(t) ')

ans =
s * laplace (y2(t) , t , s) − y2(0) + laplace (y1(t) , t , s)

Anschließend ersetzt man die Laplacetransformierten (Bildfunktionen)

laplace (y1(t) , t , s)   und   laplace (y2(t) , t , s)

durch Y1 bzw. Y2 und setzt für die Anfangswerte y1(0) und y2(0) die konkreten Werte 2 bzw. 3 ein.

II. Lösung des Bildgleichungssystems bzgl. der Bildfunktionen Y1 und Y2:

>> [Y1,Y2] = solve (' s*Y1 − 2 − Y2 = 0 , s*Y2 −3 + Y1= 0 ' , ' Y1,Y2 ')

Y1 =

(2 * s + 3) / (s ^ 2 + 1)

Y2 =

(3 * s − 2) / (s ^ 2 + 1)

III. Abschließend wird mittels der vordefinierten Funktion **ilaplace** für die inverse Laplacetransformation (Rücktransformation) die erhaltene Lösung für die Bildfunktionen Y1 und Y2 rücktransformiert und man erhält die Lösungen

$y_1(t)$ bzw. $y_2(t)$

des gegebenen Dgl-Systems:

>> ilaplace (Y1)

ans =

2 * cos (t) + 3 * sin (t)

>> ilaplace (Y2)

ans =

3 * cos (t) – 2 * sin (t)

Man vergleiche die erhaltenen Ergebnisse mit Beisp. 7.7a, in dem die äquivalente Dgl zweiter Ordnung mittels Laplacetransformation gelöst wird.

b) Bestimmen wir für das Dgl-System erster Ordnung mit konstanten Koeffizienten

$$y_1'(t) - y_2(t) = 0$$
$$y_2'(t) + y_1(t) = 0$$

aus Beisp. a die *allgemeine Lösung* mittels Laplacetransformation, indem wir die benötigten Anfangsbedingungen durch Konstanten C und D ersetzen, d.h.
$$y_1(0) = C , \; y_2(0) = D$$
Wir wenden hierfür MATLAB an. Die Anwendung von MATHCAD erfolgt analog:

MATLAB

>> syms t ; laplace (diff (' y1(t) ', t) – ' y2(t) ')

ans =

s * laplace (y1(t) , t , s) – y1(0) – laplace (y2(t) , t , s)

>> syms t ; laplace (diff (' y2(t) ', t) + ' y1(t) ')

ans =

s * laplace (y2(t) , t , s) – y2(0) + laplace (y1(t) , t , s)

Nach Ersetzen der Laplacetransformierten durch Y1 bzw. Y2 und der Anfangswerte durch C bzw. D liefert die Auflösung der Bildgleichungen die Laplacetransformierten (Bildfunktionen) Y1 und Y2:

>> [Y1,Y2] = solve (' s * Y1 – C – Y2 = 0 , s * Y2 – D + Y1= 0 ' , 'Y1,Y2')

Y1 =

(s * C + D) / (s ^ 2 + 1)

Y2 =

(s * D – C) / (s ^ 2 + 1)

Die Rücktransformation der berechneten Bildfunktionen Y1 und Y2 liefert die allgemeine Lösung des Dgl-Systems:

>> ilaplace (Y1)

ans =

C * cos(t) + D * sin(t)

>> ilaplace (Y2)

ans =

–C * sin(t) + D * cos(t)

♦

8.5.3 Anwendung von MATHCAD und MATLAB

Bei der Anwendung von MATHCAD und MATLAB zur Lösung von Dgl-Systemen gilt das in den vorangehenden Kap.4-7 gesagte:

- Zur exakten Lösung ist nur in MATLAB die Funktion **dsolve** vordefiniert, die universell sowohl für gewöhnliche Dgl n-ter Ordnung als auch für Dgl-Systeme einsetzbar ist. Sie ist oft nur für lineare Aufgaben erfolgreich, wie im Kap.7 zu sehen ist und im Beisp. 8.3 und 8.5a illustriert wird. Im Beisp. 8.5b löst MATLAB auch ein nichtlineares Dgl-System.

- Für lineare Dgl-Systeme mit konstanten Koeffizienten (siehe Abschn. 8.4.2) ist in MATHCAD und MATLAB zusätzlich die Laplacetransformation zur exakten Lösung anwendbar (siehe Abschn. 8.5.2 und Beisp. 8.4).

Beispiel 8.5:

a) Berechnen wir für das lineare Dgl-System mit konstanten Koeffizienten

$$y_1{}'(x) = y_2(x)$$
$$y_2{}'(x) = -y_1(x) - 2 \cdot y_2(x)$$

aus Beisp. 7.1a die exakte Lösung mittels der in MATLAB vordefinierten Funktion **dsolve**

- *Allgemeine Lösung*:

   >> [y1 , y2] = dsolve (' Dy1 = y2 , Dy2 = –y1 – 2 * y2 ' , ' x ')

   y1 =

   exp(–x) * (C1 + C2 * x)

y2 =

$- \exp(-x) * (C1 + C2 * x - C2)$

- *Spezielle Lösung* für die Anfangsbedingungen $y_1(0) = 2$, $y_2(0) = 1$:

  >> [y1, y2]=dsolve (' Dy1=y2 , Dy2=–y1–2*y2 , y1(0)=2 , y2(0)=1' , ' x')

  y1 =

  $\exp(-x) * (2 + 3 * x)$

  y2 =

  $- \exp(-x) * (-1 + 3 * x)$

b) Das nichtlineare Dgl-System erster Ordnung

$$y_1'(x) = \frac{y_1(x)}{2 \cdot y_1(x) + 3 \cdot y_2(x)}$$

$$y_2'(x) = \frac{y_2(x)}{2 \cdot y_1(x) + 3 \cdot y_2(x)}$$

mit den Anfangsbedingungen

$y_1(0) = 1$, $y_2(0) = 2$

besitzt die exakte Lösung

$$y_1(x) = \frac{x}{8} + 1 \ , \ y_2(x) = \frac{x}{4} + 2$$

wie man leicht durch Einsetzen nachprüfen kann.
Die Lösung dieses Dgl-Systems kann MATLAB mit der vordefinierten Funktion **dsolve** ebenfalls berechnen:

>> [y1 , y2] = dsolve (' Dy1 = y1 / (2*y1 + 3*y2) , Dy2 = y2 / (2*y1 + 3*y2) ,

   y1(0) =1 , y2(0) = 2 ' , ' x ')

y1 =

1/8 * x + 1

y2 =

1/4 * x + 2

♦

9 Numerische Lösung gewöhnlicher Differential- gleichungen

9.1 Einführung

Numerische Lösungsmethoden (Näherungsmethoden) für Dgl stellen einen Forschungsschwerpunkt der Numerischen Mathematik dar und haben sich zu einem
umfangreichen und für Anwender schwer überschaubaren Gebiet entwickelt. Deshalb geben wir in den Kap.9–11 einen Einblick in grundlegende Prinzipien, um
Programmsysteme wie MATHCAD und MATLAB problemlos zur numerischen
Lösung gewöhnlicher Dgl einsetzen zu können:

- Da sich praktische Aufgaben für gewöhnliche Dgl meistens nicht exakt lösen
  lassen, ist man auf Methoden zur numerischen (näherungsweisen) Lösung angewiesen, wobei ihre Anwendung nur unter Verwendung von Computern effektiv zu realisieren ist.

- Eine große Hilfe liefern Programmsysteme wie MATHCAD und MATLAB
  (*Computeralgebra-* und *Mathematiksysteme*) und ODEPACK, IMSL und
  NAG (*Programmbibliotheken*), in denen Funktionen bzw. Programme zur nu-
  merischen Lösung gewöhnlicher Dgl enthalten sind.

- Dem Anwender wird empfohlen, eine vorliegende Dgl mit einem System wie
  MATHCAD oder MATLAB zu lösen. Wenn dies mißlingt, können Programme in einer vorhandenen Programmbibliothek gesucht werden. An das Erstellen eigener Computerprogramme sollten sich nur diejenigen heranwagen, die
  tiefere Kenntnisse bzgl. numerischer Methoden und einer Programmiersprache
  besitzen.

- Der Vorteil bei der Anwendung von MATHCAD und MATLAB zur numerischen Lösung gewöhnlicher Dgl liegt darin, daß in beiden Systemen Funktionen vordefiniert sind, die bewährte numerische Methoden anwenden.
  Der Anwender braucht deshalb für eine erfolgreiche Anwendung von MATH-
  CAD und MATLAB nicht tiefer in die Problematik numerischer Methoden
  einzudringen. Es genügt ein Einblick in Grundprinzipien und Anwendbarkeit
  numerischer Methoden, um beide Systeme effektiv zur Lösung gewöhnlicher
  Dgl einsetzen zu können. Diesen Einblick geben wir in den Kap.10 und 11.

Erste Hinweise zu grundlegenden Prinzipien numerischer (näherungsweiser) Lösung von Dgl findet man im Abschn. 3.5.2. Hier vorgestellte Lösungsprinzipien

sind sowohl bei gewöhnlichen als auch partiellen Dgl (siehe Kap.16) anwendbar. Bei gewöhnlichen Dgl kommt noch ein weiteres Prinzip hinzu, das die numerische Lösung von Randwert- auf Anfangswertaufgaben zurückführt und bei Schießmethoden angewandt wird.

♦

Zählen wir wesentliche Klassen numerischer Lösungsmethoden für gewöhnliche Dgl auf, die im Kap.10 und 11 erläutert werden:

I. *Diskretisierungsmethoden:*

Die *Grundidee* der *Diskretisierung* besteht darin, zu lösende Dgl im Lösungsintervall [a,b] nur in endlich vielen Werten der unabhängigen Variablen x zu betrachten, die als *Gitterpunkte* und deren Abstände als *Schrittweiten* bezeichnet werden. Häufig verwendet man gleichabständige Gitterpunkte, d.h. konstante Schrittweite. Auf Diskretisierung beruhende numerische Methoden bezeichnet man als *Diskretisierungsmethoden*, die wir ausführlicher im Abschn. 10.2 und 11.3 betrachten. Sie ersetzen

- das kontinuierliche (stetige) Lösungsintervall der Dgl durch die diskrete (endliche) Menge der Gitterpunkte, die als *Gitter* bezeichnet wird.

- das stetige Dgl-Modell durch ein diskretes Ersatzmodell und nähern Dgl durch Differenzengleichungen an. Dabei wird ein Diskretisierungsfehler begangen, der von der Schrittweite abhängt (siehe [15]).

Diskretisierungsmethoden finden sowohl bei der Lösung von Anfangswert- als auch Randwertaufgaben Anwendung und werden im Abschn. 10.2 und 11.3 näher beschrieben. Sie liefern als Näherung für die Lösungsfunktion keinen analytischen Ausdruck, sondern nur Funktionswerte in endlich vielen vorgegebenen Gitterpunkten.

Differenzenmethoden (siehe Abschn. 11.3.2) bilden einen Hauptvertreter von Diskretisierungsmethoden. Sie werden vor allem zur numerischen Lösung von Randwertaufgaben eingesetzt. Ihre Bezeichnung kommt von der Vorgehensweise, in der Dgl auftretende Ableitungen (Differentialquotienten) in den Gitterpunkten näherungsweise durch Differenzenquotienten zu ersetzen.

II. *Projektionsmethoden (Ansatzmethoden):*

Die *Grundidee* von *Projektionsmethoden* (*Ansatzmethoden*) besteht darin, Näherungen $y_m(x)$ für Lösungsfunktionen $y(x)$ von Dgl durch eine endliche Linearkombination (*Lösungsansatz*)

$$y_m(x) = c_1 \cdot u_1(x) + c_2 \cdot u_2(x) + ... + c_m \cdot u_m(x) = \sum_{i=1}^{m} c_i \cdot u_i(x)$$

frei wählbarer Koeffizienten (Parameter) c_i und vorgegebener Funktionen $u_i(x)$ zu konstruieren, die als *Ansatz-* oder *Basisfunktionen* bezeichnet und i.allg. als linear unabhängig gewählt werden:

- Im Gegensatz zu Diskretisierungsmethoden liefern Projektionsmethoden als Näherung für Lösungsfunktionen einen analytischen Ausdruck.

- Bekannter sind Projektionsmethoden unter der Bezeichnung konkreter Vertreter wie Kollokations-, Galerkin-, Ritz- oder Finite-Elemente-Methoden, die sich dadurch unterscheiden, wie im Lösungsansatz enthaltene frei wählbare Koeffizienten c_i berechnet und welche Ansatzfunktionen verwendet werden.

Ausführlicher betrachten wir Projektionsmethoden bei der Lösung von Randwertaufgaben im Abschn. 11.4.

III. *Schießmethoden:*

Die *Grundidee* von *Schießmethoden* besteht bei gewöhnlichen Dgl darin, die numerische Lösung von Randwertaufgaben auf die numerische Lösung einer Folge von Anfangswertaufgaben zurückzuführen, da diese einfacher zu lösen sind (siehe Abschn. 11.2).

Numerische Methoden aus Klasse I. und II. überführen die Lösung von Dgl näherungsweise in endlichdimensionale Ersatzaufgaben, wobei sie sich nur in der Vorgehensweise bei der Konstruktion der Ersatzaufgaben unterscheiden.
Deshalb könnte man beide auch als eine gemeinsame große Klasse numerischer Methoden auffassen.

◆

Stellen wir Fakten zur numerischen Lösung gewöhnlicher Dgl zusammen:

- Bevor man eine numerische Methode anwendet, sollte sicher sein, daß die vorliegende Dgl eine Lösung besitzt.
- Numerische Methoden können keine allgemeinen Lösungen von Dgl bestimmen, sondern nur Anfangs- bzw. Randwertaufgaben näherungsweise lösen, wobei sich die Methoden für beide Aufgaben unterscheiden, wie im Kap.10 und 11 illustriert wird.
- Numerische Methoden sind nur mittels Computer effektiv anwendbar. Hierfür benötigt man Computerprogramme, die entweder selbst zu erstellen oder aus vorhandenen Programmsystemen zu entnehmen sind.
- Anwendern ist nicht zu empfehlen, selbst Computerprogramme für numerische Methoden zu schreiben, wenn keine tieferen Kenntnisse in numerischer Lösung von Dgl und Erstellung effektiver Computerprogramme mittels einer Programmiersprache vorliegen.
- Einfach gestaltet sich der Einsatz numerischer Lösungsmethoden unter Anwendung von Computeralgebra- und Mathematiksystemen, in denen derartige Methoden vordefiniert sind. Dies wird im Rahmen des Buches am Beispiel von MATHCAD und MATLAB illustriert.
- Es existiert eine große für Anwender schwer überschaubare Anzahl numerischer Methoden zur Lösung von Anfangs- und Randwertaufgaben für gewöhnliche Dgl. Deshalb geben wir im folgenden einen Einblick in Grundprinzipien

und stellen Standardmethoden vor, die in MATHCAD und MATLAB zur Anwendung kommen, d.h. vordefiniert sind. Damit sind Anwender in der Lage, beide Systeme problemlos zur numerischen Lösung gewöhnlicher Dgl einzusetzen.

- Von der Numerischen Mathematik ist nicht zu erwarten, daß Kriterien für die optimale Auswahl einer numerischen Methode geliefert werden, um vorliegende gewöhnliche Dgl effektiv lösen zu können. Man findet nur allgemeine Aussagen für gewisse Klassen von Methoden und vergleichende numerische Tests zur Anwendung einzelner numerischer Methoden.

  Deshalb empfehlen wir bei der Anwendung von Computeralgebra- und Mathematiksystemen wie MATHCAD und MATLAB, verschiedene in den Systemen enthaltene Numerikmethoden zur Lösung von Dgl heranzuziehen und die Ergebnisse zu vergleichen.

Die Ausführungen der folgenden Kap.10 und 11 dienen dazu, einen Einblick in Grundprinzipien numerischer Methoden zu geben, der ausreicht, gewöhnliche Dgl mittels MATHCAD, MATLAB und weiteren Programmsystemen numerisch (näherungsweise) lösen zu können.

Die gegebenen Hinweise ermöglichen auch den Einsatz anderer zur Verfügung stehender Mathematik- und Computeralgebrasysteme wie z.B. MATHEMATICA und MAPLE, da in diesen ähnliche Lösungsfunktionen vordefiniert sind.

Auf tiefergehende Fragen wie z.B. Herleitung der Methoden und Fehlerproblematik

- Rundungsfehler,

- lokale und globale Diskretisierungsfehler,

- Fehlerordnung,

- Konvergenzfragen (Konsistenz und Stabilität)

können wir im Rahmen des Buches nicht eingehen und verweisen auf die Literatur [12, 15, 24, 25, 30, 35]. Dies wird dadurch gerechtfertigt, daß sich Anwender in der Regel hierfür weniger interessieren, da sie auf die Fähigkeiten professioneller Programmsysteme wie z.B. MATHCAD und MATLAB vertrauen, die im gewissen Rahmen dem Anwender die Fehlerproblematik wie z.B. die Schrittweitensteuerung abnehmen und meistens brauchbare Ergebnisse liefern.

Es ist jedoch zu beachten, daß numerische Methoden für Dgl aufgrund ihrer Fehlerproblematik nicht immer akzeptable Näherungswerte liefern müssen, so daß man von Programmsystemen berechneten Ergebnissen nicht blindlings vertrauen kann.

♦

9.2 Lösung von Anfangs- und Randwertaufgaben

Numerische Methoden zur Lösung von Anfangs- und Randwertaufgaben für gewöhnliche Dgl unterscheiden sich:

- Um Anwendern einen Einblick in die umfangreiche Problematik numerischer Lösungsmethoden für *Anfangswertaufgaben* zu geben, stellen wir im Kap. 10 häufig angewandte Klassen dieser Methoden vor.

  Da sich Anfangswertaufgaben für Dgl höherer Ordnung immer auf Anfangswertaufgaben für Systeme von Dgl erster Ordnung zurückführen lassen (siehe Abschn. 7.1), werden numerische Methoden meistens nur für Systeme von Dgl erster Ordnung hergeleitet. Wir schließen uns dieser Vorgehensweise an und beschränken uns auf eine Dgl erster Ordnung, d.h. auf Anfangswertaufgaben der Form

  $$y'(x) = f(x,y(x)) \quad , \quad y(x_0) = y_0$$

  Die hierfür angegebenen Methoden lassen sich problemlos auf Systeme erster Ordnung übertragen, die in vektorieller Schreibweise

  $$\mathbf{y}'(x) = \mathbf{f}(x,\mathbf{y}(x)) \quad , \quad \mathbf{y}(x_0) = \mathbf{y}^0$$

  mit Vektorfunktionen $\mathbf{y}(x)$ und $\mathbf{f}(x,\mathbf{y}(x))$ bzw. dem Vektor $\mathbf{y}^0$ der Anfangsbedingungen die gleiche Form besitzen (siehe Kap.8). Die meisten der in MATHCAD und MATLAB vordefinierten Numerikfunktionen benötigen zu lösende Dgl ebenfalls als Systeme erster Ordnung.

- Um Anwendern einen Einblick in die umfangreiche Problematik numerischer Lösungsmethoden für *Randwertaufgaben* zu geben, stellen wir im Kap.11 häufig angewandte Klassen dieser Methoden vor.

  Randwertaufgaben sind numerisch schwieriger zu lösen als Anfangswertaufgaben. In einigen Fällen lassen sich Randwertaufgaben auf Anfangswertaufgaben zurückführen, wie im Beisp. 6.7 illustriert wird. Falls diese Vorgehensweise möglich ist, sollte man sie anwenden.

  Es gibt auch eine Klasse von Methoden, die Randwertaufgaben auf der Basis von Anfangswertaufgaben numerisch löst. Diese Methoden werden als *Schießmethoden* bezeichnet und im Abschn. 11.2 vorgestellt.

9.3 Anwendung von MATHCAD und MATLAB

MATHCAD und MATLAB sind bei der numerischen Lösung gewöhnlicher Dgl sehr effektiv, wie im Kap.10 und 11 illustriert wird:

- Zur numerischen Lösung von Anfangswertaufgaben sind in MATHCAD und MATLAB eine Reihe von Funktionen vordefiniert, die wir im Abschn. 10.4 und 10.5 vorstellen.
- Randwertaufgaben können MATHCAD und MATLAB ebenfalls numerisch lösen, wie im Abschn. 11.5 bzw. 11.6 zu sehen ist.

9.4 Anwendung weiterer Programmsysteme

In Computeralgebrasystemen wie MAPLE und MATHEMATICA sind auch Funktionen zur numerischen Lösung gewöhnlicher Dgl vordefiniert. Sie bieten aber nicht so umfangreiche Möglichkeiten wie MATHCAD und MATLAB.

Obwohl MATHCAD und MATLAB zahlreiche praktische Aufgabenstellungen für gewöhnliche Dgl lösen, kann es für gewisse Fälle erforderlich werden, weitere Programmpakete (Programmbibliotheken) heranzuziehen:

- In der bekannten NAG-Bibliothek gibt es zahlreiche (über 60) Programme zur numerischen Lösung gewöhnlicher Dgl.

- Als weitere große Programmbibliothek bietet IMSL Programme zur numerischen Lösung gewöhnlicher Dgl.

- Das Programmpaket ODEPACK liefert ebenfalls Programme zur numerischen Lösung gewöhnlicher Dgl.

Ausführlichere Informationen über diese Pakete und Bibliotheken erhält man aus dem Internet, indem man den entsprechenden Namen in eine Suchmaschine (z.B. Google) eingibt (siehe auch Kap.17).

10 Numerische Lösung von Anfangswertaufgaben gewöhnlicher Differentialgleichungen

10.1 Einführung

Da sich Anfangswertaufgaben für Dgl beliebiger Ordnung immer auf Anfangswertaufgaben für Dgl-Systeme erster Ordnung zurückführen lassen (siehe Abschn. 7.1), werden numerische Methoden hauptsächlich für Dgl-Systeme erster Ordnung aufgestellt. Eine Reihe der in MATHCAD und MATLAB vordefinierten Numerikfunktionen lösen ebenfalls nur Dgl-Systeme erster Ordnung.

Wir schließen uns dieser Vorgehensweise an und beschränken uns bei der Vorstellung numerischer Methoden im Abschn. 10.2 und 10.3 auf Anfangswertaufgaben für Dgl erster Ordnung

$$y'(x) = f(x, y(x))$$

mit dem Lösungsintervall [a,b] und der Anfangsbedingung

$$y(x_0) = y_0 \qquad\qquad (\; y_0 \; - \; \text{gegebener Anfangswert} \;)$$

Die hierfür betrachteten numerischen Methoden lassen sich problemlos auf Anfangswertaufgaben für Dgl-Systeme erster Ordnung übertragen, die in vektorieller Schreibweise (siehe Abschn. 8.1 und 8.2)

$$\mathbf{y}'(x) = \mathbf{f}(x, \mathbf{y}(x)) \quad , \quad \mathbf{y}(x_0) = \mathbf{y}^0$$

mit den Vektorfunktionen $\mathbf{y}(x)$, $\mathbf{f}(x, \mathbf{y}(x))$ bzw. dem Vektor $\mathbf{y}^0$ der Anfangswerte die gleiche Form besitzen.

Häufig sind Anfangsbedingungen am Anfangspunkt a des Lösungsintervalls [a,b] vorgegeben, d.h. $x_0 = a$. In diesem Fall schreiben wir sie in der Form

$$y(a) = y_a \qquad\qquad \text{bzw.} \qquad\qquad \mathbf{y}(a) = \mathbf{y}^a = \begin{pmatrix} y_1^a \\ y_2^a \\ \vdots \\ y_n^a \end{pmatrix}$$

Im folgenden stellen wir Diskretisierungsmethoden als wichtigste Klasse numerischer Lösungsmethoden für Anfangswertaufgaben vor und beschreiben in MATHCAD und MATLAB hierfür vordefinierte Numerikfunktionen.

Unter numerischen Methoden zur Lösung von Anfangswertaufgaben gibt es keine optimalen. Jede Methode hat Vor- und Nachteile. In der Literatur findet man nur vergleichende Tests zwischen einzelnen Methoden.

♦

10.2 Diskretisierungsmethoden

10.2.1 Einführung

Ein Grundprinzip numerischer Methoden zur Lösung von Anfangswertaufgaben

$$y'(x) = f(x,y(x)) \quad , \quad y(x_0) = y_0$$

besteht darin, Näherungswerte für die Lösungsfunktion $y(x)$ nur in einer endlichen Anzahl von x-Werten (*Gitterpunkten*) des Lösungsintervalls [a,b] zu berechnen. Die Abstände der Gitterpunkte bezeichnet man dabei als *Schrittweiten*. Oft verwendet man gleichabständige Gitterpunkte, d.h. konstante Schrittweiten.

Man spricht bei dieser Vorgehensweise von Diskretisierung und nennt derartige Methoden *Diskretisierungsmethoden*. Diese nähern Dgl durch Differenzengleichungen an und lassen sich folgendermaßen charakterisieren:

- Bei Diskretisierungsmethoden für Anfangswertaufgaben geht man vom bekannten (vorgegebenen) Anfangswert

  $$y(x_0) = y_0$$

  der Lösungsfunktion $y(x)$ aus und konstruiert mit vorgegebenen Schrittweiten h_k näherungsweise weitere Lösungsfunktionswerte

  $$y_{k+1} \approx y(x_{k+1}) \qquad\qquad (k = 0, 1, 2, \dots)$$

  in den Gitterpunkten $\qquad\qquad x_{k+1} = x_k + h_k$

  wobei für konstante Schrittweiten $h_k = h$ gilt: $\quad x_{k+1} = x_0 + (k+1) \cdot h$

  Bei dieser Vorgehensweise wird ein *Diskretisierungsfehler* begangen, der von den gewählten Schrittweiten abhängt (siehe [15]).

- Je nach Vorgehensweise bei der Berechnung unterscheidet man bei Diskretisierungsmethoden zwischen *Einschritt-, Mehrschritt-* und *Extrapolationsmethoden*, die wir in folgenden Abschn.10.2.2–10.2.4 kurz vorstellen.

- Bei Einschritt- und Mehrschrittmethoden unterscheidet man zwischen *expliziten* und *impliziten Methoden*, die dadurch charakterisiert sind, daß bei expliziten im Unterschied zu impliziten die zu berechnenden Werte nur auf der linken Seite der Rekursionsgleichung (Differenzengleichung) auftreten.

Da tiefergehende Fragen wie z.B. Herleitung der Methoden, Fehlerproblematik (Rundungs-, lokale und globale Diskretisierungsfehler, Schrittweitensteuerung) und Konvergenzfragen (Konsistenz und Stabilität) den Anwender weniger interessieren, gehen wir hierauf nicht ein und verweisen auf die Literatur. Dies wird dadurch gerechtfertigt, daß professionelle Programmsysteme dem Anwender diese schwierigen Fragen abnehmen. So besitzen MATHCAD und MATLAB bei Runge-Kutta-Methoden eine automatische Schrittweitensteuerung.

◆

10.2.2 Einschrittmethoden

Einschrittmethoden zur numerischen Lösung von Anfangswertaufgaben gewöhnlicher Dgl erster Ordnung

$$y'(x) = f(x,y(x)) \quad , \quad y(x_0) = y_0$$

sind dadurch charakterisiert, daß sie ausgehend vom gegebenen Anfangswert

$$y(x_0) = y_0$$

im Gitterpunkt x_0 für die Lösungsfunktion $y(x)$ weitere Näherungswerte

$$y_{k+1} \approx y(x_{k+1}) = y(x_k + h_k) \qquad\qquad (k = 0,1,2,...)$$

in Gitterpunkten x_{k+1} des Lösungsintervalls berechnen, wobei Schrittweiten h_k vorgegeben werden.

Dabei wird zur Berechnung von y_{k+1} jeweils nur der vorangehende Näherungswert y_k herangezogen, d.h., die *Berechnungsvorschrift* (Rekursion)

$$y_{k+1} = y_k + \Psi(x_k,y_k,h_k)$$

verwendet, die offensichtlich die Form einer Differenzengleichung (siehe Kap.2) mit Anfangswert (Startwert) y_0 besitzt. Die in der Berechnungsvorschrift auftretende Funktion Ψ bezeichnet man als *Verfahrensfunktion:*

* Sie kann nicht willkürlich gewählt werden, sondern muß im Zusammenhang mit der zu lösenden Dgl

  $$y'(x) = f(x,y(x))$$

  stehen.

* Sie bestimmt Einschrittmethoden, d.h., je nach Wahl von Ψ erhält man eine konkrete Methode.

Es gibt zahlreiche Einschrittmethoden, so daß wir im folgenden nur zwei klassische vorstellen, um die Vorgehensweise zu illustrieren:

* *Euler-Cauchy-Methode* (*Polygonzugmethode*)

  Sie ist eine einfache, schon seit langem bekannte Methode und besitzt die Berechnungsvorschrift (Rekursion):

  $$y_{k+1} = y_k + h_k \cdot f(x_k,y_k)$$

  d.h., die *Verfahrensfunktion* hat die Gestalt $\Psi(x_k,y_k,h_k) = h_k \cdot f(x_k,y_k)$.

  Man sieht unmittelbar, daß die zu lösende Dgl durch eine Differenzengleichung (siehe Kap.2) ersetzt wird. Diese Methode ergibt sich beispielsweise, indem man die Dgl in Gitterpunkten x_k betrachtet, d.h.

  $$y'(x_k) = f(x_k,y(x_k))$$

und die erste Ableitung (Differentialquotient) näherungsweise durch einen *Differenzenquotienten* wie z.B.

$$y'(x_k) \approx \frac{y_{k+1} - y_k}{h_k} \text{ ersetzt, so daß } \frac{y_{k+1} - y_k}{h_k} = f(x_k, y_k) \text{ folgt.}$$

Wir begegnen dieser Vorgehensweise auch bei Differenzenmethoden zur Lösung von Randwertaufgaben (siehe Abschn.11.3.2).

Weiterhin läßt sich die Euler-Cauchy-Methode *geometrisch deuten:*

Man legt durch einen Punkt (x_k, y_k) der xy-Ebene eine Gerade mit dem durch die Dgl bestimmten Anstieg und nähert die Lösungsfunktion y(x) in der Umgebung des Punktes durch das Geradenstück

$$y(x) \approx y_k + (x - x_k) \cdot y'(x_k) = y_k + (x - x_k) \cdot f(x_k, y_k)$$

an. Geht man auf dieser Geraden bis zu $x = x_{k+1}$, so ergibt sich ebenfalls die Euler-Cauchy-Berechnungsvorschrift für den nächsten Näherungswert

$$y_{k+1} = y_k + (x_{k+1} - x_k) \cdot f(x_k, y_k) = y_k + h_k \cdot f(x_k, y_k)$$

Da man bei dieser Vorgehensweise die Lösungsfunktion aus Geradenstücken zusammensetzt, d.h. durch ein Polygon annähert, ist für die Euler-Cauchy-Methode auch die Bezeichnung *Polygonzugmethode* gebräuchlich.

Diese Methode ist aus einer Reihe von Gründen (z.B. Genauigkeit) in ihrer praktischen Anwendbarkeit eingeschränkt, eignet sich aber gut zur Darstellung der Vorgehensweise bei Einschrittmethoden.

Wir empfehlen dem Leser, für diese einfache Methode mittels MATHCAD und MATLAB ein Programm zu erstellen.

• *Runge-Kutta-Methoden*

Da die Euler-Cauchy-Methode eine ziemlich grobe Näherungsmethode ist und eine ungünstige Fehlerfortpflanzung hat, haben Runge und Kutta um 1900 eine verbesserte Methode mit höherer Genauigkeit aufgestellt, die bisher zahlreiche Verbesserungen erfahren hat (siehe [12]). Die klassische von Runge und Kutta gegebene Methode besitzt folgende Berechnungsvorschrift (Rekursion):

$$y_{k+1} = y_k + h_k \cdot \left(\frac{1}{6} \cdot k_1 + \frac{1}{3} \cdot k_2 + \frac{1}{3} \cdot k_3 + \frac{1}{6} \cdot k_4 \right)$$

mit

$$k_1 = f(x_k, y_k)$$

$$k_2 = f(x_k + h_k/2, y_k + h_k \cdot k_1/2)$$

$$k_3 = f(x_k + h_k/2, y_k + h_k \cdot k_2/2)$$

$$k_4 = f(x_k + h_k, y_k + h_k \cdot k_3)$$

Die Gestalt der zugehörigen Verfahrensfunktion ist unmittelbar aus der Berechnungsvorschrift ersichtlich.

Man sieht, daß die Idee von Runge-Kutta-Methoden darin besteht, Informationen mehrerer Schritte der Euler-Cauchy-Methode zu kombinieren.

Bei Runge-Kutta-Methoden sind im Unterschied zur Euler-Cauchy-Methode pro Schritt mehrere Funktionswertberechnungen notwendig, d.h., sie sind aufwendiger, erzielen dafür aber bessere Näherungen.

Die zwei vorgestellten Methoden zählen zu *expliziten Einschrittmethoden*, die dadurch charakterisiert sind, daß der zu berechnende Funktionswert nur auf der linken Seite der Berechnungsvorschrift steht, so daß er sich ohne Schwierigkeiten bestimmen läßt. Beide lassen sich auch als *implizite Einschrittmethoden* formulieren (siehe [12,17,30]).

10.2.3 Mehrschrittmethoden

Während bei Einschrittmethoden zur Berechnung von Näherungsfunktionswerten nur der vorangehende Funktionswert verwendet wird, sind es bei Mehrschrittmethoden mehrere, d.h., zur Berechnung des Näherungswertes

$$y_{k+1} \approx y(x_{k+1})$$

für die Lösungsfunktion $y(x)$ werden mehrere vorangehende Näherungswerte

$$y_k, y_{k-1}, \ldots, y_{k-s+1}, y_{k-s}$$

der Lösungsfunktion verwendet. Damit gehen mehr Informationen über den näherungsweisen Gesamtverlauf der Lösungsfunktion ein.

Da nur der Anfangswert y_0 bekannt ist, benötigt man weitere Startwerte, um eine Mehrschrittmethode beginnen zu können. Hierfür existieren spezielle Startmethoden, die z.B. Einschrittmethoden heranziehen. Man bezeichnet die Berechnung von Startwerten als *Anlaufrechnung*.

Bekannte Vertreter von Mehrschrittmethoden sind Adams-, Nyström-, Milne-Simpson-, BDF- und NDF-Methoden (siehe [12,23]).

BDF-Methoden stehen für Rückwärtsdifferentiationsmethoden (englisch: backward differentiation formulas) und basieren auf einer ähnlichen Idee wie Adams-Methoden. NDF-Methoden (englisch: numerical differentiation formulas) ergeben sich als Modifikationen von BDF-Methoden. Beide sind zur Lösung steifer Dgl (siehe Abschn.10.3) geeignet und werden von MATLAB angewandt (siehe Abschn. 10.5).

Da implizite Mehrschrittmethoden die Auflösung nichtlinearer Gleichungen erfordern, für die Iterationsmethoden herangezogen werden, besteht eine Technik darin, mit einer expliziten Mehrschrittmethode (Prädiktor) eine erste Näherung zu berechnen und diese anschließend mit einer impliziten Mehrschrittmethode (Korrektor) zu verbessern (korrigieren). Man spricht bei dieser Vorgehensweise von *Prädiktor-Korrektor-Methoden* (siehe [12]).

♦

Wir können nicht näher auf die Problematik von Mehrschrittmethoden eingehen und verweisen auf die Literatur.

10.2.4 Extrapolationsmethoden

Extrapolationsmethoden werden zu Konvergenzbeschleunigungen herangezogen. Ihr Prinzip besteht darin, Näherungswerte für verschiedene Schrittweiten h mit einer Einschritt- oder Mehrschrittmethode zu berechnen und diese mittels Extrapolation für h=0 analog zur Rombergmethode der numerischen Integration zu verbessern. Derartige Methoden finden auch bei Randwertaufgaben Anwendung.

Wir können nicht näher auf diese Problematik eingehen und verweisen auf die Literatur (siehe [12,23,30]).

10.3 Methoden für steife Differentialgleichungen

Die bisher behandelten Ein- und Mehrschrittmethoden (siehe Abschn.10.2.2 und 10.2.3) liefern nicht für alle Dgl befriedigende Ergebnisse. Es gibt praktisch auftretende Dgl, bei denen sie versagen, wie z.B. bei sogenannten steifen Dgl.

Steife Dgl kommen u.a. bei der Modellierung elektrischer Netzwerke, biologischer und chemischer Reaktionen und in der Regelungstechnik vor.

Die Bezeichnung steif (englisch: stiff) geht auf eine spezielle Klasse von Dgl der Regelungstechnik zurück. Der Begriff steife Dgl wird in der Literatur nicht einheitlich gehandhabt, da das Problem der Steifheit sehr vielschichtig ist. Wir können nicht tiefer in diese Problematik eindringen, sondern geben für den Anwender ausreichende charakteristische Merkmale:

- Die allgemeine Lösung steifer Dgl setzt sich aus Lösungsfunktionen mit stark unterschiedlichem Wachstumsverhalten zusammen.

- Es gibt sowohl langsam als auch schnell veränderliche Lösungsfunktionen, wobei mindestens eine schnell fallende auftritt.

Illustrieren wir die Problematik steifer Dgl im folgenden Beisp.10.1.

Beispiel 10.1:

a) Ein typisches Beispiel für die Steifheit liefert die lineare Dgl

$$y''(x) - 100 \cdot y(x) = 0$$

zweiter Ordnung mit konstanten Koeffizienten, deren allgemeine Lösung sich einfach berechnen läßt (siehe Abschn.7.3.2) und die Form

$$y(x) = C_1 \cdot e^{10 \cdot x} + C_2 \cdot e^{-10 \cdot x}$$

mit den unabhängigen Lösungsfunktionen

$$y_1(x) = e^{10 \cdot x} \quad , \quad y_2(x) = e^{-10 \cdot x} \qquad \text{(Fundamentalsystem der Dgl)}$$

besitzt, wobei beide Lösungsfunktionen offensichtlich stark unterschiedliches Wachstumsverhalten haben (stark monoton wachsend bzw. fallend).

Für die Anfangsbedingungen $y(0) = 2$, $y'(0) = -20$ ergibt sich die Lösung

$$y(x) = 2 \cdot e^{-10 \cdot x}$$

die nur von einer Lösungsfunktion gebildet wird.

Da bei numerischer Lösung Rundungsfehler auftreten, können auch Anteile der anderen Lösungsfunktionen einfließen, so daß die Lösung verfälscht wird.

b) Eine in der Literatur betrachtete Aufgabe für steife Dgl

$$y'(x) = -10 \cdot (y(x) - \arctan x) + \frac{1}{1+x^2}$$

mit der Anfangsbedingung $y(0) = 1$ zeigt, daß steife Dgl bereits bei Dgl erster Ordnung auftreten können. Die Lösung

$$y(x) = e^{-10 \cdot x} + \arctan x$$

setzt sich aus einer stark fallenden e-Funktion und einer wachsenden Funktion arctan zusammen.

♦

Es läßt sich beweisen, daß zur Lösung steifer Dgl geeignete numerische Methoden implizit sein müssen, wie z.B. BDF- und NDF-Methoden (siehe Abschn.10.2.3). Die Umkehrung gilt leider nicht, da nicht alle impliziten Methoden (z.B. implizite Adams-Methoden) zur Lösung steifer Dgl anwendbar sind.
Da einer zu lösenden Dgl nicht immer anzusehen ist, ob sie steif ist, sollten die in MATHCAD und MATLAB vordefinierten Funktionen zur Lösung steifer Dgl bei jeder zu lösenden Dgl mit herangezogen und die Ergebnisse verglichen werden.

♦

10.4 Anwendung von MATHCAD

In MATHCAD lassen sich Anfangswertaufgaben für gewöhnliche Dgl n-ter Ordnung und gewöhnliche Dgl-Systeme erster Ordnung numerisch lösen, wofür folgende *Numerikfunktionen* vordefiniert sind:

*   **rkfixed** (y, a, b, Punkte, D)   (deutsch: **rkfest** (y, a, b, Punkte, D))

    ist auf Anfangswertaufgaben für gewöhnliche Dgl-Systeme erster Ordnung

    $$y'(x) = f(x,y(x)) \quad , \quad y(a) = y^a = \begin{pmatrix} y_1^a \\ y_2^a \\ \vdots \\ y_n^a \end{pmatrix}$$

    mit dem Lösungsintervall [a,b] anwendbar und setzt eine Methode von Runge-Kutta vierter Ordnung ein, wobei die *Argumente* folgende Bedeutung haben:

    *   y

        bezeichnet den Vektor der Anfangswerte y^a am Anfangspunkt x = a des Lösungsintervalls, dem diese als Spaltenvektor in der Form

$$y := \begin{pmatrix} y_1^a \\ y_2^a \\ \vdots \\ y_n^a \end{pmatrix}$$

zuzuweisen sind.

* a , b
  sind Anfangs- bzw. Endpunkt des Lösungsintervalls [a,b] der x-Achse, wobei in a die Anfangswerte

  $$y(a) = y^a$$

  des gesuchten Lösungsvektors $y(x)$ vorliegen.

* Punkte
  bezeichnet die Anzahl m gleichabständiger x-Werte (Gitterpunkte) im Lösungsintervall [a,b], in denen **rkfixed** Näherungswerte für den Lösungsvektor $y(x)$ berechnen soll.

* D
  Der Vektor $D(x,y)$ bezeichnet den Vektor der rechten Seiten des Dgl-Systems, dem diese als Spaltenvektor in der Form

  $$D(x,y) := \begin{pmatrix} f_1(x,y_1,\ldots,y_n) \\ f_2(x,y_1,\ldots,y_n) \\ \vdots \\ f_n(x,y_1,\ldots,y_n) \end{pmatrix}$$

  zuzuweisen sind.

rkfixed liefert mittels der Eingabe

U := rkfixed (y , a , b , Punkte , D)

in das Arbeitsfenster als Ergebnis eine Matrix (*Ergebnismatrix*) **U** mit n+1 Spalten und m+1 Zeilen. In dieser Matrix stehen in

* der ersten Spalte die Gitterpunkte (x-Werte), deren Anzahl m durch das Argument Punkte bestimmt wird. Damit besitzt die Ergebnismatrix m+1 Zeilen, da der Anfangspunkt a ebenfalls angezeigt wird.

* den restlichen n Spalten die für die Gitterpunkte der ersten Spalte berechneten Näherungswerte der einzelnen Lösungsfunktionen

  $$y_1(x), y_2(x), \ldots, y_n(x)$$

Am einfachsten läßt sich die Numerikfunktion **rkfixed** auf e i n e Dgl erster Ordnung (d.h. n=1)

$$y'(x) = f(x,y(x)) \qquad \text{mit der Anfangsbedingung} \qquad y(a) = y_a$$

anwenden, die hierfür eine Ergebnismatrix mit zwei Spalten liefert. Darin stehen in der

* ersten Spalte die vorgegebenen Gitterpunkte (x-Werte),

* zweiten Spalte die für die Gitterpunkte der ersten Spalte von MATHCAD berechneten Näherungswerte der Lösungsfunktion y(x).

Wenn man nur eine Dgl und damit auch nur eine Anfangsbedingung hat, so muß in MATHCAD diese Anfangsbedingung einem Vektor **y** mit einer Komponente zugewiesen werden. Die genaue Vorgehensweise ist aus folgendem Beisp.10.2 ersichtlich.

◆

* **odesolve** (x , b , Punkte)   (deutsch: **gdglösen** (x , b , Punkte))

Diese Funktion ist auf beliebige Dgl und Dgl-Systeme mit Anfangs- und Randbedingungen anwendbar, wobei b (>a) und Punkte die gleiche Bedeutung wie bei **rkfixed** besitzen. Der Anfangspunkt a des Lösungsintervalls [a,b] ist nicht als Argument erforderlich. Er folgt aus den eingegebenen Anfangsbedingungen.

Als Standard verwendet **odesolve** bei Anfangswertaufgaben Runge-Kutta-Methoden mit fester Schrittweite. Durch Klicken mit der rechten Maustaste auf **odesolve** erscheint eine Dialogbox, in der man bei Anfangswertaufgaben zwischen Methoden mit fester (*Fixed*) oder adaptiver (*Adaptive*) Schrittweite bzw. für steife Dgl (*Stiff*) auswählen kann.

Die Anwendung von **odesolve** vollzieht sich in einem *Lösungsblock* analog zur Lösung von Gleichungen in folgenden Schritten:

I. Zuerst gibt man

   given   (deutsch: **Vorgabe**)

   in das Arbeitsblatt von MATHCAD ein. Dabei ist zu beachten, daß dies im Rechenmodus geschehen muß.

II. Anschließend sind darunter zu lösende Dgl mit Anfangs- und Randbedingungen einzutragen. Dabei muß das Gleichheitszeichen in den einzelnen Gleichungen unter Verwendung des Gleichheitsoperators

   aus der Symbolleiste "Boolesche Operatoren" oder der Tastenkombination [Strg] [+] eingegeben werden. Die Ableitungen in der Dgl können mittels der Differentiationsoperatoren

   aus der Symbolleiste "Differential/Integral" oder mittels Strichnotation
   y'(x), y''(x), y'''(x), ...

eingegeben werden, wobei Striche mittels Tastenkombination $\boxed{\text{Strg}}$ $\boxed{\text{F7}}$
zu erzeugen sind. Die Ableitungen in Anfangs- und Randbedingungen kön-
nen nur mittels Strich eingegeben werden.

III. Abschließend ist unter den zu lösenden Dgl mit Anfangs- und Randbedingungen die vordefinierte Funktion **odesolve** in der Form

   y := odesolve (x , b , Punkte)

   im Rechenmodus einzugeben, wobei Punkte weggelassen werden kann,
   wenn MATHCAD diese selbst wählen soll. Der durch **given** und **odesolve**
   im Arbeitsblatt von MATHCAD begrenzte Bereich wird als *Lösungsblock*
   bezeichnet. Wie **odesolve** auf Systeme von Dgl anzuwenden ist, illustrieren
   wir im Beisp.10.2b2.

Die Eingabe von **odesolve** in der obigen Form liefert kein unmittelbares Ergebnis. Erst wenn man die zugewiesene Bezeichnung y der Lösungsfunktion
mit einem konkreten x-Wert aus dem Lösungsintervall als Argument mit dem
numerischen Gleichheitszeichen eingibt, wird der berechnete Näherungswert
y(x) angezeigt, wie im Beisp.10.2 illustriert wird.

Die Numerikfunktion **odesolve** ist einfacher zu handhaben als **rkfixed**. Außerdem
ist sie auf beliebige Dgl mit Anfangs- und Randbedingungen anwendbar.

♦

Illustrieren wir die Anwendung der beiden in MATHCAD vordefinierten Numerikfunktionen **odesolve** und **rkfixed** im folgenden Beisp.10.2.

Beispiel 10.2:

a) Die Lösung der linearen inhomogenen Dgl erster Ordnung

   $y'(x) = -2 x \cdot y(x) + 4 \cdot x$ mit der Anfangsbedingung $y(0) = 3$

   läßt sich z.B. mit der Lösungsformel aus Abschn.5.3.1 exakt berechnen und
   lautet

   $$y(x) = 2 + e^{-x^2}$$

   Eine numerische Lösung (Näherungslösung) im Lösungsintervall [0,2] kann
   mittels MATHCAD folgendermaßen berechnet werden:

   a1) Anwendung von **rkfixed**:
      Im Lösungsintervall [0,2] werden z.B. 10 Gitterpunkte (x-Werte) festgelegt
      und die Indizierung der auftretenden Vektoren und Matrizen wird mit 0 be-
      gonnen, d.h.:

      ORIGIN := 0 $y_0 := 3$ $D(x,y) := -2 \cdot x \cdot y + 4 \cdot x$

      U := rkfixed (y , 0 , 2 , 10 , D)

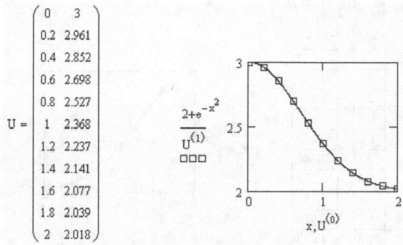

$$U = \begin{pmatrix} 0 & 3 \\ 0.2 & 2.961 \\ 0.4 & 2.852 \\ 0.6 & 2.698 \\ 0.8 & 2.527 \\ 1 & 2.368 \\ 1.2 & 2.237 \\ 1.4 & 2.141 \\ 1.6 & 2.077 \\ 1.8 & 2.039 \\ 2 & 2.018 \end{pmatrix}$$

Die von MATHCAD berechnete Ergebnismatrix **U** enthält in der ersten Spalte die vorgegebenen Gitterpunkte (x-Werte) und in der zweiten Spalte die zugehörigen Werte der Lösungsfunktion y(x), die MATHCAD näherungsweise berechnet hat.

Da wir die Indizierung mit 0 beginnen, befinden sich in der Ergebnismatrix **U** die Gitterpunkte (x-Werte) in Spalte 0 und die dafür berechneten Näherungswerte der Lösungsfunktion y(x) in Spalte 1.

Die grafische Darstellung der in den Gitterpunkten numerisch berechneten Lösungsfunktionswerte läßt eine gute Übereinstimmung mit der exakten Lösungsfunktion y(x) erkennen.

a2) Anwendung von **odesolve**:

given

$$y'(x) = -2 \cdot x \cdot y(x) 4 \cdot x \qquad y(0) = 3$$

y := odesolve (x , 2 , 10)

Bei Eingabe der Lösungsfunktion y mit einem konkreten x-Wert aus dem Lösungsintervall, zeigt MATHCAD den berechneten Näherungswert im Arbeitsfenster an, wie z.B.:

y(1.6) = 2.077

Indem man x als Bereichsvariable definiert, kann man sich die berechneten Ergebnisse wie im Beisp.a1 anzeigen lassen und sieht die Übereinstimmung bei der Anwendung von **rkfixed** und **odesolve**:

$x := 0, 0.2..2$

$x =$ $y(x) =$

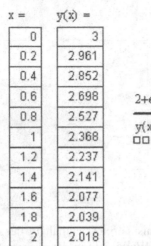

x	y(x)
0	3
0.2	2.961
0.4	2.852
0.6	2.698
0.8	2.527
1	2.368
1.2	2.237
1.4	2.141
1.6	2.077
1.8	2.039
2	2.018

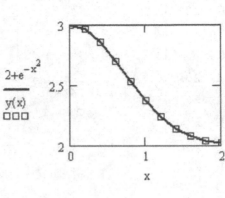

Die grafische Darstellung der in den Gitterpunkten numerisch berechneten Lösungsfunktionswerte läßt ebenso wie im Beisp.a1 eine gute Übereinstimmung mit der exakten Lösungsfunktion y(x) erkennen.

b) Das Dgl-System erster Ordnung

$$y_1'(x) = \frac{y_1(x)}{2 \cdot y_1(x) + 3 \cdot y_2(x)} \qquad y_2'(x) = \frac{y_2(x)}{2 \cdot y_1(x) + 3 \cdot y_2(x)}$$

mit den Anfangsbedingungen $y_1(0) = 1, \quad y_2(0) = 2$

aus Beisp.8.5b besitzt die exakte Lösung $y_1(x) = \dfrac{x}{8} + 1, \quad y_2(x) = \dfrac{x}{4} + 2$

Die numerische Lösung mittels MATHCAD gestaltet sich z.B. für das Lösungsintervall [0,2] mit 10 Gitterpunkten folgendermaßen:

b1)Anwendung von **rkfixed:**

ORIGIN:=1

$$y := \begin{pmatrix} 1 \\ 2 \end{pmatrix} \qquad D(x,y) := \begin{pmatrix} \dfrac{y_1}{2 \cdot y_1 + 3 \cdot y_2} \\ \dfrac{y_2}{2 \cdot y_1 + 3 \cdot y_2} \end{pmatrix}$$

$U := \text{rkfixed}(y, 0, 2, 10, D)$

$$U = \begin{pmatrix} 0 & 1 & 2 \\ 0.2 & 1.025 & 2.05 \\ 0.4 & 1.05 & 2.1 \\ 0.6 & 1.075 & 2.15 \\ 0.8 & 1.1 & 2.2 \\ 1 & 1.125 & 2.25 \\ 1.2 & 1.15 & 2.3 \\ 1.4 & 1.175 & 2.35 \\ 1.6 & 1.2 & 2.4 \\ 1.8 & 1.225 & 2.45 \\ 2 & 1.25 & 2.5 \end{pmatrix}$$

MATHCAD berechnet in der Ergebnismatrix U für die vorgegebenen Gitterpunkte (x-Werte) der ersten Spalte aus dem Lösungsintervall [0,2] in den Spalten 2 und 3 zugehörige Näherungswerte für die Lösungsfunktionen $y_1(x)$, $y_2(x)$

b2) Anwendung von **odesolve:**

given $y1(0) = 1$ $y2(0) = 2$

$$y1'(x) = \frac{y1(x)}{2 \cdot y1(x) + 3 \cdot y2(x)} \qquad y2'(x) = \frac{y2(x)}{2 \cdot y1(x) + 3 \cdot y2(x)}$$

$$\begin{pmatrix} y1 \\ y2 \end{pmatrix} := \text{odesolve}\left[\begin{pmatrix} y1 \\ y2 \end{pmatrix}, x, 2, 10 \right]$$

Die berechneten Näherungswerte für die Lösungsfunktionen sind die gleichen wie im Beisp.b1: $x := 0, 0.2 .. 2$

x	y1(x)	y2(x)
0	1	2
0.2	1.025	2.05
0.4	1.05	2.1
0.6	1.075	2.15
0.8	1.1	2.2
1	1.125	2.25
1.2	1.15	2.3
1.4	1.175	2.35
1.6	1.2	2.4
1.8	1.225	2.45
2	1.25	2.5

c) Lösen wir die Anfangswertaufgabe für die lineare Dgl zweiter Ordnung mit konstanten Koeffizienten

$$y''(x) - 2 \cdot y(x) = 0 \quad , \quad y(0) = 2 \quad , \quad y'(0) = 0$$

in MATHCAD numerisch mittels **rkfixed** und **odesolve**. Die exakte Lösung dieser Aufgabe lautet (siehe Abschn.7.3.2)

$$y(x) = e^{\sqrt{2}x} + e^{-\sqrt{2}x}$$

c1) Für die Anwendung von **rkfixed** muß die gegebene Aufgabe auf folgende Anfangswertaufgabe für Dgl-Systeme erster Ordnung zurückgeführt werden, wie im Abschn.7.1 gezeigt wird:

$$y_1'(x) = y_2(x) \quad , \quad y_1(0) = 2$$
$$y_2'(x) = 2 \cdot y_1(x) \quad , \quad y_2(0) = 0$$

Die Lösungsfunktion $y_1(x)$ dieses Dgl-Systems liefert die Lösungsfunktion $y(x)$ der betrachteten Dgl zweiter Ordnung.

Wir führen die Rechnung z.B. im Lösungsintervall [0,4] mit der Schrittweite 0.4 durch, indem wir für Punkte 10 einsetzen und zeichnen die exakt und numerisch berechnete Lösung in ein Koordinatensystem.

Die von **rkfixed** berechnete Ergebnismatrix **U** enthält in der ersten Spalte die vorgegebenen x-Werte aus dem Lösungsintervall und in der zweiten und dritten Spalte die berechneten Näherungswerte für $y_1(x)$ bzw. $y_2(x)$, da in diesem Beispiel die Indizierung mit 1 begonnen wird:

$$\text{ORIGIN} := 1 \quad y := \begin{pmatrix} 2 \\ 0 \end{pmatrix} \quad D(x,y) := \begin{pmatrix} y_2 \\ 2 \cdot y_1 \end{pmatrix} \quad U := \text{rkfixed}(y, 0, 4, 10, D)$$

$$U = \begin{pmatrix}
0 & 2 & 0 \\
0.4 & 2.329 & 1.685 \\
0.8 & 3.421 & 3.924 \\
1.2 & 5.637 & 7.452 \\
1.6 & 9.702 & 13.426 \\
2 & 16.953 & 23.807 \\
2.4 & 29.768 & 42.003 \\
2.8 & 52.355 & 73.987 \\
3.2 & 92.128 & 130.258 \\
3.6 & 162.144 & 229.289 \\
4 & 285.386 & 403.587
\end{pmatrix}$$

Die folgende grafische Darstellung läßt die gute Übereinstimmung der von MATHCAD berechneten Näherung mit der exakten Lösungsfunktion erkennen:

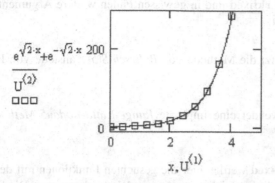

c2)Bei der Anwendung von **odesolve** braucht die gegebene Dgl nicht umge-
formt werden, sondern kann direkt eingegeben werden.

Man sieht, daß gleiche Näherungen wie im Beisp.c1 berechnet werden:

given

$$y''(x) - 2 \cdot y(x) = 0 \quad y(0) = 2 \quad y'(0) = 0 \quad y := \text{odesolve } (x, 4, 10)$$

$$x := 0, 0.4 .. 4$$

$$x = \qquad y(x) =$$

x	y(x)
0	2
0.4	2.329
0.8	3.421
1.2	5.637
1.6	9.702
2	16.953
2.4	29.768
2.8	52.355
3.2	92.128
3.6	162.144
4	285.386

♦

Neben universellen Numerikfunktionen **odesolve** zur Lösung beliebiger gewöhnlicher Dgl mit Anfangs- oder Randbedingungen und **rkfixed** zur Lösung von Anfangswertaufgaben für Dgl-Systeme erster Ordnung sind in MATHCAD weitere
Funktionen zur numerischen Lösung von Anfangswertaufgaben für Dgl-Systeme
erster Ordnung vordefiniert. Diese Numerikfunktionen erweisen sich bei der Anwendung auf spezielle Typen wie z.B. *steife Dgl* als vorteilhaft. Sie verwenden die

gleichen Argumente wie **rkfixed** und in gewissen Fällen weitere Argumente, wie im folgenden zu sehen ist:

- **Bulstoer**
  Diese Funktion benutzt die Methode von *Bulirsch-Stoer* anstelle von Runge-Kutta-Methoden.

- **Radau**
  Diese Funktion verwendet eine implizite *Runge-Kutta-Radau5-Methode* zur Lösung *steifer Dg*l.

- **Rkadapt**
  Im Gegensatz zu **rkfixed** werden hier die gesuchten Funktionen mit der *Runge-Kutta-Methode* nicht in gleichabständigen x-Werten berechnet. Die Schrittweite in der Funktionswertberechnung wird in Abhängigkeit von der Funktionsänderung gewählt. Das Ergebnis wird allerdings in gleichabständigen x-Werten ausgegeben.

- **Stiffb** und **Stiffr**   (deutsch: **Steifb** und **Steifr**)
  Diese Funktionen verwenden die Methode von *Bulirsch-Stoer* bzw. *Rosenbrock* zur Lösung *steifer Dgl*. In diesen Funktionen muß als zusätzliches Argument an letzter Stelle die Matrixbezeichnung **J** eingegeben werden, wobei

  J (x , y)

  im Arbeitsfenster eine Matrix vom Typ (n, n +1) zuzuweisen ist, die als

  * erste Spalte $\dfrac{\partial \mathbf{D}}{\partial x}$

  * restliche n Spalten $\dfrac{\partial \mathbf{D}}{\partial y_k}$ (k = 1, 2, ... , n)

  enthält und **D** den Vektor der rechten Seiten des Dgl-Systems bezeichnet.

- Wenn nur der Wert der Lösungsfunktion am Endpunkt b des Lösungsintervalls interessiert, kann man die Funktionen mit kleinem Anfangsbuchstaben **bulstoer**, **radau**, **rkadapt**, **stiffb** und **stiffr** heranziehen, die bis auf die Argumente mit denen mit Großbuchstaben identisch sind:

  * **bulstoer** (y , a , b , Gen , D , Punktemax , Min)

  * **radau** (y , a , b , Gen , D , Punktemax , Min)

  * **rkadapt** (y , a , b , Gen , D , Punktemax , Min)

  * **stiffb** (y , a , b , Gen , D , J , Punktemax , Min)

  * **stiffr** (y , a , b , Gen , D , J , Punktemax , Min)

Die zusätzlichen Argumente besitzen folgende Bedeutung:
* Gen
  steuert die Genauigkeit der Lösung durch Veränderung der Schrittweite. Es wird hierfür der Wert 0.001 vorgeschlagen.

* Punktemax
  gibt die maximale Anzahl von Punkten im Lösungsintervall [a,b] an, in denen Näherungswerte berechnet werden.

* Min
  bestimmt den minimalen Abstand von Gitterpunkten (x-Werten), in denen Näherungswerte berechnet werden.

Einen ausführlichen Überblick mit verwendeten Methoden und Beispielen über die vordefinierten Funktionen zur numerischen Lösung von Anfangswertaufgaben gewöhnlicher Dgl erhält man aus der Hilfe von MATHCAD, wenn man den Suchbegriff *Differentialgleichungen* (englisch: *Differential Equations*) eingibt.
♦

Illustrieren wir im folgenden Beisp.10.3 die Anwendung der in MATHCAD vordefinierten Numerikfunktionen bei der Lösung einer steifen Dgl.

Beispiel 10.3:
Betrachten wir die *steife Dgl*

$$y'(x) = -10 \cdot (y(x) - \arctan x) \ + \ \frac{1}{1+x^2}$$

mit der Anfangsbedingung $y(0) = 1$ aus Beisp.10.1b, die die exakte Lösung

$$y(x) = e^{-10 \cdot x} + \arctan x$$

besitzt.
Zur numerischen Lösung im Intervall [0,5] mit 20 Gitterpunkten wenden wir die vordefinierten Numerikfunktionen von MATHCAD an und vergleichen die Ergebnisse mit der exakten Lösung, indem wir beide grafisch darstellen:

a) Anwendung von **rkfixed:**   ORIGIN:=0

$$y_0 := 1 \qquad D(x,y) := -10 \cdot (y - a\tan(x)) + \frac{1}{1+x^2}$$

$$U := \text{rkfixed}(y,0,5,20,D)$$

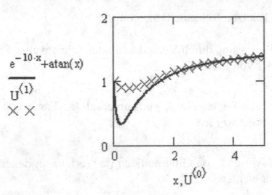

Man sieht, daß **rkfixed** für diese steife Dgl kein befriedigendes Ergebnis liefert.

b) Nach den Zuweisungen   ORIGIN:=0

$$y_0 := 1 \qquad D(x,y) := -10 \cdot (y - a\tan(x)) + \frac{1}{1 + x^2}$$

$$J(x,y) := \left[\frac{10}{1 + x^2} - 2 \cdot \frac{x}{\left(1 + x^2\right)^2} - 10 \right]$$

liefert die Anwendung von

- **Bulstoer**

  $U := \mathrm{Bulstoer}(y, 0, 5, 20, D)$

- **Radau**

  $U := \mathrm{Radau}(y, 0, 5, 20, D)$

- **Rkadapt**

  $U := \mathrm{Rkadapt}(y, 0, 5, 20, D)$

- **Stiffb**

  $U := \mathrm{Stiffb}(y, 0, 5, 20, D, J)$

- **Stiffr**

  $U := \mathrm{Stiffr}(y, 0, 5, 20, D, J)$

befriedigende Ergebnisse, wie die folgende grafische Darstellung zeigt:

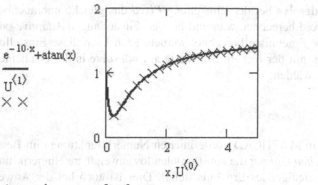

c) Anwendung von **odesolve**

given

$$y'(x) = -10 \cdot (y(x) - \text{atan}(x)) + \frac{1}{1+x^2} \qquad y(0) = 1$$

$y := \text{odesolve} \, (\, x \, , 5 \, , 20 \,)$ \qquad\qquad $x := 0 \, , 0.25 \, .. \, 5$

liefert bei der Einstellung:

*   *Fixed* (deutsch: fest):

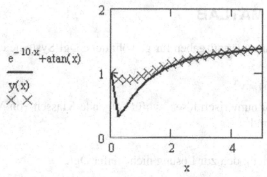

*   *Adaptive* oder *Stiff* (deutsch: Adaptiv oder Steif):

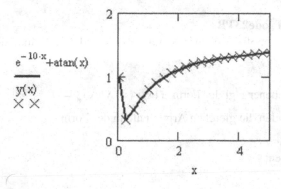

Man sieht, daß **odesolve** bei der Einstellung *Fixed* das gleiche unbrauchbare Resultat wie **rkfixed** berechnet, während bei den Einstellungen *Adaptive* oder *Stiff* befriedigende Ergebnisse berechnet werden. Man kann diese Einstellungen durch Klicken mit der rechten Maustaste auf **odesolve** in der erscheinenden Dialogbox auswählen.

♦

Die Anwendung der in MATHCAD vordefinierten Numerikfunktionen im Beisp. 10.3 zeigt, daß bei *steifen Dgl* nur die sonst problemlos anwendbare Numerikfunktion **rkfixed** kein befriedigendes Ergebnis liefert. Dies ist auch bei der Anwendung der Numerikfunktion **odesolve** zu sehen, die bei der Einstellung *Fixed* das gleiche unbefriedigende Resultat wie **rkfixed** liefert, während sie bei den Einstellungen *Adaptive* oder *Stiff* akzeptable Ergebnisse liefert.

Da man im voraus nicht alle Eigenschaften einer zu lösenden Dgl kennt, sollte man sie in MATHCAD mit mehreren der vordefinierten Numerikfunktionen lösen, vor allem mit Numerikfunktionen zur Lösung steifer Dgl.

♦

10.5 Anwendung von MATLAB

In MATLAB lassen sich Anfangswertaufgaben für gewöhnliche Dgl-Systeme erster Ordnung

$$\mathbf{y}'(x) = \mathbf{f}(x, \mathbf{y}(x)) \quad , \quad \mathbf{y}(a) = \mathbf{y}^a$$

mit dem Lösungsintervall [a,b] numerisch lösen, wofür folgende Klassen von *Numerikfunktionen* vordefiniert sind:

1. **ode23**, **ode45**
    verwenden Runge-Kutta-Methoden zur Lösung nichtsteifer Dgl.

2. **ode113**
    verwendet Adams-Bashford-Moulton-Prediktor-Korrektor-Methoden zur Lösung nichtsteifer Dgl.

3. **ode15S**, **ode23S**, **ode23T**, **ode23TB**
    verwenden Rosenbrock-, implizite Runge-Kutta-, BDF- und NDF-Methoden zur Lösung steifer Dgl.

4. **ode15i**
    zur Lösung implizit gegebener Dgl der Form $\mathbf{f}(x, \mathbf{y}(x), \mathbf{y}'(x)) = 0$.

Die Klassen 1. bis 3. verwenden die gleichen Argumente in der Form

(@ f , [a b] , AB)

die folgende Bedeutung haben:

- f

  die rechte Seite des zu lösenden Dgl-Systems als Spaltenvektor, wobei diese als Funktionsdatei (M-Datei) f.m in der Form

  function dydx = f(x,y)

  dydx = [.....;.....;.......;.......;] ;

  mit einem Editor (z.B. MATLAB-Editor – >> edit) zu schreiben und auf Festplatte oder Diskette zu speichern ist. Der Speicherort (Pfad) dieser Datei muß MATLAB mittels des Kommandos **cd** mitgeteilt bzw. in der Symbolleiste als aktuelles Verzeichnis bei *Current Directory* eingestellt werden.

  ☞

  Der Name f der Funktionsdatei im Argument der Numerikfunktionen ist mit vorangestelltem @-Zeichen als @f zu schreiben.

  ◆

- [a b]

  das vorgegebene Lösungsintervall.

- AB

  die gegebenen Anfangsbedingungen als Spaltenvektor.

Auf die Funktion **ode15i** der Klasse 4. gehen wir nicht weiter ein und verweisen auf die Hilfe von MATLAB.

Die Numerikfunktion der Klassen 1. bis 3 von MATLAB

- sind in das Arbeitfenster in der Form

  >> [x , y] = ode... (@f , [a b] , AB)

  einzugeben (siehe Beisp.10.4a1).

- können als weitere Argumente Optionen und Parameter p1, p2, ... enthalten, so daß sie allgemein folgendermaßen einzugeben sind:

  >> [x , y] = ode... (@f , [a b] , AB , OPTIONEN, p1, p2, ...)

  Treten Parameter aber keine Optionen auf, so ist folgendes einzugeben:

  >> [x , y] = ode... (@f , [a b] , AB , [ ] , p1, p2, ...)

  Damit kann MATLAB auch Aufgaben lösen, die Parameter in der Dgl enthalten (siehe Beisp.10.4a2).

Nachdem MATLAB die Berechnung ausgeführt hat, findet man in den Spalten der Matrix **y** die berechneten Näherungswerte für die Lösungsfunktionen in den von MATLAB verwendeten Gitterpunkten (x-Werten), die im Vektor **x** angezeigt werden. Möchte man den Näherungswert in anderen x-Werten haben, so ist die vordefinierte Funktion **deval** anzuwenden, wie im Beisp.10.4 illustriert wird.

Einen ausführlichen Überblick mit verwendeten Methoden und Beispielen über die vordefinierten Funktionen zur numerischen Lösung von Anfangswertaufgaben gewöhnlicher Dgl erhält man aus der Hilfe von MATLAB, wenn man den Suchbegriff *Differential Equations* eingibt und danach in dem erscheinenden Fenster *Initial Value Problems for ODEs and DAEs* anklickt. Für Informationen zu einzelnen vordefinierten Funktionen kann man auch das Kommando **help** und den Funktionsnamen in das Arbeitsfenster von MATLAB eingeben wie z.B.

\>> help ode23

Da man im voraus nicht alle Eigenschaften einer zu lösenden Dgl kennt, sollte man sie in MATLAB mit mehreren der vordefinierten Numerikfunktionen lösen und die Ergebnisse vergleichen. Dies betrifft vor allem steife Dgl.

♦

Illustrieren wir die Anwendung vordefinierter Numerikfunktionen von MATLAB im folgenden Beisp.10.4.

Beispiel 10.4:

a)   Lösen wir die Anfangswertaufgabe aus Beisp.10.2c:

$$y''(x) - 2 \cdot y(x) = 0 \quad , \quad y(0) = 2 \quad , \quad y'(0) = 0$$

Für die Anwendung von MATLAB muß die gegebene Aufgabe auf folgende Anfangswertaufgabe für Dgl-Systeme erster Ordnung zurückgeführt werden:

$$y_1'(x) = y_2(x) \quad , \quad y_1(0) = 2$$
$$y_2'(x) = 2 \cdot y_1(x) \quad , \quad y_2(0) = 0$$

a1) Das Dgl-System wird von MATLAB im Lösungsintervall [0,2] mittels **ode23** durch folgende Eingabe numerisch gelöst:

\>> [x , y] = ode23 (@f , [0 2] , [2 ; 0])

wobei f die rechten Seiten des Systems als Spaltenvektor enthält und als Funktionsdatei (M-Datei) f.m in der Form

function dydx = f(x,y)
dydx = [y(2) ; 2* y(1)] ;

mit einem Editor zu schreiben und auf Festplatte oder Diskette zu speichern ist. Der Speicherort (Pfad) dieser Datei z.B. A:\ muß MATLAB mittels des Kommandos **cd** mitgeteilt bzw. in der Symbolleiste als aktuelles Verzeichnis bei *Current Directory* eingestellt werden.
Nach der Rechnung von MATLAB findet man die berechneten Funktionswerte für die Lösungsfunktionen $y_1(x)$ und $y_2(x)$ in der 1. bzw. 2. Spalte der Matrix **y** für diejenigen Gitterpunkte (x-Werte), die MATLAB im Vektor **x** anzeigt:

x=	y=	
0	2.0000	0
0.0000	2.0000	0.0001
0.0001	2.0000	0.0005
0.0006	2.0000	0.0025
0.0031	2.0000	0.0125
0.0156	2.0005	0.0625
0.0733	2.0108	0.2937
0.1699	2.0580	0.6860
0.2973	2.1792	1.2243
0.4492	2.4169	1.9198
0.6200	2.8187	2.8097
0.8046	3.4392	3.9578
0.9985	4.3454	5.4568
1.1982	5.6233	7.4336
1.3982	7.3548	10.0103
1.5982	9.6777	13.3918
1.7982	12.7789	17.8502
2.0000	16.9497	23.8037

Benötigt man Näherungswerte für die Lösungsfunktionen $y_1(x)$ und $y_2(x)$ für x-Werte, die keine von MATLAB verwendeten Gitterpunkte sind, so ist **ode23** folgendermaßen in das Arbeitsfenster einzugeben:

```
>> y = ode23 ( @f , [ 0  2 ] , [ 2 ; 0 ] ) ;
```

Anschließend können Näherungswerte der beiden Lösungsfunktionen $y_1(x)$ und $y_2(x)$ für konkrete x-Werte wie z.B. für x=1.5 mittels der vordefinierten Funktion **deval** folgendermaßen berechnet werden:

```
>> deval( y , 1.5 )
```

ans =

8.4522

11.6148

Möchte man z.B. Näherungswerte der beiden Lösungsfunktionen für die x-Werte 0, 0.4, 0.8, 1.2, 1.6, 2.0 mittels MATLAB berechnen, um sie mit den von MATHCAD im Beisp.10.2c berechneten Näherungswerten vergleichen zu können, so ist folgendes in das Arbeitsfenster einzugeben:

```
>> x = linspace ( 0 , 2 , 6 )
```

x =

     0   0.4000   0.8000   1.2000   1.6000   2.0000

```
>> deval ( y , x )
```

ans =

   2.0000   2.3283   3.4211   5.6365   9.7015 16.9497

       0   1.6865   3.9262   7.4536 13.4262 23.8037

a2) Lösen wir das betrachtete Dgl-System allgemeiner mit einem *Parameter* p

$$y_1'(x) = y_2(x) \quad , \quad y_1(0)=2$$
$$y_2'(x) = p \cdot y_1(x) \quad , \quad y_2(0)=0$$

Hierfür ist die Funktionsdatei f.m in der Form

function dydx = f (x , y , p)
dydx = [y(2) ; p * y(1)] ;

zu schreiben und **ode23** folgendermaßen aufzurufen, wenn man das Dgl-System z.B. für den Parameterwert p=2 berechnen möchte:

>> [x , y] = ode23 (@f , [0 2] , [2 ; 0] , [] , 2)

b) Lösen wir die *steife Dgl*

$$y'(x) = -10\,(y(x) - \arctan x) + \frac{1}{1+x^2} \quad , \quad y(0) = 1$$

aus Beisp.10.1b und 10.3 mittels der vordefinierten Funktion **ode15s** für das Lösungsintervall [0,5]:

>> [x , y] = ode15s (@f , [0 5] , [1])

Die grafische Darstellung der berechneten Funktionswerte mittels der Grafikfunktion **plot** in der Form

>> plot (x , y)

zeigt die Übereinstimmung mit dem von MATHCAD im Beisp.10.3 berechneten Ergebnis:

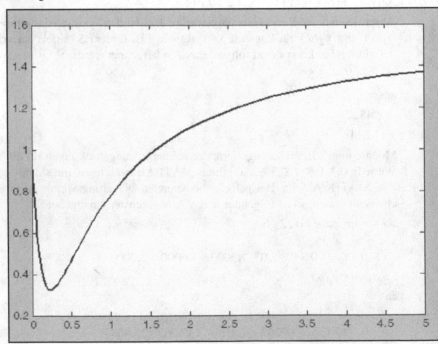

◆

11 Numerische Lösung von Randwertaufgaben gewöhnlicher Differentialgleichungen

11.1 Einführung

Randwertaufgaben sind numerisch (näherungsweise) schwieriger zu lösen als Anfangswertaufgaben. In einigen Fällen lassen sich Randwertaufgaben auf Anfangswertaufgaben zurückführen, wie im Beisp. 6.7 illustriert wird. Falls diese Vorgehensweise möglich ist, sollte man sie anwenden.

Des weiteren gibt es eine Klasse numerischer Methoden, die Randwertaufgaben auf der Basis von Anfangswertaufgaben löst. Sie werden als *Schießmethoden* bezeichnet und im Abschn. 11.2 vorgestellt.

Um dem Anwender einen Einblick in die umfangreiche Problematik numerischer Lösungsmethoden für Randwertaufgaben zu geben, skizzieren wir im Abschn. 11.3 und 11.4 weitere häufig angewandte Klassen von Methoden.

Abschließend stellen wir im Abschn. 11.5 und 11.6 Möglichkeiten von MATHCAD und MATLAB zur Lösung von Randwertaufgaben vor. In beiden Systemen sind Numerikfunktionen vordefiniert, die nur auf Dgl-Systeme erster Ordnung anwendbar sind, so daß man eine Randwertaufgabe für Dgl n-ter Ordnung eventuell auf eine Randwertaufgabe für Dgl-Systeme erster Ordnung zurückführen muß (siehe Abschn. 8.3).

Unter numerischen Methoden zur Lösung von Randwertaufgaben gibt es keine optimalen. Jede Methode hat Vor- und Nachteile. In der Literatur findet man nur vergleichende Tests zwischen einzelnen Methoden.

♦

11.2 Schießmethoden

Die Idee von *Schießmethoden* (englisch: shooting methods) besteht darin, die numerische Lösung einer Randwertaufgabe auf die numerische Lösung einer Folge von Anfangswertaufgaben im gleichen Lösungsintervall zurückzuführen, da Anfangswertaufgaben numerisch einfacher zu handhaben sind (siehe [12, 15, 23, 24, 30]). Dabei wird folgende Vorgehensweise angewandt:

- Man ersetzt fehlende Anfangsbedingungen der Randwertaufgabe durch Parameter s, ... und erhält eine Anfangswertaufgabe.

- Die Lösungsfunktion der erhaltenen Anfangswertaufgabe hängt von den eingeführten Parametern s, ... ab, d.h. y = y(x,s, ...)

- Die Parameter s, ... sind abschließend so zu bestimmen, daß vorliegende Randbedingungen erfüllt werden. Dies führt auf Nullstellenbestimmungen, die numerisch z.B. mittels Newtonmethoden durchführbar sind.

Die beschriebene Vorgehensweise wird als *Einfach-Schießmethode* bezeichnet. Sie besitzt bei einer Reihe von Randwertaufgaben Schwächen (z.B. Instabilitäten), die eine numerische Anwendung scheitern lassen können. Dies ist z.B. der Fall, wenn die Lösungsfunktion y(x,s, ...) der erhaltenen Anfangswertaufgabe stark von kleinen Änderungen der Parameter s, ... abhängt oder das Lösungsintervall [a,b] sehr groß ist. Deshalb wurden sogenannte *Mehrfach-Schießmethoden* (englisch: multiple shooting methods) entwickelt, die das Lösungsintervall in mehrere Teilintervalle aufteilen und bessere Eigenschaften besitzen, aber auch nicht problemlos anwendbar sind (siehe [17, 23, 24, 30, 33]).

♦

Im folgenden Beisp. 11.1 illustrieren wir die Problematik der Schießmethoden an einer einfachen Randwertaufgabe.

Beispiel 11.1:

Zur Lösung der linearen *Randwertaufgabe* mit konstanten Koeffizienten

$$y''(x) - 2 \cdot y'(x) + y(x) = 0 \qquad y(0) = 1 \; , \; y(1) = 0$$

mit dem Lösungsintervall [0,1] wird bei Anwendung einer *Einfach-Schießmethode* durch Einführung eines frei wählbaren Parameters s eine Folge von *Anfangswertaufgaben*

$$y''(x) - 2 \cdot y'(x) + y(x) = 0 \qquad y(0) = 1 \; , \; y'(0) = s$$

für verschiedene Werte des Parameters s gelöst. Das Ziel besteht darin, den Parameter s so zu bestimmen, daß die Lösung der Anfangswertaufgabe die gegebene Randbedingung y(1) = 0 erfüllt.

Die Lösungsfunktion y(x,s) der erhaltenen Anfangswertaufgabe hängt von s ab, wie die exakte Lösung zeigt:

$$y(x,s) = (1 + (s-1) \cdot x) \cdot e^x$$

Damit ergibt sich eine Aufgabe der Nullstellenbestimmung für die Funktion

$$F(s) = y(1,s) - y(1) = y(1,s) = s \cdot e = 0$$

um die gegebene Randbedingung y(1) = 0 zu erfüllen. Für unser Beispiel ist offensichtlich s = 0 die gesuchte Nullstelle, so daß sich für die Randwertaufgabe folgende Lösungsfunktion ergibt:

$$y(x) = (1 - x) \cdot e^x$$

Für kompliziertere Dgl ist diese Nullstellenbestimmung nicht mehr exakt möglich. Schießmethoden führen diese Nullstellenbestimmung z.B. mittels Newtonmethoden numerisch (näherungsweise) durch:
Ausgehend von einem Startwert für s ist die Anfangswertaufgabe für mehrere Werte von s im Rahmen der Anwendung einer Newtonmethode numerisch zu lösen bis sich im Falle der Konvergenz der Newtonmethode eine hinreichend gute Näherungslösung der Randwertaufgabe ergibt (siehe [12, 24, 33]).

♦

11.3 Diskretisierungsmethoden

11.3.1 Einführung

Die *Grundidee* von *Diskretisierungsmethoden* für gewöhnliche Dgl besteht darin, zu lösende Dgl im Lösungsintervall [a,b] nur in endlich vielen (d.h. diskreten) Werten der unabhängigen Variablen x zu betrachten, die *Gitterpunkte* heißen und in ihrer Gesamtheit das sogenannte *Gitter* bilden. Die Abstände der Gitterpunkte werden als *Schrittweiten* bezeichnet. Häufig verwendet man gleichabständige Gitterpunkte, d.h. konstante Schrittweiten.
Diskretisierungsmethoden finden sowohl bei der numerischen Lösung von Anfangs- als auch Randwertaufgaben Anwendung. Konkrete Diskretisierungsmethoden unterscheiden sich dadurch, wie die Dgl in den Gitterpunkten angenähert wird. Für Anfangswertaufgaben lernen wir verschiedene Vorgehensweisen im Abschn. 10.2 kennen.
Für Randwertaufgaben bilden *Differenzenmethoden* einen wichtigen Vertreter von Diskretisierungsmethoden. Sie sind dadurch gekennzeichnet, daß sie in der Dgl vorkommende Ableitungen (Differentialquotienten) der Lösungsfunktionen in den Gitterpunkten durch Differenzenquotienten annähern. Diese Vorgehensweise wird im folgenden Abschn. 11.3.2 vorgestellt.

11.3.2 Differenzenmethoden

Differenzenmethoden werden häufig zur numerischen Lösung von Randwertaufgaben eingesetzt und liefern auch bei größeren Schrittweiten meistens einen für Anwender ausreichenden Überblick über die Lösungsfunktionen. Sie lassen sich folgendermaßen *charakterisieren:*

- Die *Grundidee* besteht darin, die in Dgl auftretenden Ableitungen (Differentialquotienten) in inneren Gitterpunkten durch Differenzenquotienten anzunähern. Treten in den Randbedingungen Ableitungen auf, so sind sie ebenfalls durch Differenzenquotienten zu ersetzen. Bei dieser Vorgehensweise wird ein *Diskretisierungsfehler* begangen, der von den gewählten Schrittweiten abhängt (siehe [15]).
- Dgl werden näherungsweise in Differenzengleichungen überführt, die sich durch Einsetzen der Randbedingungen als lineare Gleichungssysteme schrei-

ben lassen, falls die Dgl linear sind. Diese linearen Gleichungssysteme haben eine spezielle Struktur, so daß effektive Lösungsmethoden anwendbar sind. Bei nichtlinearen Dgl liefern Differenzenmethoden nichtlineare Gleichungssysteme, deren Lösung sich schwieriger gestaltet. Hier werden z.B. Newtonmethoden eingesetzt.

- Differenzenmethoden liefern als Näherung für Lösungsfunktionen y(x) keine analytischen Ausdrücke, sondern nur Funktionswerte in den Gitterpunkten.

Im folgenden Beisp. 11.2 illustrieren wir die Vorgehensweise bei Differenzenmethoden an einer einfachen Randwertaufgabe.

Beispiel 11.2:

Betrachten wir die lineare Dgl zweiter Ordnung aus Beisp. 11.1

$$y''(x) - 2 \cdot y'(x) + y(x) = 0$$

mit konstanten Koeffizienten, die folgende allgemeine Lösung besitzt:

$$y(x) = (C_1 + C_2 \cdot x) \cdot e^x$$

Für die Randbedingungen y(0) = 1 , y(1) = 0 lautet die zugehörige exakte Lösung

$$y(x) = (1 - x) \cdot e^x$$

Bei Anwendung von Differenzenmethoden betrachtet man die Dgl im Lösungsintervall [0,1] nur in vorgegebenen n inneren Gitterpunkten x_k , d.h.

$$y''(x_k) - 2 \cdot y'(x_k) + y(x_k) = 0 \qquad (k = 1, \dots, n)$$

während die Gitterpunkte x_0 und x_{n+1} den Anfangs- bzw. Endpunkt des Lösungsintervalls [0,1] bezeichnen, in denen Lösungsfunktionswerte $y_0 = 1$ bzw. $y_{n+1} = 0$ bekannt sind.

Die Ableitungen (Differentialquotienten) der Dgl werden in Gitterpunkten durch entsprechende Differenzenquotienten ersetzt, d.h., bei konstanter Schrittweite h und Verwendung zentraler Differenzenquotienten ergibt sich für Ableitungen erster und zweiter Ordnung in inneren Gitterpunkten x_k (k= 1 , ... , n):

$$y'(x_k) \approx \frac{y_{k+1} - y_{k-1}}{2 \cdot h} \quad \text{bzw.} \quad y''(x_k) \approx \frac{y_{k+1} - 2 \cdot y_k + y_{k-1}}{h^2}$$

Durch Einsetzen in die Dgl folgt als Näherung die *Differenzengleichung*

$$\frac{y_{k+1} - 2 \cdot y_k + y_{k-1}}{h^2} - 2 \cdot \frac{y_{k+1} - y_{k-1}}{2 \cdot h} + y_k = 0 \qquad (k = 1, \dots, n)$$

die sich folgendermaßen vereinfachen läßt:

$$(1-h) \cdot y_{k+1} - (2-h^2) \cdot y_k + (1+h) \cdot y_{k-1} = 0 \qquad (k = 1, \dots, n)$$

Bei Unterteilung des gegebenen Lösungsintervalls [0,1] z.B. in fünf gleichlange Teilintervalle (d.h. n=4) ergibt sich die Schrittweite h = 0.2 und es sind vier Näherungswerte in den inneren Gitterpunkten

$$y_k \approx y(x_0 + k \cdot h) = y(x_k) \qquad (k = 1, \dots, 4)$$

für die Lösungsfunktion y(x) zu berechnen, da die Lösungsfunktionswerte $y_0 = y(x_0) = 1$ und $y_5 = y(x_5) = 0$ durch die Randbedingungen in den Endpunkten $x_0 = 0$ und $x_5 = 1$ des Lösungsintervalls vorgegeben sind. Damit liefert die Differenzengleichung das lineare Gleichungssystem (mit h = 0.2)

$y_0 = 1$

$(1-h) \cdot y_2 - (2-h^2) \cdot y_1 + (1+h) \cdot y_0 = 0$

$(1-h) \cdot y_3 - (2-h^2) \cdot y_2 + (1+h) \cdot y_1 = 0$

$(1-h) \cdot y_4 - (2-h^2) \cdot y_3 + (1+h) \cdot y_2 = 0$

$(1-h) \cdot y_5 - (2-h^2) \cdot y_4 + (1+h) \cdot y_3 = 0$

$y_5 = 0$

mit sechs linearen Gleichungen für die sechs Lösungsfunktionswerte

$y_0, y_1, y_2, y_3, y_4, y_5$

Dieses so entstandene lineare Gleichungssystem könnte man mittels des bekannten Gaußschen Algorithmus lösen. Dem Anwender empfehlen wir zur Übung, die Lösung mit den in MATHCAD und MATLAB vordefinierten Funktionen zur Gleichungslösung zu berechnen. Im folgenden ist die Lösung mittels MATHCAD zu sehen:

MATHCAD

h := 0.2 given

$y_0 = 1$

$(1-h) \cdot y_2 - (2-h^2) \cdot y_1 + (1+h) \cdot y_0 = 0$

$(1-h) \cdot y_3 - (2-h^2) \cdot y_2 + (1+h) \cdot y_1 = 0$

$(1-h) \cdot y_4 - (2-h^2) \cdot y_3 + (1+h) \cdot y_2 = 0$

$(1-h) \cdot y_5 - (2-h^2) \cdot y_4 + (1+h) \cdot y_3 = 0$

$y_5 = 0$

$$\text{find } (y_0, y_1, y_2, y_3, y_4, y_5) \rightarrow \begin{pmatrix} 1. \\ .979184149093649 \\ .899001165279442 \\ .733776631294159 \\ .449250998751525 \\ 0 \end{pmatrix}$$

Zum Vergleich berechnen wir die exakten Lösungsfunktionswerte in den Gitterpunkten:

$x := 0, 0.2 .. 1$

$(1 - x) \cdot e^{x} =$

1
0.977122206528136
0.895094818584762
0.728847520156203
0.445108185698493
0

Man sieht, daß man bei verwendeter relativ großer Schrittweite h = 0.2 schon akzeptable Näherungswerte erhält.

♦

Im Beisp. 11.2 wird das bei der Anwendung von Differenzenmethoden entstandene lineare Gleichungssystem nur zu Übungszwecken mit dem Gaußschen Algorithmus gelöst. Da hier entstehende Gleichungssysteme eine spezielle Struktur (Bandstruktur) besitzen, gibt es effektivere Lösungsmethoden als den Gaußschen Algorithmus. Diese wirken sich natürlich erst bei einer großen Anzahl von Gitterpunkten aus.

Bei der Anwendung von Differenzenmethoden entstehen Fehler wie bei allen numerischen Methoden. Das sind einerseits Diskretisierungsfehler, die beim Ersetzen der Ableitungen durch Differenzenquotienten entstehen und von der gewählten Schrittweite h abhängen und andererseits Rundungsfehler, die bei der Lösung der entstandenen Gleichungssysteme mittels Computer entstehen. Die numerische Mathematik liefert hierfür umfangreiche Untersuchungen, für die wir auf die Literatur verweisen.

Bei der Anwendung professioneller Programmsysteme muß sich man sich über ihre Fehlerbehandlung informieren und beachten, daß aufgrund der Fehlerproblematik nicht immer brauchbare Näherungslösungen geliefert werden müssen.

♦

11.4 Projektionsmethoden

11.4.1 Einführung

Neben Schieß- und Differenzenmethoden (siehe Abschn. 11.2 und 11.3) möchten wir auf eine weitere wichtige Klasse numerischer Methoden hinweisen, die sowohl bei gewöhnlichen als auch partiellen Dgl Anwendung findet (siehe auch Abschn. 16.3).

Diese Klasse wird allgemein unter dem Namen *Projektionsmethoden* oder *Ansatzmethoden* geführt (siehe Abschn. 9.1). Bekannter sind allerdings Namen konkreter Vertreter von Projektionsmethoden wie Kollokations-, Galerkin-, Ritz- oder Finite

-Elemente-Methode. Die letzten drei Methoden werden auch unter dem Oberbegriff *Variationsmethoden* geführt, da sie auf numerischen Lösungen von Variationsgleichungen bzw. Variationsaufgaben beruhen, in die zu lösende Dgl überführt werden (siehe Abschn. 7.4.6).

Projektionsmethoden werden bei gewöhnlichen und partiellen Dgl hauptsächlich zur Lösung von Randwertaufgaben herangezogen und haben für gewisse Aufgabenstellungen bessere Approximationseigenschaften als Differenzenmethoden, die wir im Abschn. 11.3.2 und 16.2.2 vorstellen.

Geben wir eine kurze *Charakterisierung* von *Projektionsmethoden:*

- Das *Grundprinzip* besteht darin, Näherungslösungen $y_m(x)$ für Dgl zu bestimmen, die sich aus endlichen Linearkombinationen frei wählbarer Koeffizienten (Parameter) c_i und vorgegebener Funktionen (*Ansatzfunktionen/Basisfunktionen*) $u_i(x)$ zusammensetzen ($i = 1, 2, ..., m$), d.h., es wird folgender *Lösungsansatz* verwendet:

$$y_m(x) = c_1 \cdot u_1(x) + c_2 \cdot u_2(x) + ... + c_m \cdot u_m(x) = \sum_{i=1}^{m} c_i \cdot u_i(x)$$

- Da linear unabhängige Ansatzfunktionen gewählt werden, bilden sie einen m-dimensionalen Raum (*Ansatzraum*), der als Näherung für den Lösungsraum der Dgl dient. Es sind nur noch die frei wählbaren Koeffizienten c_i des Lösungsansatzes zu bestimmen.
  Der verwendete Ansatzraum enthält nur im Idealfall exakte Lösungen der Dgl. I.allg. lösen so bestimmte Funktionen $y_m(x)$ die Dgl nur näherungsweise.

- Ansatzfunktionen werden meistens so gewählt, daß sie vorliegende Randbedingungen der Dgl erfüllen. Man verwendet für sie Funktionen, die eine einfache Struktur besitzen, wie z.B. lineare Funktionen, Polynomfunktionen, trigonometrische Funktionen bzw. Splinefunktionen (siehe Beisp. 11.3).

- Es lassen sich verschiedene Forderungen an die frei wählbaren Koeffizienten c_i stellen, damit der Lösungsansatz $y_m(x)$ die Lösungsfunktion y(x) der gegebenen Dgl möglichst gut annähert (approximiert), d.h., der Fehler beim Einsetzen von $y_m(x)$ in die Dgl möglichst klein ist. Diese Forderungen an die Koeffizienten werden durch die Approximationsart bestimmt, die in konkreten Projektionsmethoden gewählt wird.

- Projektionsmethoden führen die Lösung von Dgl auf die Lösung von Gleichungssystemen zur Berechnung der Koeffizienten c_i zurück, die im Falle linearer Dgl linear sind.

- Im Gegensatz zu Diskretisierungsmethoden liefern Projektionsmethoden mit ihrem Lösungsansatz analytische Ausdrücke als Näherungen für Lösungsfunktionen. Konkrete Projektionsmethoden unterscheiden sich dadurch, wie im Lösungsansatz enthaltene frei wählbare Koeffizienten c_i berechnet und welche Ansatzfunktionen verwendet werden.

- Projektionsmethoden lassen sich effektiv zur numerischen Lösung von Randwertaufgaben einsetzen.

Da Diskretisierungsmethoden und Projektionsmethoden Dgl näherungsweise in endlichdimensionale Ersatzaufgaben überführen, könnte man beide Methoden auch als eine gemeinsame große Klasse numerischer Methoden auffassen. Sie unterscheiden sich nur in der Vorgehensweise bei der Konstruktion der Ersatzaufgaben.

♦

In den folgenden Abschn. 11.4.2 und 11.4.3 stellen wir Vorgehensweisen wichtiger konkreter *Projektionsmethoden* kurz vor, so daß grundlegende Prinzipien für den Anwender ersichtlich sind.

11.4.2 Kollokationsmethoden

Kollokationsmethoden sind dadurch charakterisiert, das man m Gitterpunkte (x-Werte) x_k (k = 1 , 2 , ... , m) aus dem Lösungsintervall [a,b] vorgibt und fordert, daß der Lösungsansatz

$$y_m(x) = \sum_{i=1}^{m} c_i \cdot u_i(x)$$

die Dgl in den Gitterpunkten erfüllt. Dies liefert ein Gleichungssystem zur Bestimmung der Koeffizienten c_i. Eine Illustration der Vorgehensweise findet man im Beisp. 11.3a.

11.4.3 Variationsmethoden: Galerkin-, Ritz- und Finite-Elemente-Methoden

Als Variationsmethoden werden Methoden bezeichnet, die auf numerischer Lösung mittels Projektionsmethoden von Variationsgleichungen bzw. Variationsaufgaben beruhen, in die zu lösende Dgl überführt werden.

Stellen wir typische Vertreter von *Variationsmethoden* vor, die bei der numerischen Lösung von Dgl Anwendung finden:

- *Methode von Galerkin*
  Hier wird die zu lösende Dgl in eine Variationsgleichung überführt (siehe Abschn. 7.4.6). Das Einsetzen des Lösungsansatzes aus Abschn. 11.4.1 in diese Variationsgleichung liefert ein Gleichungssystem zur Bestimmung der frei wählbaren Koeffizienten c_i. Eine Illustration der Vorgehensweise findet man im Beisp. 11.3b.

- *Methode von Ritz*
  Hier wird die zu lösende Dgl in eine Variationsaufgabe derart überführt, daß sich die Dgl als Optimalitätsbedingung der Variationsaufgabe ergibt (siehe Abschn. 7.4.6).

Das Einsetzen des Lösungsansatzes aus Abschn. 11.4.1 in die äquivalente Variationsaufgabe liefert eine Optimierungsaufgabe zur Bestimmung der frei wählbaren Koeffizienten c_i. Eine Illustration der Vorgehensweise findet man im Beisp. 11.3c.

Man kann zeigen, daß Ritz- und Galerkin-Methode unter gewissen Symmetrievoraussetzungen äquivalent sind. (siehe [27, 37, 49] und Beisp. 11.3b).

• *Methode der finiten Elemente/Finite-Elemente-Methode* (FEM)

Diese moderne Methode (siehe [21,51]) verwendet im Unterschied zu global über dem Lösungsintervall [a,b] definierten Ansatzfunktionen der klassischen Galerkin/Ritz-Methoden stückweise definierte Ansatzfunktionen, wofür z.B. Polynome (Splines) und im einfachsten Fall lineare Funktionen herangezogen werden:

* Indem man das Lösungsintervall in m disjunkte Teilintervalle zerlegt, kann man m Ansatzfunktionen (z.B. lineare Splines) konstruieren, die jeweils nur auf einem Teilintervall ungleich Null und sonst Null sind. Teilintervall und zugehörige Ansatzfunktion bezeichnet man als *finites Element*.

   Bei Ansatzfunktionen sind gewisse Übergangsbedingungen einzuhalten, die ihre Stetigkeit und Differenzierbarkeit über dem gesamten Lösungsintervall [a,b] gewährleisten.

* Bei linearen Ansatzfunktionen wird die Lösungsfunktion durch eine stückweise lineare Funktion angenähert (approximiert). Diese Vorgehensweise erweist sich bei der Lösung linearer Randwertaufgaben sehr effektiv, da hier entstehende lineare Gleichungssysteme (siehe Beisp. 11.3) numerisch stabil sind.

* Finite-Elemente-Methoden können als Galerkin-Methoden (Ritz-Methoden) für spezielle Ansatzräume interpretiert werden, die auch als Finite-Elemente-Räume bezeichnet werden.

* Finite-Elemente-Methoden spielen vor allem bei partiellen Dgl eine große Rolle (siehe Abschn. 16.3.3), während sie bei gewöhnlichen Dgl keinen großen Vorteil gegenüber Differenzenmethoden liefern.

Zur ausführlichen Behandlung der aufgezählten Methoden sind umfangreiche theoretische Fakten erforderlich, so daß wir im Rahmen des Buches nicht näher auf diese Methoden eingehen und auf die Literatur verweisen.

Im folgenden Beisp. 11.3 illustrieren wir die Problematik von Projektionsmethoden anhand einer einfachen linearen Randwertaufgabe.

Beispiel 11.3:

Illustrieren wir *Projektionsmethoden* an der Lösung der einfachen linearen Randwertaufgabe (Sturmsche Randwertaufgabe – siehe Abschn. 6.3.6 und Beisp. 7.10)

$$-y''(x) + b(x) \cdot y(x) = f(x) \qquad\qquad (\, b(x) \geq 0\,)$$

mit homogenen Randbedingungen $y(0) = y(1) = 0$ und Lösungsintervall [0,1].

Als *Ansatzfunktionen* $u_i(x)$ bieten sich elementare mathematische Funktionen, wie z.B. ($i = 1, 2, ..., m$)

- Sinusfunktionen

$$u_i(x) = \sin(i \cdot \pi \cdot x)$$

- Polynomfunktionen

$$u_i(x) = x^i \cdot (1 - x)$$

an, die differenzierbar sind und gegebene Randbedingungen erfüllen. Der mit den Ansatzfunktionen gebildete *Lösungsansatz*

$$y_m(x) = \sum_{i=1}^{m} c_i \cdot u_i(x)$$

enthält m frei wählbare Koeffizienten c_i. Diese werden in konkreten Methoden folgendermaßen bestimmt, um Näherungslösungen für die gegebene Dgl zu erhalten:

a) *Kollokationsmethode*

Man gibt sich im Lösungsintervall [0,1] m verschiedene Gitterpunkte

$$x_k \qquad\qquad (k = 1, 2, ..., m)$$

vor.

Das Prinzip von Kollokationsmethoden besteht darin, eine Näherungslösung über dem Lösungsintervall [0,1] mittels des Lösungsansatzes $y_m(x)$ so zu berechnen, daß er die Dgl in den Gitterpunkten erfüllt, d.h., der Fehler in den Gitterpunkten Null wird. Das Einsetzen des Lösungsansatzes in die Dgl führt auf das System

$$\sum_{i=1}^{m} c_i \cdot \left(-u_i''(x_k) + b(x_k) \cdot u_i(x_k)\right) = f(x_k) \qquad\qquad (k = 1, 2, ..., m)$$

von m linearen Gleichungen für m zu bestimmende Koeffizienten c_i. In Matrix-Vektor-Schreibweise hat dieses lineare Gleichungssystem die Form

$$\mathbf{A} \cdot \mathbf{c} = \mathbf{f}$$

wie man sich einfach überzeugen kann, wenn man

$$a_{ik} = -u_i''(x_k) + b(x_k) \cdot u_i(x_k) \qquad\qquad (i, k = 1, 2, ..., m)$$

setzt und Koeffizientenmatrix $\mathbf{A} = (a_{ik})$ und Vektoren $\mathbf{c} = (c_i)$ und $\mathbf{f} = (f(x_k))$ verwendet.

b) *Projektionsmethoden*

Illustrieren wir die Anwendung von Galerkin- und Ritz-Methode als konkrete Projektionsmethoden. Sie lösen anstelle der Dgl zu ihr äquivalente Variationsgleichungen bzw. Variationsaufgaben (siehe Abschn. 7.4.6 und Beisp. 7.10) numerisch mittels Lösungsansatz:

Die betrachtete Dgl ist der Variationsgleichung

$$\int_{0}^{1} (-y''(x) + b(x) \cdot y(x) - f(x)) \cdot v(x) \, dx = 0$$

äquivalent. Diese kann durch partielle Integration in die Variationsgleichung

$$\int_0^1 (y'(x) \cdot v'(x) + (b(x) \cdot y(x) - f(x)) \cdot v(x))\ dx = 0$$

überführt werden, wenn die beliebigen stetigen Funktionen $v(x)$ die gegebenen Randbedingungen $v(0) = v(1) = 0$ erfüllen.

Die betrachtete Dgl ist folgender *Variationsaufgabe* äquivalent (siehe Beisp. 7.10):

$$J(y) = \int_0^1 [(y'(x))^2 + b(x) \cdot (y(x))^2 - 2 \cdot f(x) \cdot y(x)]\ dx \to \underset{y(x)\,\in\,B}{\text{Minimum}}$$

Damit hat man für die betrachtete Dgl die Äquivalenz zwischen Variationsgleichung, Variationsaufgabe und Dgl erhalten, so daß Galerkin- und Ritz-Methode äquivalent sind:

b1) *Galerkin-Methode*

Hier werden anstelle der Dgl die äquivalente *Variationsgleichung*

$$\int_0^1 (-y''(x) + b(x) \cdot y(x) - f(x)) \cdot v(x)\ dx = 0$$

verwendet und als Funktionen $v(x)$ die Ansatzfunktionen $u_k(x)$ eingesetzt. Damit ergeben sich Orthogonalitätsbeziehungen der Form

$$\int_0^1 \left[-y''(x) + b(x) \cdot y(x) - f(x) \right] \cdot u_k(x)\ dx = 0 \qquad (k = 1, 2, \dots, m)$$

Wenn man in diese Gleichungen für $y(x)$ den Lösungsansatz $y_m(x)$ einsetzt, ergibt sich die Eigenschaft, daß der bei der Galerkin-Methode begangene Fehler $-y_m''(x) + b(x) \cdot y_m(x) - f(x)$ orthogonal zu den Ansatzfunktionen $u_k(x)$ ist.

Nach dem Einsetzen des Lösungsansatzes und Vertauschen von Summation und Integration ergeben sich folgende m lineare Gleichungen für zu bestimmende m Koeffizienten c_i :

$$\sum_{i=1}^m c_i \cdot \int_0^1 \left[-u_i''(x) + b(x) \cdot u_i(x) \right] \cdot u_k(x)\ dx = \int_0^1 f(x) \cdot u_k(x)\, dx$$

In Matrix-Vektor-Schreibweise hat dieses lineare Gleichungssystem die Form

$$\mathbf{A} \cdot \mathbf{c} = \mathbf{f}$$

wie man sich einfach überzeugen kann, wenn man

$$a_{ik} = \int_0^1 \left[-u_i''(x) + b(x) \cdot u_i(x) \right] \cdot u_k(x) \ dx$$

$$(i, k = 1, 2, ..., m)$$

$$f_k = \int_0^1 f(x) \cdot u_k(x) \, dx$$

setzt und Koeffizientenmatrix $\mathbf{A} = (\ a_{ik} \ )$ und Vektoren $\mathbf{c} = (\ c_i \ )$ und

$\mathbf{f} = (f_k)$ verwendet.

b2) *Ritz-Methode*

Hier wird anstelle der Dgl die äquivalente *Variationsaufgabe*

$$\int_0^1 \{ \ [y'(x)]^2 + b(x) \cdot [y(x)]^2 - 2 \cdot f(x) \cdot y(x) \} \ dx \ \to \ \underset{y(x) \in B}{\text{Minimum}}$$

verwendet, wobei B die Menge differenzierbarer Funktionen ist, die den Randbedingungen der Dgl genügen (siehe Beisp. 7.10).

Zur näherungsweisen Lösung der konstruierten Variationsaufgabe wird der Lösungsansatz $y_m(x)$ eingesetzt, so daß folgende Minimierungsaufgabe für die Koeffizienten c_i entsteht:

$$F(c_1, c_2, ..., c_m) =$$

$$\int_0^1 \{ \ [\sum_{i=1}^m c_i \cdot u_i'(x)]^2 + b(x) \cdot [\sum_{i=1}^m c_i \cdot u_i(x)]^2 - 2 \cdot f(x) \cdot \sum_{i=1}^m c_i \cdot u_i(x) \} \, dx$$

$$\to \underset{c_1, c_2, ..., c_m}{\text{Minimum}}$$

Dies ist eine klassische Aufgabe zur Minimierung einer Funktion $F(c_1, c_2, ..., c_m)$ von m Variablen. Die Anwendung notwendiger Optimalitätsbedingungen liefert ein lineares Gleichungssystem zur Bestimmung der c_i, d.h. das Nullsetzen der partiellen Ableitungen erster Ordnung von F bzgl. c_i.

☞

Die im Beisp. a und b auftretenden linearen Gleichungssysteme lassen sich mit den in MATHCAD und MATLAB vordefinierten Funktionen zur Integralberechnung und Gleichungslösung einfach aufstellen und lösen.

◆

11.5 Anwendung von MATHCAD

Randwertaufgaben für gewöhnliche Dgl lassen sich in MATHCAD folgendermaßen numerisch (näherungsweise) lösen:

- Die im Abschn. 10.4 vorgestellte vordefinierte Numerikfunktion **odesolve** löst auch Randwertaufgaben und ist analog wie bei Anfangswertaufgaben einzusetzen. Es sind nur zusätzlich gegebene Randbedingungen in den Lösungsblock einzutragen, wie im Beisp. 11.4a1 illustriert wird.

- MATHCAD stellt zur numerischen Lösung von Randwertaufgaben zwei weitere vordefinierte Numerikfunktionen **sbval** (deutsch: **sgrw**) und **bvalfit** (deutsch: **grwanp**) zur Verfügung, die auf Randwertaufgaben für Dgl-Systeme erster Ordnung mit einem Lösungsintervall [a,b] anwendbar sind. Wir verwenden nur die Numerikfunktion **sbval**, die eine Schießmethode mit Runge-Kutta-Methoden heranzieht und folgendermaßen in das Arbeitsfenster einzugeben ist:

sbval (v , a , b , D , load , score) =

Falls MATHCAD erfolgreich ist, liefert die Numerikfunktion **sbval** einen Vektor, der die fehlenden Anfangswerte enthält. Damit kann man die gegebene Aufgabe als Anfangswertaufgabe lösen und dafür im Abschn. 10.4 gegebene Numerikfunktionen heranziehen. Um die Numerikfunktion **sbval** auf Dgl höherer Ordnung anwenden zu können, muß man diese Dgl auf Dgl-Systeme erster Ordnung zurückführen. Wir illustrieren die erforderliche Vorgehensweise im Beisp. 11.4.

Die Argumente von **sbval** haben folgende Bedeutung:

* v
  Vektor (Spaltenvektor) für die Schätzungen der Anfangswerte im Anfangspunkt a, die nicht gegeben sind. Falls MATHCAD keine Lösung findet, sollte man diesen Schätzvektor ändern.

* a , b
  Anfangs- bzw. Endpunkt des Lösungsintervalls [a,b].

* D
  Der Vektor (Spaltenvektor) $D(x,y)$ hat die gleiche Bedeutung wie bei Anfangswertaufgaben und enthält als Komponenten die rechten Seiten des Dgl-Systems.

* load
  Der Vektor (Spaltenvektor) **load** (a,v) enthält als erste Komponenten für x=a gegebene Anfangswerte und anschließend die Komponenten des Schätzvektors **v** für fehlende Anfangswerte im Anfangspunkt x=a.

* score
  Der Vektor (Spaltenvektor) **score** (b,y) hat die gleiche Anzahl von Komponenten wie der Schätzvektor **v** und enthält die Differenzen zwischen denjenigen Lösungsfunktionen y_i, für die Randwerte im Endpunkt b gegeben sind, und ihren gegebenen Werten im Endpunkt b.

☞

Während in der Numerikfunktion **sbval** für Anfangs- und Endpunkt a bzw. b
des Lösungsintervalls [a,b] konkrete Zahlenwerte eingegeben werden müssen,
sind diese bei **load** und **score** nur symbolisch z.B. als a und b einzutragen.
Es wird deshalb empfohlen, zu Beginn der Berechnung den Intervallgrenzen a
und b die konkreten Zahlenwerte zuzuweisen und nur die Bezeichnungen a
bzw. b in allen Funktionen zu verwenden.

◆

Aus dem folgenden Beisp. 11.4 ist die Vorgehensweise in MATHCAD bei der
Anwendung von **sbval** und **odesolve** ersichtlich.

Beispiel 11.4:

a) Lösen wir die lineare Randwertaufgabe aus Beispiel 11.1 und 11.2

$$y''(x) - 2 \cdot y'(x) + y(x) = 0 \quad y(0) = 1, \quad y(1) = 0$$

mit Lösungsintervall [0,1] und exakter Lösung $y(x) = (1-x) \cdot e^x$

numerisch mittels der in MATHCAD vordefinierten Funktionen **odesolve** und
sbval:

a1) Die Anwendung von **odesolve** vollzieht sich im folgenden Lösungsblock,
wenn man 5 Gitterpunkte im Lösungsintervall [0,1] verwendet:

given

$$y''(x) - 2 \cdot y'(x) + y(x) = 0 \quad y(0) = 1 \quad y(1) = 0 \quad y := \text{odesolve}(x,1,5)$$

Das gleiche Resultat wird geliefert, wenn man die gegebene Dgl in das ä-
quivalente Dgl-System erster Ordnung

$$y_1'(x) = y_2(x)$$

$$y_2'(x) = 2 \cdot y_2(x) - y_1(x)$$

mit den Randbedingungen $y_1(0) = 1$, $y_1(1) = 0$ überführt und hierauf **odesolve**
anwendet:

given

$$y_1'(x) = y_2(x) \quad y_2'(x) = 2 \cdot y_2(x) - y_1(x) \quad y_1(0) = 1 \quad y_1(1) = 0$$

$$\begin{pmatrix} y_1 \\ y_2 \end{pmatrix} := \text{odesolve}\left[\begin{pmatrix} y_1 \\ y_2 \end{pmatrix}, x, 1, 5 \right]$$

Hier liefert die Lösungsfunktion y1(x) die Lösung y(x) der gegebenen Dgl
zweiter Ordnung, während y2(x) die erste Ableitung von y(x) darstellt.

Die grafische Darstellung der erhaltenen Näherungslösung und der exakten
Lösung zeigt die gute Übereinstimmung:

$$x := 0, 0.2 \ldots 1$$

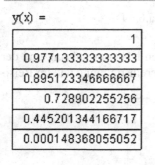

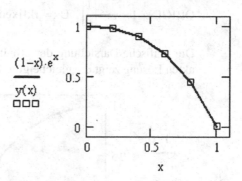

y(x) =

1
0.977133333333333
0.895123346666667
0.728902255256
0.445201344166717
0.000148368055052

$$\frac{(1-x)\cdot e^{x}}{y(x)}$$
□□□

a2) Bei der Anwendung von **sbval** muß man zuerst die Dgl zweiter Ordnung auf ein lineare Dgl-System erster Ordnung zurückführen, wie im Beisp. a1 zu sehen ist.

Anschließend kann man die Numerikfunktion **sbval** anwenden. Da nur eine Anfangsbedingung $y_2(0)$ (d.h. y'(0)) fehlt, enthält der Vektor **v** für die Schätzung der Anfangswerte nur einen Wert:

- Wenn man **v** nicht als Vektor verwendet, funktioniert **sbval** nicht, wie im folgenden zu sehen ist:

ORIGIN:=1   a := 0   b := 1

$$v := 0 \quad load(a,v) := \begin{pmatrix} 1 \\ v \end{pmatrix} \quad D(x,y) := \begin{pmatrix} y_2 \\ 2 \cdot y_2 - y_1 \end{pmatrix}$$

$$score(b,y) := y_1 \quad \boxed{sbval(\underline{v},a,b,D,load,score) = \blacksquare\,\blacksquare}$$

Dieser Wert muss ein Vektor sein.

- Wenn man die Numerikfunktion **sbval** erfolgreich anwenden will, muß **v** immer als Vektor definiert werden. Da MATHCAD die Definition von Vektoren (Matrizen) mit nur einem Element nicht zuläßt, kann man sich auf folgende Art helfen, indem man die mit Feldindex aus der Symbolleiste "Matrix" indizierte Variable v_1 verwendet:

ORIGIN:=1   a := 0   b := 1

$$v_1 := 0 \quad load(a,v) := \begin{pmatrix} 1 \\ v_1 \end{pmatrix} \quad D(x,y) := \begin{pmatrix} y_2 \\ 2 \cdot y_2 - y_1 \end{pmatrix}$$

$$score(b,y) := y_1 \quad sbval(v,a,b,D,load,score) = (0)$$

Der von **sbval** gelieferte fehlende Anfangswert $y_2(0) = y'(0) = 0$ gestattet die Lösung der Aufgabe als Anfangswertaufgabe mit der Numerikfunktion **rkfixed**:

$$\text{ORIGIN:=1} \quad y := \begin{pmatrix} 1 \\ 0 \end{pmatrix} \quad U := \text{rkfixed}(y,a,b,5,D)$$

Die grafische Darstellung der erhaltenen Näherungslösung und der exakten Lösung zeigt die gleiche gute Übereinstimmung wie im Beisp. a1:

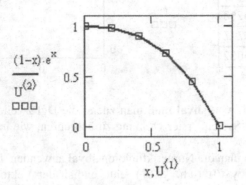

b) Die lineare Randwertaufgabe

$$y'''(x) + y''(x) + y'(x) + y(x) = 0, \quad y(0) = 1, y(\pi) = -1, y'(\pi) = -2$$

mit dem Lösungsintervall $[0, \pi]$ besitzt die exakte Lösung

$$y(x) = \cos x + 2 \cdot \sin x.$$

b1) Zur Anwendung der Numerikfunktion **sbval** muß man die betrachtete Dgl dritter Ordnung auf das Dgl-System erster Ordnung

$$y_1'(x) = y_2(x)$$
$$y_2'(x) = y_3(x)$$
$$y_3'(x) = -y_3(x) - y_2(x) - y_1(x)$$

mit den Randbedingungen $y_1(0) = 1$, $y_1(\pi) = -1$, $y_2(\pi) = -2$ zurückführen.

Um das Dgl-System als Anfangswertaufgabe lösen zu können, fehlen die Anfangswerte

$$y_2(0) \quad \text{und} \quad y_3(0)$$

die mit der Numerikfunktion **sbval** bestimmt werden können.
Für beide fehlende Anfangswerte verwenden wir im Vektor **v** als Schätzwert jeweils 1 und beginnen die Indizierung mit 1, d.h.

$$\text{ORIGIN} := 1 \quad a := 0 \quad b := \pi$$

$$v := \begin{pmatrix} 1 \\ 1 \end{pmatrix} \quad \text{load}(a,v) := \begin{pmatrix} 1 \\ v_1 \\ v_2 \end{pmatrix} \qquad\qquad D(x,y) := \begin{pmatrix} y_2 \\ y_3 \\ -y_3 - y_2 - y_1 \end{pmatrix}$$

$$\text{score } (b,y) := \begin{pmatrix} y_1 + 1 \\ y_2 + 2 \end{pmatrix} \qquad \text{sbval } (v, a, b, D, \text{load}, \text{score}) = \begin{pmatrix} 2 \\ -1 \end{pmatrix}$$

Die erfolgreiche Anwendung von **sbval** liefert Näherungswerte für fehlende Anfangswerte $y_2(0) \approx 2$ und $y_3(0) \approx -1$.

Damit kann man die betrachtete Aufgabe mit Numerikfunktionen für Anfangswertaufgaben lösen, weil jetzt die erforderlichen Anfangswerte

$$y_1(0) = 1, \ y_2(0) = 2, \ y_3(0) = -1$$

vorliegen:

$$y := \begin{pmatrix} 1 \\ 2 \\ -1 \end{pmatrix} \qquad U := \text{rkfixed } (y, a, b, 10, D)$$

In der Ergebnismatrix **U** beginnen wir die Indizierung mit 1, so daß Spalte 1 die 10 Gitterpunkte (x-Werte) und Spalte 2 die berechneten Näherungswerte für die Lösungsfunktion $y_1(x)$ enthalten. In der folgenden Grafik stellen wir die berechnete Näherungslösung der exakten gegenüber und erkennen die gute Übereinstimmung:

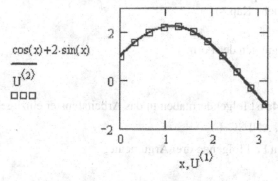

b2) Zur Anwendung der Numerikfunktion **odesolve** ist folgender Lösungsblock in das Arbeitsfenster von MATHCAD einzugeben:
given

$$y'''(x) + y''(x) + y'(x) + y(x) = 0$$
$$y(0) = 1 \quad y(\pi) = -1 \quad y'(\pi) = -2 \quad y := \text{odesolve}(x,\pi,10)$$

odesolve löst die Aufgabe, wenn für das gesamte Arbeitsblatt der Startindex 0 eingestellt ist, d.h. ORIGIN:=0.

◆

☞

Die Schätzungen für die Anfangswerte bei Anwendung von **sbval** müssen unbedingt als Vektor **v** eingegeben werden, auch wenn nur ein Wert vorliegt, wie im Beisp. 11.4a2 zu sehen ist.

Aus Beisp. 11.4a ist ersichtlich, daß die vordefinierte Funktion **odesolve** einfacher einzusetzen ist, falls sie erfolgreich ist.

Zusätzlich kann die vordefinierte Funktion **bvalfit** herangezogen werden, die ähnlich wie **sbval** angewandt wird. **bvalfit** wird eingesetzt, wenn nicht alle Randwerte für **sbval** zur Verfügung stehen, sonder nur Werte in einem Zwischenpunkt des Lösungsintervalls.

In der Hilfe von MATHCAD findet man ausführliche Informationen mit Beispielen über **bvalfit**, **sbval** und **odesolve**.

♦

11.6 Anwendung von MATLAB

MATLAB kann Randwertaufgaben für gewöhnliche Dgl numerisch lösen und stellt hierfür die vordefinierte Funktion **bvp4c** zur Verfügung, die eine Kollokationsmethode mit kubischen Splines als Ansatzfunktionen verwendet und auf Dgl-Systeme erster Ordnung (siehe Kap.8)

$$\mathbf{y}' = \mathbf{f}\,(\,x\,,\,\mathbf{y}(x)\,)$$

mit Zweipunkt-Randbedingungen der Form

$$\mathbf{g}(\,\mathbf{y}(a)\,,\,\mathbf{y}(b)\,)\,=\,\mathbf{0}$$

anwendbar ist.

Die Numerikfunktion **bvp4c** ist folgendermaßen in das Arbeitsfenster einzugeben

>> sol = bvp4c (@f , @g , ANFSCH)

und benötigt im einfachsten Fall folgende drei Argumente:

- f

  enthält die rechte Seite **f** (x , **y**(x)) des Dgl-Systems als Spaltenvektor, die als *Funktionsdatei* f.m mit einem Editor zu schreiben und abzuspeichern ist (siehe Beisp. 11.5).

- g

  enthält die linke Seite **g**(**y**(a) , **y**(b)) der Randbedingungen als Spaltenvektor, die als *Funktionsdatei* g.m mit einem Editor zu schreiben und abzuspeichern ist (siehe Beisp. 11.5).

- ANFSCH

  Hier werden die Anzahl der Gitterpunkte im Lösungsintervall [a,b] und eine Anfangsschätzung für die Lösungsfunktionen vorgegeben. Dies geschieht mittels der vordefinierten Funktionen **bvpinit** und **linspace** in der Form

  >> ANFSCH = bvpinit (linspace (a , b , n) , @SCH)

wobei **linspace** mit den Argumenten (a,b,n) bzw. (a,b) n bzw. 100 Gitterpunkte festlegt und SCH.m eine *Funktionsdatei* ist, die Anfangsschätzungen für die Lösungsfunktionen als Spaltenvektor enthält, wie im Beisp. 11.5 illustriert wird.

Die Numerikfunktion **bvp4c** kann ebenso wie die Funktionen **ode...** aus Abschn. 10.5 als weitere Argumente Optionen und in Dgl auftretende Parameter p1, p2, ... enthalten (siehe Beisp. 10.4a2). In diesem Fall ist folgendes in das Arbeitsfenster einzugeben:

>> sol = bvp4c (@f , @g , ANFSCH, OPTIONEN, p1, p2, ...)

Treten Parameter p1, p2, ... aber keine Optionen auf, ist folgendes einzugeben:

>> sol = bvp4c (@f , @g , ANFSCH, [ ] , p1, p2, ...)

Mittels sol lassen sich die von MATLAB berechneten Näherungswerte anzeigen, wie im Beisp. 11.5 illustriert wird.

Die Namen f, g und SCH von Funktionsdateien im Argument der Numerikfunktionen sind mit vorangestelltem @-Zeichen als @f , @g , @SCH zu schreiben.
♦

Wir besprechen nur die Lösung von Zweipunkt-Randwertaufgaben. Mit **bvp4c** lassen sich zusätzlich Mehrpunkt-Randwertaufgaben und Eigenwertaufgaben lösen.

Eine ausführliche Beschreibung mit Beispielen und möglichen Optionen erhält man aus der Hilfe von MATLAB, wenn man den Suchbegriff *Differential Equations* eingibt und danach im erscheinenden Fenster *Boundary Value Problems for ODEs* anklickt. Erste Informationen bekommt man durch Eingabe des Kommandos **help** mit dem Funktionsnamen in das Arbeitsfenster von MATLAB, d.h.

>> help bvp4c.

Weitere ausführliche Informationen zur Lösung von Randwertaufgaben mit MATLAB findet man im Buch [88,89].

Geben wir im folgenden Beisp. 11.5 eine Illustration für die Anwendung von **bvp4c,** die als Vorlage zur Lösung anfallender Zweipunkt-Randwertaufgaben dienen kann. Da die Möglichkeiten von **bvp4c** sehr umfangreich sind, empfehlen wir zu experimentieren, indem man z.B. verschiedene Anzahlen von Gitterpunkten und Anfangsschätzungen für die Lösungsfunktionen wählt.

Beispiel 11.5:

Die lineare Randwertaufgabe aus Beispiel 11.4a

$$y''(x) - 2 \cdot y'(x) + y(x) = 0 \quad , \quad y(0) = 1 \; , \; y(1) = 0$$

mit dem Lösungsintervall [0,1] ist für die Anwendung von **bvp4c** wie im Beisp. 11.4a2 auf die Randwertaufgabe für ein Dgl-System erster Ordnung

$$y_1'(x) = y_2(x)$$
$$y_2'(x) = 2 \cdot y_2(x) - y_1(x)$$

$$y_1(0)=1 \,, \; y_1(1)=0$$

zurückzuführen.

Für die Anwendung von **bvp4c** benötigt man drei Funktionsdateien, die mit einem Editor zu schreiben und abzuspeichern sind, wozu sich der MATLAB-Editor (>> edit) anbietet.

Stellen wir die drei *Funktionsdateien* vor, die **bvp4c** benötigt:

- f.m

  enthält die rechte Seite **f**(x,y(x)) des zu lösenden Dgl-Systems als Spaltenvektor, wobei die Lösungsfunktionen in der Form y(1) und y(2) zu schreiben sind:

  function dydx = f (x , y)

  dydx = [y(2) ; 2 * y(2) − y(1)] ;

- g.m

  enthält die linken Seiten **g** (**y**(a) , **y**(b)) der Randbedingungen

  $y_1(0)-1=0 \,, \; y_1(1)=0$

  als Spaltenvektor, wobei die Lösungsfunktionswerte $y_1(0)$ und $y_1(1)$ im Anfangspunkt a=0 bzw. Endpunkt b=1 des Lösungsintervalls [0,1] in der Form ya(1) bzw. yb(1) zu schreiben sind:

  function v = g (ya , yb)

  v = [ya(1) − 1 ; yb(1)] ;

- SCH.m

  enthält eine Anfangsschätzung der Lösungsfunktionen $y_1(x)$ und $y_2(x)$. Wir haben $y_1(x) = 1-x$ gewählt, d.h. eine Funktion, die die Randbedingungen erfüllt, so daß wegen $y_2(x)=y_1'(x)$ $y_2(x)=-1$ folgt:

  function v = SCH (x)

  v = [1 − x ; −1] ;

Nachdem die Funktionsdateien für die zu lösende Dgl geschrieben und abgespeichert sind, muß man MATLAB den Speicherort (Pfad) mitteilen. Dies geschieht mittels **cd** oder in der Symbolleiste bei *Current Directory*. Hat man z.B. die Funktionsdateien auf Diskette im Laufwerk A abgespeichert, so gibt man im Arbeitsfenster >> cd A:\ oder in der Symbolleiste bei *Current Directory* A:\ ein.

Jetzt kann man die vordefinierte Funktion **bvp4c** folgendermaßen zur näherungsweisen Lösung der Randwertaufgabe anwenden:

- Zuerst werden z.B. 5 gewählte Gitterpunkte im Lösungsintervall [0,1] unter Verwendung von **linspace** und die gewählten Anfangsschätzungen der Funktionsdatei SCH.m mittels **bvpinit** in der Form

  >> ANFSCH = bvpinit (linspace (0 , 1 , 5) , @SCH) ;

  dem Argument ANFSCH von **bvp4c** zugewiesen.

- Damit kann **bvp4c** folgendermaßen aufgerufen werden:

  >> sol = bvp4c (@f , @g , ANFSCH) ;

- Aus sol lassen sich mittels sol.x die von MATLAB verwendeten Gitterpunkte und mittels sol.y die berechneten Näherungswerte für die Lösungsfunktionen $y_1(x)$ und $y_2(x)$ folgendermaßen im Arbeitsfenster anzeigen:

  >> sol.x

  ans =

       0   0.1250   0.2500   0.5000   0.7500   1.0000

  >> sol.y

  ans =

     1.0000   0.9915   0.9630   0.8244   0.5292   0
    −0.0000 −0.1417 −0.3210 −0.8244 −1.5878 −2.7183

Möchte man Näherungswerte für die Lösungsfunktionen für x-Werte berechnen, die keine Gitterpunkte sind, so ist hierfür die in MATLAB vordefinierte Funktion **deval** folgendermaßen einzusetzen, wenn z.B. Werte der Lösungsfunktionen $y_1(x)$ und $y_2(x)$ für x= 0.9 benötigt werden:

>> deval (sol , 0.9)

ans =

    0.2460   (Näherungswert $y_1(0.9)$)
   −2.2136   (Näherungswert $y_2(0.9)$)

Um die berechneten Funktionswerte $y_1(x)$ mit denen von MATHCAD im Beisp. 11.4a1 für x = 0, 0.2, 0.4, ..., 1 berechneten vergleichen zu können, ist **deval** folgendermaßen einzusetzen:

>> x = linspace (0 , 1 , 6) ;

>> y = deval (sol , x) ;

>> y(1 , :)

ans =

   1.0000   0.9771   0.8951   0.7289   0.4451   0

Zur *grafischen Darstellung* der berechneten Näherungslösung $y_1(x)$ kann die vordefinierte Grafikfunktion **plot** herangezogen werden:

Im folgenden berechnen wir mittels **deval** im Lösungsintervall [0,1] die Näherungswerte der Lösungsfunktion $y_1(x)$ in 100 gleichabständigen Gitterpunkten (x-Werten), die mittels **linspace** erzeugt werden und zeichnen mittels **plot** die berechneten Punktepaare (x , $y_1(x)$):

>> x = linspace (0 , 1) ;

>> y = deval (sol , x) ;

>> plot (x , y(1 , :))

Die von MATLAB gezeichnete Grafik zeigt die gleiche Form wie im Beisp. 11.4a1:

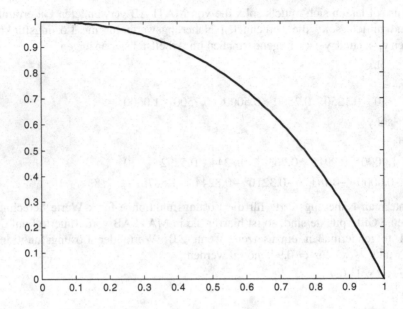

♦

12 Integralgleichungen

12.1 Einführung

Eine erste Begegnung mit *Integralgleichungen* haben wir bereits im Abschn. 4.4 (Beisp. 4.3) und Abschn. 7.4.5 (Beisp. 7.9) beim Nachweis der Existenz von Lösungen gewöhnlicher Dgl bzw. bei der Integralgleichungsmethode. Hieraus ist bereits zu sehen, daß es Zusammenhänge zwischen Dgl und Integralgleichungen gibt.

Die Integralgleichungsmethode ist auch auf partielle Dgl anwendbar, indem unter Verwendung Greenscher Funktionen partielle Dgl in äquivalente Integralgleichungen für Funktionen mehrerer Variabler überführt werden.

Deshalb benötigt man zum Verständnis von Dgl auch Grundkenntnisse über Integralgleichungen.

Im Unterschied zu Dgl sind *Integralgleichungen* dadurch charakterisiert, daß in ihren Gleichungen die unbekannten Funktionen (Lösungsfunktionen) innerhalb von Integralen vorkommen und keine Ableitungen vorkommen. Falls zusätzlich Ableitungen der Lösungsfunktion auftreten, spricht man von *Integrodifferentialgleichungen*.

Analog zu Dgl unterscheidet man Integralgleichungen danach, ob die Lösungsfunktionen von einer oder mehreren unabhängigen Variablen abhängen und ob Systeme vorliegen. Im folgenden beschränken wir uns auf den Fall einer Integralgleichung für Lösungsfunktionen y(x) einer unabhängigen Variablen x.

♦

Integralgleichungen werden nach gewissen Merkmalen unterschieden, wobei im folgenden *Lösungsfunktionen* mit y(x) bzw. y(s) bezeichnet werden und c , f und K gegebene (bekannte) Funktionen darstellen:

- Es gibt zwei Klassen

  * *Fredholmsche Integralgleichungen* $c(x) \cdot y(x) = f(x) + \int_a^b K(x,s,y(s)) \, ds$

    Hier treten bestimmte Integrale mit festem Integrationsbereich (Integrationsgrenzen) auf.

* *Volterrasche Integralgleichungen* $c(x) \cdot y(x) = f(x) + \int\limits_a^x K(x,s,y(s)) \, ds$

Hier treten bestimmte Integrale mit variablem Integrationsbereich (d.h. variablen Integrationsgrenzen) auf.

• Man unterscheidet zwei Arten

* *Integralgleichungen 1. Art:* $f(x) + \int\limits_a^b K(x,s,y(s)) \, ds = 0$

Hier tritt die Lösungsfunktion y nur innerhalb des Integrals auf.

* *Integralgleichungen 2. Art:* $y(x) = f(x) + \int\limits_a^b K(x,s,y(s)) \, ds$

Hier tritt die Lösungsfunktion y auch außerhalb des Integrals auf.

• Analog zu Dgl unterscheidet man zwischen linearen und nichtlinearen Integralgleichungen, wie z.B.

* *Lineare* Volterrasche Integralgleichung 2. Art

$$y(x) = f(x) + \int\limits_a^x K(x,s) \cdot y(s) \, ds$$

* *Nichtlineare* Fredholmsche Integralgleichung 1. Art

$$f(x) + \int\limits_a^b K(x,s,y(s)) \, ds = 0$$

Hier ist die Funktion K bzgl. y nichtlinear.

• Weiterhin gibt es Unterteilungen in reguläre und singuläre Integralgleichungen (siehe [74])

Das Gebiet der Integralgleichungen hat sich ebenso wie das der Dgl in den letzten hundert Jahren stark entwickelt. Die Untersuchung von Integralgleichungen hat wesentlichen Anteil an der Entwicklung des modernen Gebietes der Funktionalanalysis.

Integralgleichungen spielen nicht nur für die Behandlung von Dgl eine wichtige Rolle, sondern haben auch zahlreiche Anwendungen in Physik und Technik.

Wir können im Rahmen des Buches nicht näher auf die umfangreiche Theorie von Integralgleichungen eingehen und verweisen auf die Literatur [73, 74].

Im Abschn. 12.2 skizzieren wir einen Zusammenhang zwischen Dgl und Integralgleichungen, aus dem sich Lösungsmethoden für Dgl ableiten lassen, wie im Beisp. 12.1 an der *Iterationsmethode von Picard* zu sehen ist. Dies soll dazu ermutigen, sich intensiver mit Integralgleichungen zu beschäftigen und sie zur Lösung von Dgl heranzuziehen.

12.2 Integralgleichungsmethode

Im Abschn. 7.4.5 lernen wir im Rahmen der Integralgleichungsmethode Zusammenhänge zwischen Dgl und Integralgleichungen kennen.
Dabei versteht man unter *Integralgleichungsmethode* die Vorgehensweise, eine vorliegende Dgl in eine äquivalente Integralgleichung zu überführen. Diese Vorgehensweise kann für die Lösung von Dgl vorteilhaft sein, da

- die Theorie der Integralgleichung in gewisser Hinsicht abgerundeter ist als die der Dgl (siehe [10, 73, 74]). So braucht man sich bei Integralgleichungen nicht um Anfangs- und Randbedingungen zu kümmern und Dgl verschiedener Ordnung entsprechen demselben Typ von Integralgleichungen.

- für gewisse Integralgleichungstypen effektive Lösungsmethoden existieren. Eine einfache klassische Iterationsmethode wird im Beisp. 12.1 vorgestellt.

Die Überführung einer gegebenen Dgl in eine äquivalente Integralgleichung ist in gewissen Fällen einfach möglich, wie im Abschn. 7.4.5 skizziert wird. Im folgenden Beisp. 12.1 illustrieren wir dies an einer einfachen Aufgabe und lösen die entstandene Integralgleichung mit der klassischen Iterationsmethode von Picard.

Beispiel 12.1:
Unter den Voraussetzungen aus Beisp. 4.3 läßt sich die Konvergenz der *Iterationsmethode von Picard* ($k = 1 , 2 , \dots$)

$$y_k(x) = y_0 + \int_{x_0}^{x} f(s, y_{k-1}(s)) \, ds \quad \text{mit der Anfangsnäherung } y_0(x) \equiv y_0$$

gegen eine Lösung der Integralgleichung $\quad y(x) = y_0 + \int_{x_0}^{x} f(s, y(s)) \, ds$

beweisen, die damit Näherungslösungen der äquivalenten Anfangswertaufgabe für Dgl erster Ordnung

$$y'(x) = f(x, y(x)) \quad , \quad y(x_0) = y_0$$

liefert. Wenden wir die Iterationsmethode von Picard (Picard-Iteration) auf die einfache Anfangswertaufgabe für Wachstums-Dgl

$$y'(x) = y(x) \quad , \quad y(0) = 1$$

an, die äquivalent zu folgender linearer Volterraschen Integralgleichung 2.Art ist

$$y(x) = 1 + \int_{0}^{x} y(s) \, ds$$

Die exakte Lösung der betrachteten Anfangswertaufgabe lautet

$$y(x) = e^x = \sum_{k=0}^{\infty} \frac{x^k}{k!} = 1 + x + \frac{x^2}{2} + \frac{x^3}{6} + \frac{x^4}{24} + \dots$$

wobei auch die Darstellung als unendliche konvergente Potenzreihe angegeben ist, um einen Vergleich mit den ersten Iterationen der Picard-Methode zu ermöglichen.

Für die zur Anfangswertaufgabe äquivalente Integralgleichung schreibt sich die Picard-Iteration in der Form ($k = 1, 2, \dots$):

$$y_k(x) = 1 + \int_0^x y_{k-1}(s) \, ds \qquad \text{mit der Anfangsnäherung } y_0(x) \equiv 1$$

Die Berechnung der Integrale für die einzelnen Iterationsschritte lassen sich mit MATHCAD und MATLAB durchführen, wie im folgenden im Rahmen von MATHCAD zu sehen ist:

Führen wir vier Iterationsschritte der Picard-Iteration mittels MATHCAD durch und berechnen das in der Iterationsvorschrift auftretende Integral exakt, indem wir symbolisches Gleichheitszeichen und Integralsymbol für bestimmte Integration aus der Symbolleiste "Differential/Integral" verwenden:

1. Iterationsschritt (k=1): $\quad 1 + \displaystyle\int_0^x 1 \, ds \rightarrow 1 + x$

2. Iterationsschritt (k=2): $\quad 1 + \displaystyle\int_0^x 1 + s \, ds \rightarrow 1 + x + \frac{x^2}{2}$

3. Iterationsschritt (k=3): $\quad 1 + \displaystyle\int_0^x 1 + s + \frac{s^2}{2} \, ds \rightarrow 1 + x + \frac{x^2}{2} + \frac{x^3}{6}$

4. Iterationsschritt (k=4): $\quad 1 + \displaystyle\int_0^x 1 + s + \frac{s^2}{2} + \frac{s^3}{6} \, ds \rightarrow 1 + x + \frac{x^2}{2} + \frac{x^3}{6} + \frac{x^4}{24}$

Man sieht bereits aus diesen vier von MATHCAD berechneten Iterationen, daß die Picard-Iteration als Näherungslösung nach n Iterationsschritten das Taylorpolynom n-ten Grades der Lösungsfunktion berechnet.

♦

13 Partielle Differentialgleichungen

13.1 Einführung

In vorangehenden Kapiteln haben wir gewöhnliche Dgl betrachtet, die dadurch charakterisiert sind, daß in ihnen nur eine unabhängige Variable auftritt, d.h., auftretende unbekannte Funktionen (Lösungsfunktionen) und deren Ableitungen sind Funktionen einer reellen Variablen. Diese unabhängige Variable ist entweder eine Orts- oder Zeitvariable und wird meistens mit x bzw. t bezeichnet.
Viele Anwendungsaufgaben lassen sich jedoch mathematisch nur sinnvoll durch Dgl modellieren, wenn mehrere Ortsvariable bzw. eine zusätzliche Zeitvariable zugelassen sind. Dies führt auf partielle Dgl, die wir im folgenden vorstellen.

☞

Man kann ohne Übertreibung sagen, daß sich viele Naturgesetze in der Sprache partieller Dgl beschreiben lassen, d.h., partielle Dgl treten in zahlreichen mathematischen Modellen von Technik und Naturwissenschaften auf.

◆

Bei *partiellen Dgl* treten in den Gleichungen unbekannte reelle Funktionen (Lösungsfunktionen)

$$u(x_1 , x_2 , ... , x_n) \qquad\qquad (n \geq 2)$$

mit mehreren (mindestens zwei) unabhängigen reellen Variablen $x_1 , x_2 , ... , x_n$ auf und deren partielle Ableitungen

$$\frac{\partial u}{\partial x_1} , \frac{\partial u}{\partial x_2} , ... , \frac{\partial u}{\partial x_n} , ... , \frac{\partial^2 u}{\partial x_1^2} , \frac{\partial^2 u}{\partial x_1 \partial x_2} , ... , \frac{\partial^2 u}{\partial x_n^2} , ...$$

für die wir im Buch die Indexschreibweise bevorzugen, d.h.

$$u_{x_1} , u_{x_2} , ... , u_{x_n} , u_{x_1 x_1} , u_{x_1 x_2} , ... , u_{x_n x_n} , ...$$

Mit $x_1 , x_2 , ... , x_n$ bezeichnet man üblicherweise *Ortsvariable*, die zu einem Variablenvektor (Zeilen- bzw. Spaltenvektor) **x** mit n Komponenten zusammengefaßt werden, d.h.

$$\mathbf{x} = (x_1 , x_2 , ... , x_n) \qquad \text{bzw.} \qquad \mathbf{x} = \begin{pmatrix} x_1 \\ x_2 \\ \vdots \\ x_n \end{pmatrix}$$

Damit schreiben sich Lösungsfunktionen partieller Dgl in der einfachen Form u($\mathbf{x}$). Da bei partiellen Dgl neben Ortsvariablen auch eine *Zeitvariable* vorkommen kann, bezeichnet man diese zur Unterscheidung meistens mit t und schreibt Lösungsfunktionen, die von Orts- und Zeitvariablen abhängen, in der Form u($\mathbf{x}$, t).

Treten nur maximal drei unabhängige Variable auf, so werden diese oft mit x, y, z bezeichnet, wenn es sich um Ortsvariable handelt. Kommt noch eine Zeitvariable t hinzu, so schreibt man Lösungsfunktionen in der Form u(x, y, z, t).

Physikalische Erscheinungen laufen in einer dreidimensionalen Welt ab, so daß i.allg. drei Ortsvariable x, y, z benötigt werden. Da sich partielle Dgl mit weniger Ortsvariablen einfacher lösen lassen, verwendet man oft nur Modelle mit einer bzw. zwei Ortsvariablen, indem man zur Vereinfachung annimmt, daß es sich wie z.B. in der Wärmeleitung um dünne Stäbe bzw. Platten handelt (siehe Beisp. 13.2a, 13.3a, 15.2a und b).

Stellen wir Fakten über partielle Dgl zusammen, die zum Verständnis der Problematik hilfreich sind:

- Eine stetige Funktion u($\mathbf{x}$) heißt Lösung (*Lösungsfunktion*) einer partiellen Dgl, wenn sie erforderliche stetige partielle Ableitungen besitzt und die Dgl identisch erfüllt.

- Treten in einer partiellen Dgl nur partielle Ableitungen bzgl. einer Variablen auf, so kann diese als gewöhnliche Dgl gelöst werden, indem man die restlichen Variablen als konstant ansieht. Wir illustrieren dies im Beisp. 13.1d.

- Die Lösungsmannigfaltigkeit partieller Dgl ist wesentlich umfangreicher als die gewöhnlicher Dgl, da in ihren allgemeinen Lösungen frei wählbare Funktionen auftreten, wie im Beisp. 13.1c illustriert wird.

- Die Theorie partieller Dgl ist vielschichtiger als die gewöhnlicher Dgl, so daß wir im Rahmen des Buches nur einen Einblick geben können. Dies zeigt sich bereits bei *partiellen Dgl zweiter Ordnung*, die in Physik und Technik dominieren und deren Theorie im Unterschied zu gewöhnlichen Dgl zweiter Ordnung wesentlich vom Typ der partiellen Dgl abhängt.

- Bestimmte Klassen partieller Dgl bilden die Grundlage einzelner Wissenschaftsgebiete, wie z.B. Maxwellsche Gleichungen in der Elektrodynamik oder Navier-Stokes-Gleichungen in der Hydrodynamik.

- Eine Reihe von Aussagen, Begriffen und Bezeichnungen aus der Theorie gewöhnlicher Dgl treten in angepaßter Form auch bei partiellen Dgl auf. Dies darf aber nicht zu der Meinung führen, daß sich die Theorie partieller Dgl einfach aus der Theorie gewöhnlicher herleiten läßt. Am ehesten gelingt dies bei *partiellen Dgl erster Ordnung*, deren Lösung sich auf die Lösung gewöhnlicher Dgl-Systeme erster Ordnung zurückführen läßt (siehe Kap.14).
  Die im Abschn. 3.5.1 vorgestellten allgemeinen Prinzipien zur exakten Lösung von Dgl gelten sowohl für gewöhnliche als auch partielle Dgl. So sind Lösungsmethoden für gewöhnliche Dgl wie Ansatzmethoden, Reihenlösungen,

Laplace- und Fouriertransformationen und Greensche Methoden in entsprechender Form auch auf partielle Dgl anwendbar.

* Für nichtlineare partielle Dgl ist ebenso wie für gewöhnliche Dgl keine umfassende Theorie zu erwarten, da hier die Eigenschaften der Linearität (Superpositionsprinzip) fehlen. Hier treten neue Phänomene wie Stoßwellen und Solitonen (Solitärwellen) auf.

  Es gibt nur für Sonderfälle exakte Lösungen, die in entsprechenden Wissenschaftsgebieten untersucht werden, so z.B. Navier-Stokes-Gleichungen in der Hydrodynamik.

☞

In den folgenden Kapiteln gegebene Hinweise dienen zur Illustration des umfangreichen Gebiets partieller Dgl am Beispiel von Dgl erster und zweiter Ordnung, um erste Kenntnisse zu vermitteln und die Lösungsproblematik aufzuzeigen, d.h. einen ersten Einstieg und mögliche Anwendungen von MATHCAD und MATLAB zu geben.

♦

Stellen wir abschließend in dieser Einführung wesentliche *Begriffe, Definitionen* und *Klassifikationen* für partielle Dgl zusammen, die für ein Verständnis der Problematik und für die Anwendung von MATHCAD und MATLAB und weiterer Programmsysteme erforderlich sind:

* Bei partiellen Dgl bestimmt analog zu gewöhnlichen die höchste auftretende partielle Ableitung die *Ordnung*.

* Bei partiellen Dgl läßt sich die allgemeine Form einer Gleichung m-ter Ordnung nicht so einfach wie bei gewöhnlichen schreiben. Da m! verschiedene partielle Ableitungen m-ter Ordnung auftreten können, ist dies unmittelbar einzusehen, so daß nur implizite Darstellungsformen

  $$F(x_1, x_2, ..., x_n, u, u_{x_1}, u_{x_2}, ..., u_{x_n}, u_{x_1 x_1}, u_{x_1 x_2}, ...) = 0$$

  möglich sind, wobei $u = u(\mathbf{x}) = u(x_1, x_2, ..., x_n)$ die zu bestimmende Lösungsfunktion darstellt.

* Partielle Dgl erster und zweiter Ordnung, auf die wir uns im Rahmen des Buches beschränken, lassen sich in folgender geschlossener impliziter Form darstellen:

  $$F(x_1, x_2, ..., x_n, u, u_{x_1}, u_{x_2}, ..., u_{x_n}) = 0 \qquad \text{bzw.}$$

  $$F(x_1, x_2, ..., x_n, u, u_{x_1}, u_{x_2}, ..., u_{x_n}, u_{x_1 x_1}, u_{x_1 x_2}, ..., u_{x_n x_n}) = 0$$

* Bei der Darstellung linearer Dgl zweiter Ordnung wird zur Vereinfachung der Schreibweise häufig der *Laplaceoperator* Δ eingesetzt, der folgendermaßen definiert ist:

  $$\Delta u(\mathbf{x}) = \Delta u(x_1, x_2, ..., x_n) = u_{x_1 x_1} + u_{x_2 x_2} + ... + u_{x_n x_n}$$

- Lösungsfunktionen u(**x**) werden in den meisten Anwendungen nicht für alle Werte des Variablenvektors **x** gesucht, sondern nur in einem Gebiet (Bereich) G des n-dimensionalen Raumes R^n, das als *Lösungsgebiet* (Lösungsbereich) bezeichnet und als abgeschlossen und für zahlreiche Aufgaben als beschränkt vorausgesetzt wird.

- Partielle Dgl heißen *linear*, wenn die unbekannte Funktion (Lösungsfunktion) u(**x**) und deren partielle Ableitungen nur linear eingehen (siehe Beisp. 13.1).

- Lineare partielle Dgl heißen *homogen*, wenn in ihnen keine Summanden auftreten, die nicht mit der Lösungsfunktion u(**x**) oder einer ihrer Ableitungen multipliziert sind (siehe Beisp. 13.1).

- Partielle Dgl m-ter Ordnung heißen *quasilinear*, wenn partielle Ableitungen m-ter Ordnung der Lösungsfunktion u(**x**) nur linear vorkommen. Die Koeffizienten der m-ten partiellen Ableitungen von u(**x**) können dabei außer von **x** noch von u(**x**) und ihren partiellen Ableitungen bis zur Ordnung m−1 abhängen (siehe Beisp. 13.1b und Abschn. 14.2.2).

Beispiel 13.1:

Im folgenden schreiben wir Lösungsfunktionen u in den Dgl ohne Variablen x,y.

a) Allgemeine *lineare partielle Dgl 2. Ordnung* für Lösungsfunktionen u(x,y) haben folgende Form:

$$a(x,y) \cdot u_{xx} + b(x,y) \cdot u_{xy} + c(x,y) \cdot u_{yy} + d(x,y) \cdot u_x + e(x,y) \cdot u_y + g(x,y) \cdot u = f(x,y)$$

Hängen die Koeffizienten a,b ,..., g nicht von x,y ab, d.h., sie sind konstant, so spricht man von Dgl mit *konstanten Koeffizienten*. Ist die rechte Seite der Dgl identisch gleich Null, d.h. f(x,y) ≡ 0, so heißt die Dgl *homogen*.

b) Im folgenden ist eine *quasilineare partielle Dgl 2. Ordnung* für Lösungsfunktionen u(x,y) zu sehen, die dadurch charakterisiert ist, daß sie nur in partiellen Ableitungen zweiter Ordnung linear sein muß, d.h.

$$a(x,y,u,u_x,u_y) \cdot u_{xx} + b(x,y,u,u_x,u_y) \cdot u_{xy} + c(x,y,u,u_x,u_y) \cdot u_{yy} = f(x,y,u,u_x,u_y)$$

c) Folgende Aufgaben zeigen, daß allgemeine Lösungen partieller Dgl von frei wählbaren Funktionen abhängen.

   c1) Die *allgemeine Lösung* der linearen homogenen partiellen Dgl erster Ordnung

$$y \cdot u_x - x \cdot u_y = 0 \qquad \text{lautet} \qquad u(x,y) = F(x^2 + y^2)$$

   wie im Beisp. 14.2b gezeigt wird. In dieser Lösung ist die Funktion F frei wählbar, so daß alle differenzierbaren Funktionen F(s) einer Variablen s Lösungen sind, wenn s von den Variablen x,y in der Form $x^2 + y^2$ abhängt, wie z.B.

$$e^{x^2 + y^2} , \sin(x^2 + y^2) , \ln(x^2 + y^2) , \sqrt{x^2 + y^2} , \frac{\sqrt[4]{x^2 + y^2}}{(x^2 + y^2)^3} , \ldots$$

   Geometrisch stellen diese Lösungsfunktionen Rotationsflächen dar, wie man sich leicht überlegt.

c2) Die Funktion $u(x,y) = g(x) \cdot h(y)$ mit frei wählbaren differenzierbaren Funktionen $g(x)$ und $h(y)$ ist offensichtlich Lösung der quasilinearen partiellen Dgl zweiter Ordnung

$$u \cdot u_{xy} - u_x \cdot u_y = 0$$

wie man durch Einsetzen leicht nachprüfen kann. Damit sind alle Funktionen Lösung der gegebenen Dgl, deren Variablen sich trennen lassen, wie z.B.

$$e^{x+y^2} , \sin x \cdot \cos y , \ln x \cdot \sqrt{1+y^2} , \frac{\sqrt{x} \cdot \tan y}{x^2 \cdot y^3} , \dots$$

c3) Die allgemeine Lösung der einfachen partiellen Dgl zweiter Ordnung

$$u_{xy} = 0$$

ergibt sich durch Integration bzgl. x und y zu (siehe Abschn. 15.4.2)

$$u(x,y) = F(x) + G(y)$$

mit frei wählbaren differenzierbaren Funktionen $F(x)$ und $G(y)$.

d) Da die partielle Dgl zweiter Ordnung

$$u_{xx} + u = 0$$

nur partielle Ableitungen bzgl. x enthält, läßt sie sich als gewöhnliche Dgl

$$u'' + u = 0$$

lösen, die die allgemeine Lösung

$$C_1 \cdot \cos x + C_2 \cdot \sin x \qquad (C_1, C_2 - \text{frei wählbare reelle Konstanten})$$

besitzt (siehe Beisp. 7.2 und 7.3b). Da die Variable y als konstant angesehen wurde, erhält man hieraus die *allgemeine Lösung* der *partiellen Dgl*, indem man die Konstanten C_1 und C_2 als frei wählbare Funktionen $F(y)$ bzw. $G(y)$ von y auffaßt. Damit hat die allgemeine Lösung der partiellen Dgl die Form

$$u(x,y) = F(y) \cdot \cos x + G(y) \cdot \sin x$$

♦

13.2 Anwendungen

Praktische Anwendungen sind für partielle Dgl nicht überschaubar, da sie in mathematischen Modellen verschiedenster Gebiete von Technik und Naturwissenschaften auftreten. Für viele dieser Gebiete bilden sie die theoretische Grundlage. Stellen wir einige Gesichtspunkte zur praktischen Anwendung partieller Dgl zusammen:

- Viele Naturgesetze lassen sich durch Modelle mit partiellen Dgl beschreiben.

- In der Physik spielen partielle Dgl eine große Rolle, so u.a. bei Untersuchung von

  * Gleichgewichtszuständen und Feldern, d.h. Größen, die in Raum und Zeit variieren. Am bekanntesten sind elektrische und magnetische Felder, die sich durch Maxwellsche Gleichungen (System partieller Dgl) beschreiben

lassen. Ein Schwerpunkt der Elektrodynamik liegt in der Entwicklung von
Lösungsmethoden für diese linearen Dgl, die sich zum Teil auch auf andere
Typen von Dgl anwenden lassen.

* Wärmeleitungs- und Diffusionsprozessen
* Schwingungs- und Wellenvorgängen

- Ein Erfolg der theoretischen Physik besteht darin, daß für eine Reihe von Phä-
  nomenen mathematische Modelle gefunden wurden, denen lineare partielle
  Dgl zugrunde liegen.

- In Anwendungen treten auch nichtlineare Dgl auf wie z.B. bei Navier-Stokes-
  Gleichungen der Hydrodynamik und beim Dreikörperproblem der Himmels-
  mechanik, für die sich nicht immer exakte Lösungen finden lassen, so daß man
  auf numerische Methoden (Näherungsmethoden) angewiesen ist.

- In den letzten Jahrzehnten wurden auch exakte Lösungen für wichtige nichtlineare Gleichungen wie z.B. für gewisse Arten von Navier-Stokes-Gleichungen
  gefunden (siehe [46, 61, 65]).

- In modernen Theorien der Wirtschaftswissenschaften treten ebenfalls Modelle
  mit partiellen Dgl auf, wenn auch nicht so zahlreich wie in Technik und Naturwissenschaften.

Aus der Vielzahl von Anwendungen wählen wir im folgenden Beisp. 13.2 drei
klassische Aufgaben der Physik für lineare partielle Dgl zweiter Ordnung aus, an
denen wir im Abschn. 13.3 die Vorgabe von Anfangs- und Randbedingungen illustrieren und im Kap.15 typische Lösungsmethoden für partielle Dgl skizzieren.

Beispiel 13.2:

a) Wärmeleitungsvorgänge in homogenen Medien lassen sich durch folgende lineare partielle Dgl zweiter Ordnung beschreiben, die vom *parabolischen Typ*
   (siehe Abschn. 15.2) sind, wobei x,y,z Ortsvariable und t die Zeitvariable darstellen (a > 0 – gegebene reelle Konstante):

   a1) $u_t(x,t) - a \cdot u_{xx}(x,t) = f(x,t)$

   a2) $u_t(x,y,t) - a \cdot (u_{xx}(x,y,t) + u_{yy}(x,y,t)) = f(x,y,t)$

   a3) $u_t(x,y,z,t) - a \cdot (u_{xx}(x,y,z,t) + u_{yy}(x,y,z,t) + u_{zz}(x,y,z,t)) = f(x,y,z,t)$

Der Unterschied zwischen den drei Dgl liegt darin, daß man die Temperaturverteilung

a1) in einem dünnen langen Stab betrachtet. Man nimmt hier an, daß die Tem-
    peraturverteilung im Querschnitt konstant ist und nur von der Längenaus-
    dehnung x abhängt, so daß neben der Zeitvariablen t nur eine Ortsvariable
    x auftritt. Man spricht hier von eindimensionalen Wärmeleitungsgleichun-
    gen.

a2) in einer dünnen Platte betrachtet. Hier nimmt man an, daß die Temperatur-
    verteilung nur in einer Ebene (xy-Ebene) variiert und keine räumliche Aus-
    dehnung besitzt, so daß neben der Zeitvariablen t nur zwei Ortsvariable x, y

auftreten. Man spricht hier von zweidimensionalen Wärmeleitungsgleichungen.

a3) in einem Gebiet des dreidimensionalen Raumes betrachtet, so daß neben der Zeitvariablen t alle Ortsvariablen x, y, z auftreten. Man spricht hier von dreidimensionalen Wärmeleitungsgleichungen.

Dgl parabolischen Typs finden auch bei Diffusionsvorgängen Anwendung, so daß sie unter der Bezeichnung ein-, zwei- bzw. dreidimensionale *Wärmeleitungs-* und *Diffusionsgleichungen* geführt werden.

Unter Verwendung des *Laplaceoperators* lassen sich parabolische Dgl in der gemeinsamen Kurzform $u_t - a \cdot \Delta u = f$ schreiben, die häufig Anwendung findet.

b) Schwingungsvorgänge (Wellenausbreitungen) in homogenen Medien lassen sich durch folgende lineare partielle Dgl zweiter Ordnung beschreiben, die vom *hyperbolischen Typ* (siehe Abschn. 15.2) sind, wobei x,y,z Ortsvariable und t die Zeitvariable darstellen (a > 0 – gegebene reelle Konstante):

b1) $u_{tt}(x,t) - a \cdot u_{xx}(x,t) = f(x,t)$

b2) $u_{tt}(x,y,t) - a \cdot (u_{xx}(x,y,t) + u_{yy}(x,y,t)) = f(x,y,t)$

b3) $u_{tt}(x,y,z,t) - a \cdot (u_{xx}(x,y,z,t) + u_{yy}(x,y,z,t) + u_{zz}(x,y,z,t)) = f(x,y,z,t)$

Der Unterschied zwischen den drei Dgl liegt darin, daß man Schwingungen

b1) eindimensional betrachtet, z.B. bei einer Saite.

b2) zweidimensional betrachtet, z.B. bei einer Membran.

b3) eines räumlich ausgedehnten (dreidimensionalen) Körpers betrachtet.

Dgl hyperbolischen Typs werden unter der Bezeichnung cin-, zwei- bzw. dreidimensionale *Schwingungs-* und *Wellengleichungen* geführt.

Unter Verwendung des *Laplaceoperators* lassen sich hyperbolische Dgl in der gemeinsamen Kurzform

$$u_{tt} - a \cdot \Delta u = f$$

schreiben, die häufig Anwendung findet.

c) Gleichgewichtszustände und stationäre (zeitunabhängige) Vorgänge wie z.B. stationäre Wärmeverteilungen oder Felder lassen sich durch lineare partielle Dgl zweiter Ordnung beschreiben, die vom *elliptischen Typ* (siehe Abschn. 15.2) sind, wobei x,y,z Ortsvariable darstellen:

c1) $u_{xx}(x,y) + u_{yy}(x,y) = f(x,y)$

c2) $u_{xx}(x,y,z) + u_{yy}(x,y,z) + u_{zz}(x,y,z) = f(x,y,z)$

Der Unterschied zwischen den zwei Dgl liegt darin, daß man Vorgänge

c1) in der Ebene,

c2) im Raum

betrachtet. Die in c1 und c2 gegebenen Dgl elliptischen Typs werden als *Poissonsche Dgl* und im homogenen Fall (d.h. f≡0) als *Laplacesche Dgl* oder *Po-*

tentialgleichungen bezeichnet. Elliptische Dgl sind mit parabolischen Dgl verwandt, da sie stationäre Lösungen (d.h. $u_t = 0$) darstellen.

Unter Verwendung des *Laplaceoperators* lassen sich elliptische Dgl in der gemeinsamen Kurzform

$\Delta u = f$

schreiben, die häufig Anwendung findet.

Die in den Beisp. a – c betrachteten linearen Dgl werden *homogen* (d.h. f≡0), wenn keine *äußeren Einflüsse* vorliegen, wie z.B. Wärmequellen oder Kräfte.

♦

13.3 Anfangs-, Rand- und Eigenwertaufgaben

Eine Lösungsdarstellung für partielle Dgl, die alle möglichen Lösungen enthält, heißt *allgemeine Lösung*, wobei die Existenz von Lösungen vorausgesetzt wird (siehe Abschn. 13.4). Im Unterschied zu gewöhnlichen Dgl, bei denen die allgemeine Lösung frei wählbare Konstanten enthält, sind in allgemeinen Lösungen partieller Dgl frei wählbare Funktionen enthalten, wie im Beisp. 13.1c illustriert wird.

Allgemeine Lösungen lassen sich für partielle Dgl ebenso wie für gewöhnliche nur für Sonderfälle konstruieren. Sie besitzen für praktische Anwendungen weniger Bedeutung. Hier sind ebenso wie bei gewöhnlichen Dgl spezielle Lösungen gesucht, die gewisse Bedingungen erfüllen, die aus praktischen Gegebenheiten entstehen.

Je nach vorliegenden Bedingungen unterscheidet man zwischen

- *Anfangsbedingungen*
  Hier werden längs einer gegebenen Kurve (Mannigfaltigkeit) die Werte (*Anfangswerte*) u(**x**) der Lösungsfunktion und ihrer Normalenableitungen vorgegeben.
  Liegen nur Anfangsbedingungen vor, so spricht man von *Anfangswertaufgaben*, denen man z.B. bei Dgl erster Ordnung und hyperbolischen und parabolischen Dgl zweiter Ordnung begegnet (siehe Beisp. 13.3a1, 13.4a und Abschn. 14.2.3 und 15.3).

- *Randbedingungen*
  Hier werden Werte (*Randwerte*) für die Lösungsfunktion u(**x**) auf dem Rand ∂G des Lösungsgebiets G vorgegeben.
  Liegen nur Randbedingungen vor, so spricht man von *Randwertaufgaben*, denen man z.B. bei elliptischen Dgl zweiter Ordnung begegnet (siehe Beisp. 13.3c und Abschn. 15.3).
  Sind alle vorgegebenen Randwerte gleich Null, so spricht man von *homogenen Randbedingungen*. Ist auch die (lineare) Dgl homogen, so liegt eine *homogene Randwertaufgabe* vor.

- *Anfangs-* und *Randbedingungen*

  Bei partiellen Dgl kann es erforderlich werden, für gewisse Variablen Randbedingungen und für gewisse Variablen Anfangsbedingungen vorzugeben. Dies ist z.B. bei praktischen Aufgaben der Fall, wo neben Ortsvariablen **x** zusätzlich eine Zeitvariable t auftritt, d.h. die Lösungsfunktion die Gestalt u(**x**,t) hat. Hier liegen für die Ortsvariablen meistens Randbedingungen und für die Zeitvariable Anfangsbedingungen vor.

  Sind Anfangs- und Randbedingungen gegeben, so spricht man von *Anfangsrandwertaufgaben*, die z.B. bei hyperbolischen und parabolischen Dgl zweiter Ordnung auftreten (siehe Beisp. 13.3b und Abschn. 15.3).

Eigenwertaufgaben (siehe Abschn. 6.3.7) treten auch bei partiellen Dgl auf:
Homogene Randwertaufgaben haben bei linearen partiellen Dgl meistens nur die Lösungsfunktion u(**x**) ≡ 0, d.h. die *triviale Lösung*. Eigenwertaufgaben sind spezielle homogene Randwertaufgaben, die einen Parameter λ enthalten, der so zu wählen ist, daß nichttriviale Lösungsfunktionen u(**x**) existieren, d.h. Lösungsfunktionen u(**x**), die nicht identisch Null sind.

♦

Beispiel 13.3:

Betrachten wir typische praktische Beispiele für Anfangs-, Anfangsrand- und Randwertaufgaben, die ausführlicher in den Kap.14 und 15 vorgestellt werden.

a) Für die eindimensionale *Wärmeleitungsgleichung*

$$u_t(x,t) - a \cdot u_{xx}(x,t) = f(x,t) \qquad (\text{a – gegebene reelle Konstante})$$

der Temperaturverteilung u(x,t) in einem homogenen und dünnen Stab können folgende Aufgaben entstehen:

a1) Eine typische *Anfangswertaufgabe* liegt vor, wenn der Stab als unbegrenzt („unendlich lang") betrachtet wird. Hier stellt sich die

Anfangsbedingung $\qquad\qquad u(x,0) = u_0(x)$

mit der zur Zeit t=0 bekannten (gegebenen) Anfangstemperatur $u_0(x)$.

a2) Wird der Stab als begrenzt mit der Länge l betrachtet, so ergibt sich eine typische *Anfangsrandwertaufgabe* mit

Anfangsbedingung für Zeitvariable t: $\qquad u(x,0) = u_0(x)$

Randbedingungen für Ortsvariable x: $\qquad u(0,t) = u_1(t) , u(l,t) = u_2(t)$

mit an Stabenden bekannten (gegebenen) Temperaturen $u_1(t) , u_2(t)$.

b) Für die eindimensionale *Schwingungsgleichung* (*Saitengleichung*)

$$u_{tt}(x,t) - a \cdot u_{xx}(x,t) = f(x,t) \qquad (\text{a – gegebene reelle Konstante})$$

ergibt sich für eine fest eingespannte (endliche) Saite der Länge l eine *Anfangsrandwertaufgabe* ($0 \leq x \leq 1$, $t \geq 0$) mit

Anfangsbedingungen für Zeitvariable t: $u(x,0) = u_0(x)$, $u_t(x,0) = u_1(x)$

Randbedingungen für Ortsvariable x: $u(0,t) = u(l,t) = 0$

in denen $u_0(x)$ die Anfangsauslenkung und $u_1(x)$ die Anfangsgeschwindigkeit der Saite zur Zeit t=0 darstellen. Betrachtet man eine unbegrenzte („unendlich lange") Saite, so stellt sich eine *Anfangswertaufgabe* .

c) Betrachtet man eine stationäre (zeitunabhängige) Temperaturverteilung in einem Körper G, so ergibt sich für die Poissonsche Dgl (siehe Beisp. 13.2c)

$$\Delta u(x,y,z) = u_{xx}(x,y,z) + u_{yy}(x,y,z) + u_{zz}(x,y,z) = f(x,y,z)$$

eine *Randwertaufgabe* mit

Randbedingungen $u(x,y,z) = h(x,y,z)$ für alle $(x,y,z) \in \partial G$

und bekannter Funktion h(x,y,z), d.h., auf dem Rand ∂G des betrachteten Körpers G (Lösungsgebiet) sind die Werte h(x,y,z) der Lösungsfunktion u(x,y,z) (Temperatur) bekannt.

♦

13.4 Existenz und Eindeutigkeit von Lösungen

Analog zu gewöhnlichen Dgl versteht man bei partiellen Dgl unter einer *Lösung* (*Lösungsfunktion* oder *Integral*) eine stetige Funktion u(**x**) die erforderliche (partielle) Ableitungen besitzt und die Dgl im gegebenen Lösungsgebiet G identisch erfüllt. Eine Lösungsdarstellung heißt *allgemeine Lösung*, wenn sie alle möglichen Lösungen enthält.

Da man schon bei relativ einfachen Dgl keine geschlossene Lösungsdarstellung findet (siehe Beisp. 13.4c), besteht großes mathematisches Interesse an Untersuchungen, unter welchen Voraussetzungen eine vorliegende partielle Dgl überhaupt Lösungen besitzt.

Deshalb werden in der Theorie partieller Dgl unter zusätzlichen Voraussetzungen für Klassen von Dgl Existenz und Eindeutigkeit von Lösungen nachgewiesen. Dies gestaltet sich aber schwieriger als für gewöhnliche Dgl, so daß wir hierauf nicht eingehen können.

Anwendern in Physik, Technik, Natur- und Wirtschaftswissenschaften interessieren Existenz und Eindeutigkeit bei Dgl weniger, da sie bei den untersuchten Problemen von einer Lösung ausgehen und dies auch vom aufgestellten mathematischen Modell in Form einer Dgl erwarten. Da aber diese Modelle i. allg. nur eine vereinfachte Darstellung liefern ist Vorsicht geboten, weil sie nicht immer eine Lösung besitzen müssen.

♦

Zur Lösungsproblematik partieller Dgl ist folgendes zu bemerken:

- Im Rahmen des Buches betrachten wir sogenannte *klassische Lösungen* u(x) für partielle Dgl m-ter Ordnung. Diese sind dadurch charakterisiert, daß stetige Funktionen u(x) existieren, die stetige partielle Ableitungen bis zur Ordnung m besitzen und die Dgl identisch erfüllen.
  In der modernen Theorie wird dieser Lösungsbegriff abgeschwächt, falls keine klassischen Lösungen existieren. Man spricht dann wie bei gewöhnlichen Dgl von *schwachen* oder *verallgemeinerten Lösungen*, die auch bei praktischen Aufgaben Anwendung finden. Hierauf können wir jedoch im Rahmen des Buches nicht eingehen und verweisen auf die Literatur [71].

- Bei praktischen Aufgaben sind meisten nicht allgemeine Lösungen gesucht, sondern Lösungen, die vorgegebene Anfangs- und/oder Randbedingungen erfüllen. Deshalb werden außer bei Dgl erster Ordnung für Dgl ab zweiter Ordnung mit wenigen Ausnahmen keine allgemeinen Lösungen bestimmt, sondern spezielle Lösungen, die gewisse Bedingungen (Anfangs- und Randbedingungen) erfüllen. Dies liegt darin begründet, daß allgemeine Lösungen schwierig zu bestimmen sind und praktisch wenig interessieren.

- *Sachgemäß* (*korrekt*) gestellte Aufgaben lernen wir bereits bei gewöhnlichen Dgl kennen (siehe Abschn. 4.4). Sie werden auch bei partiellen Dgl gefordert und sind dadurch charakterisiert, daß sie eine eindeutige Lösung besitzen, die stetig von den Nebenbedingungen (Anfangs- und/oder Randbedingungen) und eventuellen weiteren Parametern der Aufgaben abhängen.

- Wenn die Existenz einer Lösung gesichert ist, entsteht naturgemäß die Frage nach ihrer konkreten Form und Berechnung.
  Der Idealfall liegt vor, wenn exakte Lösungen partieller Dgl sich aus endlich vielen elementaren mathematischen Funktionen zusammensetzen oder in analytischer (geschlossener) Darstellung (Potenzreihe oder Integral) vorliegen (siehe Beisp. 13.4a und b), d.h., eine exakte (analytische) Lösungsmethode erfolgreich ist. Leider ist dies schon bei relativ einfachen partiellen Dgl nicht der Fall (siehe Beisp. 13.4c).

Beispiel 13.4:

a) Für die eindimensionale homogene *Schwingungsgleichung* (*Saitengleichung*)

$$u_{tt}(x,t) - a^2 \cdot u_{xx}(x,t) = 0 \qquad (\text{a} - \text{gegebene reelle Konstante})$$

läßt sich die *allgemeine Lösung* $u(x,t) = F(x - a \cdot t) + G(x + a \cdot t)$
berechnen (siehe Abschn. 15.4.2), in der F und G frei wählbare zweimal stetig differenzierbare Funktionen einer unabhängigen Variablen sind.
Betrachtet man im Unterschied zum Beisp. 13.3b eine unendlich lange Saite, so ergibt sich eine *Anfangswertaufgabe* für die Schwingungsgleichung mit den Anfangsbedingungen

$$u(x,0) = u_0(x) \quad , \quad u_t(x,0) = u_1(x) \qquad (-\infty < x < +\infty \ , \ t \geq 0)$$

in denen $u_0(x)$ die Anfangsauslenkung und $u_1(x)$ die Anfangsgeschwindigkeit der Saite zur Zeit t=0 darstellen. Für diese Anfangsbedingungen be-

rechnet sich aus der allgemeinen Lösung folgende spezielle Lösung in geschlossener Form (*Lösungsformel von d'Alembert*), die als analytische oder geschlossene Lösungsdarstellung bezeichnet wird (siehe Abschn. 15.4.2):

$$u(x,t) = \frac{1}{2} \cdot \left(u_0(x - a \cdot t) + u_0(x + a \cdot t) \right) + \frac{1}{2 \cdot a} \cdot \int_{x - a \cdot t}^{x + a \cdot t} u_1(s)\, ds$$

Wenn sich die Funktionen $u_0(x)$ und $u_1(x)$ aus elementaren mathematischen Funktionen zusammensetzen und das enthaltene Integral ebenfalls mittels elementarer mathematischer Funktionen berechenbar ist, hat man ein Beispiel für die Lösungsdarstellung mittels elementarer mathematischer Funktionen. Da dies nicht immer der Fall ist, muß man allgemein die gegebene analytische (geschlossene) Lösungsdarstellung mit dem Integralausdruck weiterver-
wenden.

b) Bereits folgende einfache lineare partielle (parabolische) Dgl zweiter Ordnung

$$u_t(x,t) - a^2 \cdot u_{xx}(x,t) = 0 \qquad\qquad (\textit{Wärmeleitungsgleichung})$$

mit der Anfangsbedingung $u(x,0) = u_0(x)$

und den homogenen Randbedingungen $u(0,t) = u(1,t) = 0$

besitzt keine Lösung, die sich aus einer endlichen Zahl elementarer Funktionen
zusammensetzt. Diese *Anfangsrandwertaufgabe* beschreibt die Wärmeleitung
in einem endlich langen, homogenen dünnen Stab der Länge 1 (ohne Wärmequellen), an dessen Enden die Temperatur gleich Null ist und dessen Anfangstemperatur (zur Zeit t=0) durch die Funktion $u_0(x)$ (mit $u_0(0) =$
$u_0(1) = 0$) vorgegeben ist.

Hier besteht eine Möglichkeit zur Konstruktion der Lösungsfunktion u(x,t) darin, eine analytische (geschlossene) Lösungsdarstellung in Form einer konver-
genten Funktionenreihe

$$u(x,t) = \sum_{k=1}^{\infty} C_k \cdot \sin\left(\frac{k \cdot \pi}{1} \cdot x \right) \cdot e^{-\left(\frac{k \cdot \pi \cdot a}{1} \right)^2 \cdot t}$$

zu erhalten. Diese Vorgehensweise stellen wir im Abschn. 15.4.3 vor.

c) Folgende einfache nichtlineare partielle Dgl erster bzw. zweiter Ordnung für
Lösungsfunktionen u(x,y)

* $u_x^2 + u^2 = -1$ besitzt keine Lösung,

* $u_{xy}^2 + u^2 = 0$ besitzt nur die triviale Lösung $u(x,y) \equiv 0$,

wie man sich einfach überlegt.

♦

13.5 Lösungsmethoden

Für partielle Dgl gibt es eine Vielzahl von Lösungsmethoden, in die in den Kap.
14–16 ein Einblick gegeben wird. Bei Lösungsmethoden unterscheidet man ebenso wie bei gewöhnlichen Dgl zwischen exakten und numerischen (siehe Abschn.
13.5.1 und 13.5.2). Allgemeine Prinzipien dieser Methoden werden im Abschn.
3.5 vorgestellt.

13.5.1 Exakte Lösungsmethoden

Unter *exakten Lösungsmethoden* für partielle Dgl versteht man analog zu gewöhnlichen Dgl Methoden, die

* Lösungsfunktionen in endlich vielen Schritten liefern, die sich aus elementaren
  mathematischen Funktionen zusammensetzen.

* eine geschlossene Darstellung für Lösungsfunktionen liefern, wie z.B. in Form
  konvergenter unendlicher Funktionenreihen oder in Integralform

Beide Arten von Lösungen werden *exakte* oder *analytische Lösungen* genannt und
man spricht von *exakten* oder *analytischen Lösungsmethoden* bzw. *analytischen
(geschlossenen) Lösungsdarstellungen.* Diese Methoden sind für partielle Dgl e-
benso wie für gewöhnliche nicht universell einsetzbar, sondern nur für spezielle
Klassen erfolgreich.
Die im Abschn. 3.5.1 vorgestellten allgemeinen Prinzipien zur exakten Lösung
finden auch bei partiellen Dgl Anwendung. Auf diesen Prinzipien aufbauende Lösungsmethoden existieren für eine Reihe von Sonderfällen partieller Dgl, wie im
Kap.14 und 15 zu sehen ist. Unter diesen Sonderfällen spielen lineare Dgl eine herausragende Rolle, während für nichtlineare partielle Dgl das Finden exakter Lösungen schwieriger ist.

13.5.2 Numerische Lösungsmethoden

Bei den meisten praktischen Aufgaben ist man auf numerische Lösungsmethoden
(Näherungsmethoden) und damit auf den Computer angewiesen, da sich numerische Methoden effektiv nur mittels Computer realisieren lassen.
Die Anwendung numerischer Methoden liegt einerseits in der Tatsache begründet,
daß sich für viele praktische Aufgaben keine exakten Lösungsmethoden angeben
lassen. Andererseits können für exakt lösbare Dgl die enthaltenen Koeffizienten
und Parameter praktisch nur näherungsweise bestimmt werden, so daß eine numerische Lösung mittels Computer vorzuziehen ist.
Die im Abschn. 3.5.2 vorgestellten allgemeine Prinzipien numerischer Methoden
finden auch bei partiellen Dgl Anwendung. Im Kap.16 geben wir einen Einblick,
um Anwendern zu ermöglichen, MATHCAD und MATLAB und weitere Programmsysteme erfolgreich einsetzen zu können.

13.5.3 Anwendung von MATHCAD und MATLAB

Die Anwendung des Computers ist bei der Lösung praktischer Aufgaben für partielle Dgl erforderlich, da eine exakte bzw. numerische Lösung per Hand nur bei einfachen Aufgaben möglich ist. Die numerische Lösung spielt bei partiellen ebenso wie bei gewöhnlichen Dgl die Hauptrolle, da sich die meisten praktisch auftretenden Dgl nicht exakt lösen lassen.

Wir haben im vorliegenden Buch MATHCAD und MATLAB gewählt, um partielle Dgl exakt bzw. numerisch mittels Computer zu lösen:

*   Zur *exakten Lösung* partieller Dgl sind in MATHCAD und MATLAB keine Funktionen vordefiniert. Sie können jedoch für die exakte Lösung gewisser Aufgabenklassen herangezogen werden (siehe Abschn. 14.2.4 und 15.4.7).
    In MATLAB läßt sich zusätzlich die MAPLE-Funktion **pdsolve** einsetzen, um einfache partielle Dgl exakt zu lösen, wie wir im Beisp. 14.5 und 15.10 für partielle Dgl erster bzw. zweiter Ordnung illustrieren. Ausführlichere Informationen zu dieser Funktion erhält man durch die Eingabe von >> mhelp pdsolve in das Arbeitsfenster von MATLAB.

*   MATHCAD und MATLAB können mit ihren vordefinierten Funktionen und Erweiterungspaketen nur Standardaufgaben für partielle Dgl zweiter Ordnung *numerisch lösen.* Dies ist nicht anders zu erwarten bei der Vielzahl unterschiedlicher Typen partieller Dgl, die in einzelnen Anwendungsgebieten auftreten. Für MATLAB existiert als Erweiterungspaket eine Toolbox zu partiellen Dgl, die umfangreichere Möglichkeiten zur numerischen Lösung liefert.
    Im Abschn. 16.4 und 16.5 findet man einen Einblick in Möglichkeiten von MATHCAD und MATLAB zur numerischen Lösung partieller Dgl.

Der Anwender ist bei der Lösung partieller Dgl neben MATHCAD und MATLAB und ihren Erweiterungspaketen auch auf spezielle Programmsysteme (siehe Abschn. 13.5.4) und Literatur der entsprechenden Fachgebiete angewiesen.

13.5.4 Anwendung weiterer Programmsysteme

In MATHCAD und MATLAB sind nur Funktionen zur numerischen Lösung gewisser Klassen partieller Dgl zweiter Ordnung vordefiniert. Falls eine vorliegende partielle Dgl nicht mit MATHCAD oder MATLAB lösbar ist, muß der Anwender zusätzlich spezielle Programmsysteme wie z.B. ANSYS, DIFFPACK, FEMLAB, IMSL, PLTMG und NAG-Bibliothek heranziehen bzw. Literatur entsprechender Fachgebiete oder das Internet konsultieren. Ausführlichere Informationen zu verschiedenen Programmsystemen erhält man aus dem Internet, indem man z.B. den entsprechenden Namen in eine Suchmaschine wie GOOGLE eingibt.

Gegebenenfalls wird es auch erforderlich sein, eigene Programme zu schreiben, wenn für anfallende partielle Dgl keine Programme zur numerischen Lösung gefunden werden. Dies kann auch im Rahmen von MATHCAD und MATLAB geschehen, wobei hier der Vorteil besteht, alle vordefinierten Funktionen einbinden zu können.

14 Partielle Differentialgleichungen erster Ordnung

14.1 Einführung

Partielle Dgl erster Ordnung stellen die einfachste Form partieller Dgl dar, da in ihren Gleichungen neben der unbekannten Funktion (Lösungsfunktion) u(x) nur noch deren partielle Ableitungen erster Ordnung

$$u_{x_1}(x), u_{x_2}(x), ..., u_{x_n}(x)$$

bzgl. der Variablen

$$x_1, x_2, ..., x_n$$

auftreten. Zur Vereinfachung der Schreibweise fassen wir die unabhängigen Variablen in einem Vektor x zusammen bzw. bezeichnen sie mit x , y , z und t, wenn maximal drei Ortsvariable bzw. eine Zeitvariable vorliegen (siehe Abschn. 13.1).
Allgemeine partielle Dgl erster Ordnung schreiben sich in der Form

$$F(x , u(x) , u_{x_1}(x) , u_{x_2}(x) , ..., u_{x_n}(x)) = 0$$

die man als implizite Darstellung bezeichnet. Dabei brauchen in dem funktionalen Zusammenhang F nicht alle Argumente auftreten. Es muß aber mindestens eine partielle Ableitung erster Ordnung vorhanden sein.

Eine stetige Funktion u(x) heißt *Lösung* (*Lösungsfunktion*) einer partiellen Dgl erster Ordnung, wenn sie stetige partielle Ableitungen erster Ordnung besitzt und die Dgl identisch erfüllt, d.h.

$$F(x , u(x) , u_{x_1}(x) , u_{x_2}(x) , ..., u_{x_n}(x)) \equiv 0$$

Wichtige *Sonderfälle* partieller Dgl erster Ordnung sind:

- *Lineare Dgl* $$\sum_{k=1}^{n} a_k(x) \cdot u_{x_k}(x) + b(x) \cdot u(x) = f(x)$$

  Gilt $f(x) \equiv 0$, so spricht man analog zu gewöhnlichen Dgl von *homogenen linearen Dgl*.

- *Linear-homogene Dgl* $$\sum_{k=1}^{n} a_k(x) \cdot u_{x_k}(x) = 0$$

  Sie bilden offensichtlich einen Sonderfall linearer Dgl mit $b(x) \equiv 0$ und $f(x) \equiv 0$ und sind nicht mit homogenen linearen Dgl zu verwechseln, für die nur $f(x) \equiv 0$ gilt.

- *Quasilineare Dgl* $\displaystyle\sum_{k=1}^{n} a_k(x,u(x))\cdot u_{x_k}(x) = f(x,u(x))$

  Sie sind dadurch gekennzeichnet, daß sie nur bzgl. der partiellen Ableitungen
  linear sein müssen. Lineare Dgl bilden offensichtlich einen Sonderfall quasilinearer Dgl.

- Ein *einfacher Sonderfall* liegt vor, wenn in der Dgl nur partielle Ableitungen
  bzgl. einer Variablen vorkommen. In diesem Fall kann man die übrigen Variablen als konstant annehmen, so daß eine gewöhnliche Dgl erster Ordnung
  entsteht. Bei deren Lösung ist nur zu beachten, daß auftretende Konstanten (Integrationskonstanten) Funktionen der übrigen Variablen sind (siehe Beisp.
  14.1a).

Im Gegensatz zu partiellen Dgl höherer Ordnung, liegt für Dgl erster Ordnung eine Lösungstheorie vor, die ihre Lösung auf die Lösung gewöhnlicher Dgl-Systeme
erster Ordnung zurückführt. Wir illustrieren dies am Beispiel linear-homogener
und quasilinearer Dgl in den Abschn. 14.2.1 bzw. 14.2.2.
Es gibt eine Reihe praktischer Anwendungen von Dgl erster Ordnung wie z.B. bei
Transportvorgängen und Stoßwellen (siehe Beisp. 14.1b und c). Diese Anwendungen sind jedoch nicht so zahlreich wie bei partiellen Dgl zweiter Ordnung, die
in Physik und Technik eine fundamentale Rolle spielen.
Viele Lehrbücher über partielle Dgl beginnen erst mit Dgl zweiter Ordnung. Wir
schließen uns dieser Vorgehensweise nicht an und geben im folgenden einen Einblick in die Problematik partieller Dgl erster Ordnung, so daß der Anwender anfallende Aufgaben lösen kann.

◆

Beispiel 14.1:

a) Da in der partiellen Dgl

$$u_x(x,y,z) + u(x,y,z) = 0$$

erster Ordnung neben der unbekannten Funktion (Lösungsfunktion) u(x,y,z)
dreier unabhängiger Variabler x, y, z nur ihre partielle Ableitung bzgl. der Variablen x auftritt, kann diese als gewöhnliche Dgl

$$u'(x) + u(x) = 0$$

gelöst werden, deren allgemeine Lösung die Form (siehe Beisp. 5.1d)

$$u(x) = C\cdot e^{-x}$$

hat. Um hieraus die allgemeine Lösung der betrachteten partiellen Dgl zu erhalten, muß man lediglich die frei wählbare Konstante (Integrationskonstante)
C durch eine frei wählbare stetige Funktion F(y,z) der Variablen y, z ersetzen,
so daß sich folgende allgemeine Lösung ergibt:

$$u(x,y,z) = F(y,z)\cdot e^{-x}$$

b) Die lineare Dgl erster Ordnung mit konstanten Koeffizienten

$$u_t(x,t) + a \cdot u_x(x,t) = 0$$

beschreibt die Konzentration u(x,t) einer Substanz (z.B. Schadstoff), die sich in einer Flüssigkeit (z.B. Wasser) befindet, die mit konstanter Geschwindigkeit a (>0) durch ein horizontales Rohr konstanten Querschnitts in Richtung der positiven x-Achse fließt. Bei diesem einfachen Modell wird die Diffusion vernachlässigt, so daß die zeitliche Änderung der Konzentration proportional zum Gradienten ist.

c) Die nichtlineare (quasilineare) Dgl erster Ordnung

$$u_t(x,t) + a(u(x,t)) \cdot u_x(x,t) = 0$$

liefert ein einfaches Modell zur Beschreibung von Stoßwellen bei Explosionen, beim Schallschutz, Verkehrsfluß usw.

◆

14.2 Exakte Lösungsmethoden

Wie bereits erwähnt, liegt für partielle Dgl erster Ordnung eine geschlossene Lösungstheorie vor, mit deren Hilfe sich allgemeine Lösungen konstruieren und Anfangswertaufgaben lösen lassen. Ihre Lösung läßt sich auf die Lösung gewöhnlicher Dgl-Systeme erster Ordnung zurückführen.

Im folgenden geben wir einen Einblick in diese Lösungstheorie für linear-homogene und quasilineare Dgl erster Ordnung und illustrieren sie an Beispielen.

Wir werden sehen, daß in die allgemeine Lösung partieller Dgl erster Ordnung eine frei wählbare Funktion eingeht.

◆

14.2.1 Linear-homogene Differentialgleichungen

Linear-homogene partielle Dgl erster Ordnung haben die Form

$$\sum_{k=1}^{n} a_k(\mathbf{x}) \cdot u_{x_k}(\mathbf{x}) = a_1(\mathbf{x}) \cdot u_{x_1}(\mathbf{x}) + a_2(\mathbf{x}) \cdot u_{x_2}(\mathbf{x}) + \ldots + a_n(\mathbf{x}) \cdot u_{x_n}(\mathbf{x}) = 0$$

und sind nicht mit homogenen linearen Dgl

$$\sum_{k=1}^{n} a_k(\mathbf{x}) \cdot u_{x_k}(\mathbf{x}) + b(\mathbf{x}) \cdot u(\mathbf{x}) = 0$$

zu verwechseln, sondern ergeben sich als ihr Sonderfall, wenn man b(x) ≡ 0 setzt.

Die Lösung linear-homogener partieller Dgl erster Ordnung läßt sich am einfachsten auf die Lösung gewöhnlicher Dgl-Systeme erster Ordnung zurückführen, indem man ihnen das gewöhnliche Dgl-System

$$x_1'(t) = a_1(\mathbf{x}(t))$$

$$x_2'(t) = a_2(\mathbf{x}(t))$$

$$\vdots \qquad \vdots \qquad\qquad \text{vektorielle Schreibweise:} \qquad \mathbf{x}'(t) = \mathbf{a}(\mathbf{x}(t))$$

$$x_n'(t) = a_n(\mathbf{x}(t))$$

zuordnet. Dieses Dgl-System wird als zugehöriges *charakteristisches System* bezeichnet und seine Lösungsfunktionen $x_1(t), x_2(t), \ldots, x_n(t)$ heißen *Charakteristiken*.

☞

Unter Verwendung der Charakteristiken kann die allgemeine Lösung der betrachteten linear-homogenen Dgl konstruiert werden, da die Theorie folgenden Zusammenhang beweist:
Jede stetig partiell differenzierbare Funktion $u(\mathbf{x})$ ist genau dann Lösung einer linear-homogenen Dgl, wenn sie längs jeder Charakteristik konstant ist.

♦

Der Zusammenhang zwischen Charakteristiken und linear-homogenen Dgl läßt sich in einer Lösungsmethode anwenden, die als *Charakteristikenmethode* bezeichnet und deren einzelne Schritte im folgenden skizziert werden:

I. Zuerst wird die allgemeine Lösung des charakteristischen Systems bestimmt. Dies ist ein System gewöhnlicher Dgl erster Ordnung, so daß Lösungsmethoden aus Kap.8 anwendbar sind.

II. Danach werden durch geeignete Verknüpfungen der Lösungsfunktionen (Charakteristiken) des charakteristischen Systems die Variable t eliminiert und Gleichungen der Form

$$g_k(\mathbf{x}) = \text{konstant}$$

gewonnen, wie im Beisp. 14.2 illustriert wird. Damit ist

$$u(\mathbf{x}) = g_k(\mathbf{x})$$

eine Lösung der betrachteten linear-homogenen Dgl, weil sie längs der Charakteristiken konstant ist.

III. Hat man mittels Schritt II. $n-1$ unabhängige Funktionen $g_k(\mathbf{x})$ konstruiert, so ergibt sich die *allgemeine Lösung* der linear-homogenen Dgl in der Form

$$u(\mathbf{x}) = F(g_1(\mathbf{x}), g_2(\mathbf{x}), \ldots, g_{n-1}(\mathbf{x}))$$

Aus dieser Darstellung ist ersichtlich, wie eine frei wählbare differenzierbare Funktion F von $n-1$ Variablen in die allgemeine Lösung der partiellen Dgl eingeht.

Die Schritte I. und II. der Charakteristikenmethode sind nur für einfache charakteristische Systeme exakt ausführbar (siehe Beisp. 14.2), d.h., die gegebene Vorgehensweise ist rein technischer Art. Auf Fragen der Durchführbarkeit der Charakteristikenmethode und Existenz einer allgemeinen Lösung der Dgl verweisen wir auf die Literatur.

♦

Im folgenden Beisp. 14.2 findet man eine Illustration der Charakteristikenmethode zur Bestimmung allgemeiner Lösungen linear-homogener Dgl.

Beispiel 14.2:

a) Lösen wir die linear-homogene Dgl

$$u_x(x,y) + a \cdot u_y(x,y) = 0 \qquad\qquad (\,a - \text{gegebene reelle Konstante})$$

die zur Klasse der im Beisp. 14.1b vorgestellten Anwendungsaufgabe gehört. Hierfür lautet das *charakteristische System*

$$x'(t) = 1$$
$$y'(t) = a$$

dessen allgemeine Lösung

$$x(t) = t + C_1 \quad , \qquad y(t) = a \cdot t + C_2 \qquad (\,C_1, C_2 - \text{reelle Konstanten})$$

sich einfach durch Integration berechnen läßt. Wegen

$$a \cdot x(t) - y(t) = a \cdot C_1 - C_2 = \text{konstant}$$

ist

$$u(x,y) = a \cdot x - y$$

eine Lösung der betrachteten linear-homogenen Dgl und ihre *allgemeine Lösung* hat die Gestalt

$$u(x,y) = F(a \cdot x - y)$$

wobei F(s) eine frei wählbare stetig differenzierbare Funktion einer Variablen s darstellt und $s = a \cdot x - y$ zu setzen ist.

b) Lösen wir die linear-homogene Dgl

$$y \cdot u_x(x,y) - x \cdot u_y(x,y) = 0$$

die im Beisp. 13.1c1 betrachtet wird. Hierfür lautet das *charakteristische System*

$$x'(t) = y(t)$$
$$y'(t) = -x(t)$$

dessen allgemeine Lösung

$$x(t) = C_1 \cdot \cos t + C_2 \cdot \sin t$$
$$y(t) = -C_1 \cdot \sin t + C_2 \cdot \cos t$$

sich z.B. durch Zurückführung auf die Dgl zweiter Ordnung (siehe Beisp. 8.3d)

$$x''(t) + x(t) = 0$$

finden läßt. Man kann zur Lösung auch die in MATLAB vordefinierte Funktion **dsolve** verwenden:

```
>> [ x , y ] = dsolve ( ' Dx = y , Dy = − x ' )

x =

cos ( t ) * C1 + sin ( t ) * C2

y =

−sin ( t ) * C1 + cos ( t ) * C2
```

Für diese Lösungen des charakteristischen Systems gilt

$$x^2(t) + y^2(t) = C_1^2 + C_2^2 = \text{konstant}$$

so daß

$$u(x,y) = x^2 + y^2$$

eine Lösung der betrachteten linear-homogenen Dgl ist und ihre *allgemeine Lösung* die Gestalt

$$u(x,y) = F(x^2 + y^2)$$

hat, wobei F(s) eine frei wählbare stetig differenzierbare Funktion einer Variablen s darstellt und $s = x^2 + y^2$ zu setzen ist.

c) Lösen wir die linear-homogene Dgl

$$x_2 \cdot u_{x_1}(x_1,x_2,x_3) + x_1 \cdot u_{x_2}(x_1,x_2,x_3) + (x_1+x_2) \cdot u_{x_3}(x_1,x_2,x_3) = 0$$

Hierfür lautet das *charakteristische System*

$$x_1'(t) = x_2(t)$$
$$x_2'(t) = x_1(t)$$
$$x_3'(t) = x_1(t) + x_2(t)$$

dessen allgemeine Lösung

$$x_1(t) = C_1 \cdot e^t + C_2 \cdot e^{-t}$$
$$x_2(t) = C_1 \cdot e^t - C_2 \cdot e^{-t}$$
$$x_3(t) = 2 \cdot C_1 \cdot e^t + C_3$$

sich z.B. analog wie im Beisp. b durch Zurückführung der ersten beiden Gleichungen auf eine Dgl zweiter Ordnung berechnen läßt. Diese Berechnung überlassen wir dem Leser. Man kann hierzu auch MATLAB heranziehen, das die Lösung in folgender Form berechnet:

>> [x1 , x2 , x3] = dsolve (' Dx1 = x2 , Dx2 = x1 , Dx3 = x1 + x2 ')

x1 =

1/2*C1*exp(t) + 1/2*C1*exp(–t) + 1/2*C2*exp(t) – 1/2*C2*exp(–t)

x2 =

1/2*C1*exp(t) – 1/2*C1*exp(–t) + 1/2*C2*exp(t) + 1/2*C2*exp(–t)

x3 =

C1*exp(t)–C1+C2*exp(t)–C2+C3

Für diese Lösung gilt z.B.

$$x_1^2(t) - x_2^2(t) = \text{konstant} \quad \text{und} \quad -x_1(t) - x_2(t) + x_3(t) = \text{konstant}$$

wie man leicht nachprüft, so daß

$$u(x_1, x_2, x_3) = x_1^2 - x_2^2 \quad \text{und} \quad u(x_1, x_2, x_3) = -x_1 - x_2 + x_3$$

zwei Lösungen der betrachteten linear-homogenen Dgl sind, deren Unabhängigkeit sich zeigen läßt. Damit hat die *allgemeine Lösung* der Dgl die Gestalt

$$u(x_1, x_2, x_3) = F(x_1^2 - x_2^2, -x_1 - x_2 + x_3)$$

wobei F(r,s) eine frei wählbare stetig differenzierbare Funktion zweier Variablen r, s darstellt und $r = x_1^2 - x_2^2$, $s = -x_1 - x_2 + x_3$ zu setzen sind.

♦

14.2.2 Quasilineare Differentialgleichungen

Quasilineare partielle Dgl erster Ordnung

$$\sum_{k=1}^{n} a_k(\mathbf{x}, u(\mathbf{x})) \cdot u_{x_k}(\mathbf{x}) = f(\mathbf{x}, u(\mathbf{x}))$$

lassen sich durch die Transformation

$$u_{x_1} = -\frac{g_{x_1}}{g_u} \, , \, u_{x_2} = -\frac{g_{x_2}}{g_u} \, , \, \ldots \, , \, u_{x_n} = -\frac{g_{x_n}}{g_u} \qquad (g_u \neq 0)$$

auf linear-homogene partielle Dgl erster Ordnung

$$\sum_{k=1}^{n} a_k(x,u) \cdot g_{x_k}(x,u) + f(x,u) \cdot g_u(x,u) = 0$$

für die Funktion $g(x,u)$ zurückführen, zu deren Lösung die Charakteristikenmethode aus Abschn. 14.2.1 anwendbar ist.

Diese Transformation folgt aus der Annahme, daß die Lösung der quasilinearen Dgl in impliziter Form $g(x,u(x)) = 0$ bekannt ist. Die Differentiation dieser impliziten Darstellung nach den Variablen x_i unter Anwendung der Kettenregel liefert die verwendete Transformation.

Wenn die allgemeine Lösung F (.....) der so entstandenen linear-homogenen Dgl für $g(x,u)$ bestimmt ist, erhält man die allgemeine Lösung der betrachteten quasilinearen Dgl aus

F(....) = 0

wie im folgenden Beisp. 14.3a und b illustriert wird.

Spezielle Lösungen quasilinearer Dgl lassen sich auch durch Trennung der Variablen mittels *Produktansatz* gewinnen. Ausführlicher wird diese Methode im Abschn. 15.4.1 für partielle Dgl zweiter Ordnung beschrieben. Im Beisp. 15.3c geben wir eine Illustration dieser bei partiellen Dgl häufig benutzten Lösungsmethode.

♦

Beispiel 14.3:

a) Die *quasilineare Dgl*

$$u_x(x,y) + (u(x,y) - x^2) \cdot u_y(x,y) - 2 \cdot x = 0$$

wird durch die Transformation

$$u_x = -\frac{g_x}{g_u} \quad u_y = -\frac{g_y}{g_u}$$

in die *linear-homogene Dgl*

$$g_x(x,y,u) + (u - x^2) \cdot g_y(x,y,u) + 2 \cdot x \cdot g_u(x,y,u) = 0$$

für die Funktion $g(x,y,u)$ überführt, die folgendes charakteristische System besitzt:

$$x'(t) = 1$$

$$y'(t) = u(t) - x^2(t)$$

$$u'(t) = 2 \cdot x(t)$$

Die Berechnung der allgemeinen Lösung dieses charakteristischen Systems überlassen wir dem Leser. Sie lautet wie auch MATLAB mit **dsolve** berechnet:

$x(t) = t + C_1$

$y(t) = (C_3 - C_1^2) \cdot t + C_2$

$u(t) = t^2 + 2 \cdot C_1 \cdot t + C_3$

Für diese Lösung gilt z.B.

$u(t) - x^2(t) = \text{konstant}$ und $y(t) - (u(t) - x^2(t)) \cdot x(t) = \text{konstant}$

so daß

$u - x^2$ und $y - (u - x^2) \cdot x$

zwei Lösungen der linear-homogenen Dgl für g(x,y,u) sind, deren Unabhängigkeit sich zeigen läßt. Damit hat die allgemeine Lösung die Form

$g(x,y,u) = F(u - x^2,\ y - (u - x^2) \cdot x)$

wobei F eine frei wählbare stetig differenzierbare Funktion zweier Variabler ist. Hieraus ergibt sich die *allgemeine Lösung* u(x,y) der betrachteten quasilinearen Dgl in impliziter Darstellung in der Form

$F(u - x^2,\ y - (u - x^2) \cdot x) = 0$

b) Für die homogene lineare Dgl

$u_x(x,y) + u_y(x,y) + u(x,y) = 0$

als Sonderfall einer quasilinearen Dgl läßt sich die allgemeine Lösung berechnen, indem man sie analog zu Beisp. a auf die linear-homogene Dgl

$g_x(x,y,u) + g_y(x,y,u) - u \cdot g_u(x,y,u) = 0$

zurückführt, deren charakteristisches System

$x'(t) = 1$

$y'(t) = 1$

$u'(t) = -u(t)$

die folgende allgemeine Lösung besitzt:

$x(t) = t + C_1$

$y(t) = t + C_2$

$u(t) = C_3 \cdot e^{-t}$

Für diese Lösungen gilt z.B.

$u(t) \cdot e^{x(t)} = \text{konstant}$ und $u(t) \cdot e^{y(t)} = \text{konstant}$

so daß

$u \cdot e^x$ und $u \cdot e^y$

zwei Lösungen der linear-homogenen Dgl für g(x,y,u) sind, deren Unabhängigkeit sich zeigen läßt. Damit hat die allgemeine Lösung die Form

$g(x,y,u) = F(u \cdot e^x,\ u \cdot e^y)$

wobei F eine frei wählbare stetig differenzierbare Funktion zweier Variabler ist. Hieraus ergibt sich die *allgemeine Lösung* u(x,y) der betrachteten linearen Dgl in impliziter Darstellung in der Form

$$F(u \cdot e^x, u \cdot e^y) = 0$$

♦

14.2.3 Anfangswertaufgaben

Im Unterschied zu gewöhnlichen Dgl erster Ordnung, deren allgemeine Lösung von einer frei wählbaren Konstanten abhängt, ist in der allgemeinen Lösung partieller Dgl erster Ordnung eine frei wählbare Funktion enthalten, wie im Beisp. 14.2 und 14.3 illustriert wird.
Deshalb können zusätzliche Bedingungen (*Anfangsbedingungen*) gestellt werden, um eine eindeutige Lösung zu gewährleisten, wobei wir voraussetzen, daß Existenz und Eindeutigkeit der Lösung gesichert sind.
Bei zwei unabhängigen Variablen gestattet die Anfangsbedingung eine einfache geometrische Veranschaulichung: Es ist eine Kurve vorgegeben, die auf der durch die Lösungsfunktion u(x,y) bestimmten Lösungsfläche liegen soll. Im allgemeinen Fall (n≥3) ist die Kurve durch eine (n-1)-dimensionale Mannigfaltigkeit zu ersetzen.
Aufgaben mit Anfangsbedingungen heißen *Anfangswertaufgaben* oder Aufgaben von Cauchy.
Wir gehen nicht ausführlicher auf die Theorie von Anfangswertaufgaben ein und verweisen auf die Literatur [11,58]. Im Beisp. 14.4 geben wir eine Illustration der Problematik.

Beispiel 14.4:

Illustrieren wir die Vorgehensweise bei der Lösung von Anfangswertaufgaben, indem wir die partielle Dgl erster Ordnung

$$y \cdot u_x(x,y) - x \cdot u_y(x,y) = 0$$

aus Beisp. 14.2b unter der Anfangsbedingung lösen, daß die in Parameterdarstellung gegebene Kurve (Gerade)

$$x(s) = s$$
$$y(s) = 2 \cdot s$$
$$u(s) = s$$

auf der Lösungsfläche liegt.
Bei der Konstruktion der Lösung betrachten wir die Dgl als quasilinear. Dafür lautet das *charakteristische System*

$$x'(t) = y(t)$$
$$y'(t) = -x(t)$$
$$u'(t) = 0$$

das die allgemeine Lösung

$x(t) = C_1 \cdot \cos t + C_2 \cdot \sin t$

$y(t) = -C_1 \cdot \sin t + C_2 \cdot \cos t$

$u(t) = C_3$

besitzt. Das Einsetzen der Anfangsbedingung in diese Lösung (für t=0) liefert die Gleichungen

$s \quad = C_1$

$2 \cdot s = C_2$

$s \quad = C_3$

zur Bestimmung der Konstanten C_1, C_2, C_3, so daß sich folgende Lösung der Anfangswertaufgabe in Parameterdarstellung mit den Parametern s und t ergibt:

$x(s,t) = s \cdot \cos t + 2 \cdot s \cdot \sin t$

$y(s,t) = -s \cdot \sin t + 2 \cdot s \cdot \cos t$

$u(s,t) = s$

Durch Elimination der Parameter s und t ergibt sich die Lösungsfunktion

$$u^2(x,y) = \frac{1}{5} \cdot \left(x^2 + y^2 \right)$$

in kartesischen Koordinaten, die einen Kegel beschreibt.

Beisp. 14.4 zeigt die Schritte der Vorgehensweise bei der Lösung von Anfangswertaufgaben:

I. Die zu lösende Dgl wird immer als quasilineare Gleichung betrachtet, auch wenn sie linear-homogen ist. Hierfür wird über das charakteristische System die allgemeine Lösung konstruiert.

II. Für t=0 wird gefordert, daß die allgemeine Lösung des charakteristischen Systems die Anfangsbedingungen erfüllt. Dies führt zu einem Gleichungssystem für die Konstanten der allgemeinen Lösung des charakteristischen Systems. Die so berechneten Konstanten sind Funktionen der Parameter der Anfangsbedingung.

III. Das Einsetzen der berechneten Konstanten in die allgemeine Lösung des charakteristischen Systems liefert eine Parameterdarstellung der Lösung der betrachteten Anfangswertaufgabe. Wenn es wie im Beisp. 14.4 möglich ist, kann man abschließend die parameterfreie Lösungsdarstellung angeben.

Die gegebene Vorgehensweise ist rein technischer Art. Auf Fragen der Durchführbarkeit und Existenz einer Lösung verweisen wir auf die Literatur.

♦

14.2.4 Anwendung von MATHCAD und MATLAB

In MATHCAD und MATLAB sind keine Funktionen zur exakten Lösung partieller Dgl erster Ordnung vordefiniert. Dies ist nicht weiter verwunderlich, da sich nur einfache Aufgaben exakt lösen lassen.

Man kann aber MATHCAD und MATLAB zur exakten Lösung partieller Dgl erster Ordnung heranziehen, indem man sie im Rahmen der Charakteristikenmethode zur exakten Lösung des charakteristischen Systems einsetzt. Da dies ein gewöhnliches Dgl-System ist, lassen sich Vorgehensweisen aus Kap.8 anwenden, wie im Beisp. 14.2 illustriert wird.

In MATLAB läßt sich zusätzlich die MAPLE-Funktion **pdsolve** einsetzen, um einfache partielle Dgl exakt zu lösen, wie wir im Beisp. 14.5 und im Beisp. 15.10 für partielle Dgl erster bzw. zweiter Ordnung illustrieren.

Ausführlichere Informationen zu dieser MAPLE-Funktion erhält man aus der Hilfe von MATLAB durch folgende Eingabe in das Arbeitsfenster:

>> mhelp pdsolve

◆

Beispiel 14.5:

Berechnen wir mittels MATLAB die im Beisp. 14.2b erhaltene allgemeine Lösung

$$u(x,y) = F(x^2+y^2) \qquad\qquad (F - \text{frei wählbare differenzierbare Funktion})$$

der linear-homogenen Dgl

$$y \cdot u_x(x,y) - x \cdot u_y(x,y) = 0$$

durch Anwendung der MAPLE-Funktion **pdsolve**, die folgendermaßen einzusetzen ist:

>> syms x y ; u=sym (' u(x,y) ') ; ux = diff (u , x ,1) ; uy = diff (u , y , 1) ;

>> maple (' pdsolve ' , y * ux – x * uy , u)

ans =

u(x,y) = _F1(x^ 2 + y^ 2)

◆

15 Partielle Differentialgleichungen zweiter Ordnung

15.1 Einführung

Im vorangehenden Kap.14 betrachten wir partielle Dgl erster Ordnung als einfachsten Sonderfall. In diesem Kapitel stellen wir *partielle Dgl zweiter Ordnung* als wichtigsten Sonderfall partieller Dgl vor.

Gründe zur gesonderten Betrachtung partieller Dgl erster und zweiter Ordnung sind:

- Für Dgl erster Ordnung existiert eine Lösungstheorie, die ihre Lösung auf die Lösung gewöhnlicher Dgl-Systeme zurückführt, wie im Kap.14 zu sehen ist.

- Dgl zweiter Ordnung besitzen viele praktische Anwendungen in Physik und Naturwissenschaften und sind hier von fundamentaler Bedeutung.

- Für spezielle Klassen Dgl zweiter Ordnung gibt es exakte (analytische) Lösungsmethoden und weitreichende Eigenschaften für die Lösungen.

- Die angewandten exakten und numerischen Lösungsmethoden besitzen grundlegende Bedeutung für das Gebiet partieller Dgl und geben einen ersten Einblick in die gesamte vielschichtige Problematik.

 Im Rahmen des vorliegenden Buches beschränken wir uns auf Dgl erster und zweiter Ordnung, um eine Einführung in die Problematik partieller Dgl zu geben. Dies wird dadurch gerechtfertigt, daß diese zahlreiche Anwendungen in verschiedenen Gebieten besitzen, während Gleichungen höherer Ordnung meistens in speziellen Modellen auftreten, deren Verständnis tiefere Kenntnisse der entsprechenden Fachgebiete erfordert.

Ein weiterer Grund für diese Beschränkung liegt darin, daß in MATHCAD und MATLAB nur Funktionen zur numerischen Lösung partieller Dgl zweiter Ordnung vordefiniert sind.

♦

Partielle Dgl zweiter Ordnung sind folgendermaßen charakterisiert:

- In ihnen kommen partielle Ableitungen höchstens zweiter Ordnung der Lösungsfunktion u(**x**) vor, wobei mindestens eine zweite Ableitung auftreten muß.

- Die allgemeine Lösung hängt von zwei frei wählbaren Funktionen ab. Im Gegensatz zu Dgl erster Ordnung ist es hier nur für wenige Sonderfälle möglich, allgemeine Lösungen exakt (analytisch) zu konstruieren (siehe Beisp. 13.1c3, d und 13.4a und Abschn. 15.4). Dies stellt keinen wesentlichen Nachteil dar, da praktische Aufgaben keine allgemeinen Lösungen benötigen, sonder spezielle Lösungen, die vorliegende Anfangs- und Randbedingungen erfüllen.

- Viele in praktischen Anwendungen auftretende partielle Dgl zweiter Ordnung haben die spezielle quasilineare Form

$$\sum_{i,k=1}^{n} a_{ik}(\mathbf{x}) \cdot u_{x_i x_k}(\mathbf{x}) = f(\mathbf{x}, u(\mathbf{x}), u_{x_1}(\mathbf{x}), u_{x_2}(\mathbf{x}), \dots, u_{x_n}(\mathbf{x}))$$

in der die Koeffizientenfunktionen $a_{ik}(\mathbf{x})$ nur von $\mathbf{x}$ und nicht von $u(\mathbf{x})$ abhängen und Lösungsfunktionen $u(\mathbf{x})$ für alle $\mathbf{x}$-Werte in einem vorgegebenen Lösungsgebiet G des Raumes R^n gesucht sind.

$\mathbf{x}$ bezeichnet wie in den vorangehenden Kapiteln den Vektor der n unabhängigen Variablen x_i (i=1,...,n).

- In Anwendungsaufgaben (praktischen Modellen) bezeichnet man mit $\mathbf{x}$ meistens nur Ortsvariable und verwendet t für die Zeitvariable, so daß Lösungsfunktionen in der Form $u(\mathbf{x},t)$ geschrieben werden.

- Im Unterschied zu partiellen Dgl erster Ordnung gibt es für zweiter Ordnung weder einheitliche Lösungsmethoden noch eine umfassende Theorie.
  Hier werden theoretische Aussagen, Lösungsmethoden und Vorgabe von Anfangs- und Randbedingungen hauptsächlich durch Einteilung der Dgl in Typklassen bestimmt, die wir im Abschn. 15.2 vorstellen.

☞

Theoretische Untersuchungen zu einzelnen Typen partieller Dgl zweiter Ordnung sind weit fortgeschritten, so daß sie den Rahmen des vorliegenden Buches sprengen würden und wir auf die zahlreiche Literatur verweisen. Im folgenden geben wir einen kurzen Einblick in die Problematik der Typeinteilung (Abschn. 15.2), Anfangs- und Randbedingungen (Abschn. 15.3) und exakte Lösungsmethoden (Abschn. 15.4), um Grundlagen zu vermitteln, damit MATHCAD und MATLAB und weitere Programmsysteme erfolgreich einsetzbar sind.
♦

15.2 Typeinteilung

Der *Typ* spezieller quasilinearer Dgl zweiter Ordnung der Form

$$\sum_{i,k=1}^{n} a_{ik}(\mathbf{x}) \cdot u_{x_i x_k}(\mathbf{x}) = f(\mathbf{x}, u(\mathbf{x}), u_{x_1}(\mathbf{x}), u_{x_2}(\mathbf{x}), \dots, u_{x_n}(\mathbf{x}))$$

wird von den *Koeffizientenfunktionen*

$$a_{ik}(\mathbf{x})$$

der zweiten partiellen Ableitungen der Dgl bestimmt:

- Je nach Form der Koeffizientenfunktionen unterscheidet man in einem betrachteten Lösungsgebiet G zwischen parabolischen, hyperbolischen und elliptischen Dgl.

- Hängen die Koeffizientenfunktionen von $\mathbf{x}$ ab, kann sich der Typ der Dgl in einem vorliegenden Lösungsgebiet G ändern.

- Sind alle Koeffizientenfunktionen konstant, so ändert sich der Typ der Dgl in dem vorliegenden Lösungsgebiet G nicht.

Bzgl. theoretischer Grundlagen dieser Typeinteilungen verweisen wir auf die Literatur [58].

Im folgenden geben wir eine Illustration der Typeinteilung für zwei unabhängige Variablen x,y (d.h. n=2) und schreiben dazu die Dgl zweiter Ordnung in der Form

$$a(x,y) \cdot u_{xx}(x,y) + 2 \cdot b(x,y) \cdot u_{xy}(x,y) + c(x,y) \cdot u_{yy}(x,y) = f(x,y,u(x,y),u_x(x,y),u_y(x,y))$$

wobei stetige Koeffizientenfunktionen $a(x,y)$, $b(x,y)$ und $c(x,y)$ vorausgesetzt werden.

Der Typ dieser Dgl wird durch die Funktion $D(x,y)$ bestimmt, die sich folgendermaßen aus den Koeffizientenfunktionen berechnet:

$$D(x,y) = b^2(x,y) - a(x,y) \cdot c(x,y)$$

In Abhängigkeit vom Vorzeichens von $D(x,y)$ ergeben sich folgende Typeinteilungen für die betrachtete partielle Dgl zweiter Ordnung:

Die Dgl heißt im Punkt (x,y)

- elliptisch, wenn $D(x,y) < 0$

- parabolisch, wenn $D(x,y) = 0$

- hyperbolisch, wenn $D(x,y) > 0$

Da die Koeffizientenfunktionen als stetig vorausgesetzt sind, hat die Dgl auch in einer hinreichend kleinen Umgebung eines Punktes (x,y) den gleichen Typ. In einem vorliegenden Lösungsgebiet G kann sie jedoch verschiedene Typen annehmen.

In Abhängigkeit vom Typ der Dgl stellt die Theorie Transformationen

$$s = s(x,y) \ , \ t = t(x,y)$$

bereit, um eine Dgl auf *Normalform* zu bringen (siehe [58]). Wenn die Koeffizientenfunktionen konstant sind, lassen sich hierfür lineare Transformationen finden, wie im Beisp. 15.1 zu sehen ist.

Die erhältenen *Normalformen* stellen sich folgendermaßen dar:

- $\Delta v(s,t) = v_{ss}(s,t) + v_{tt}(s,t) = F(s,t,v(s,t),v_s(s,t),v_t(s,t))$

 für *elliptische Dgl* (Δ – *Laplaceoperator*).
 Diese werden zur Beschreibung von stationären Vorgängen (z.B. stationären Temperaturverteilungen und Strömungen) und Gleichgewichtszuständen herangezogen. Sie werden als *Poissonsche* bzw. *Laplacesche Dgl* oder *Potentialgleichung* bezeichnet, wenn sie folgende Form besitzen:

 $\Delta v(s,t) = f(s,t)$ bzw. $\Delta v(s,t) = 0$

- $v_{ss}(s,t) = F(s,t,v(s,t),v_s(s,t),v_t(s,t))$

 für *parabolische Dgl.*
 Diese heißen *Wärmeleitungs-* oder *Diffusionsgleichungen*, da sie zur Beschreibung von Wärmeleitungs- und Diffusionsvorgängen herangezogen werden.

- $v_{ss}(s,t) - v_{tt}(s,t) = F(s,t,v(s,t),v_s(s,t),v_t(s,t))$ oder

 $v_{st}(s,t) = F(s,t,v(s,t),v_s(s,t),v_t(s,t))$

 für *hyperbolische Dgl.*
 Diese heißen *Wellen-* oder *Schwingungsgleichungen*, da sie zur Beschreibung von Wellen- und Schwingungsvorgängen herangezogen werden.

Die in Normalformen stehenden unabhängigen Variablen s und t werden nur aufgrund der Transformationsformeln verwandt. Im weiteren wird hierfür wieder x und y bzw. t geschrieben.

Beispiel 15.1:

Betrachten wir die homogene lineare Dgl zweiter Ordnung mit konstanten Koeffizienten

$2 \cdot u_{xx}(x,y) - 4 \cdot u_{xy}(x,y) - 6 \cdot u_{yy}(x,y) + u_x(x,y) = 0$

Hierfür ergibt sich aus dem Kriterium für die Typeinteilung

$D(x,y) = (-2)^2 - (-2 \cdot 6) = 16 > 0$

daß die Dgl hyperbolisch ist. Zur Überführung in Normalform liefert die Theorie die lineare Transformation

$s = s(x,y) = x - y$, $t = t(x,y) = 3 \cdot x + y$

mittels der sich die *Normalform*

$$v_{st}(s,t) = -\frac{1}{32} \cdot v_s(s,t) - \frac{3}{32} \cdot v_t(s,t)$$

ergibt, deren Berechnung wir dem Leser überlassen.

◆

☞

Die skizzierte Transformation auf Normalform für zwei unabhängige Variable (n=2) kann nicht unmittelbar auf Dgl mit mehr als zwei Variablen (n>2) übertragen werden. Dies gelingt nur für konstante Koeffizientenfunktionen, für die sich lineare Transformationen angeben lassen, um Normalformen zu erhalten (siehe Beisp. 15.1 und [58]).

Die Typeinteilung ist für partielle Dgl zweiter Ordnung nicht nur von theoretischem Interesse. Es zeigt sich, daß Lösungsmethoden, Eigenschaften von Lösungen und Vorgabe von Anfangs- und Randbedingungen hauptsächlich durch die Einteilung der Dgl in Typklassen bestimmt werden und sich für die einzelnen Typen unterscheiden:

- Parabolische und elliptische Dgl sind eng miteinander verwandt. So stellen Lösungen der Laplaceschen Dgl stationäre Lösung (d.h. $u_t(x,t) \equiv 0$) der Wärmeleitungsgleichung dar.

- Die Theorie hyperbolischer Dgl unterscheidet sich in vielen Punkten von der parabolischer und elliptischer.

♦

15.3 Anfangs-, Rand- und Eigenwertaufgaben

Bei Anwendungsaufgaben für partielle Dgl sind ebenso wie für gewöhnliche Dgl nicht allgemeine Lösungen gesucht, sondern spezielle Lösungen, die gewisse Bedingungen (Anfangs- und Randbedingungen) erfüllen.

Bei exakt lösbaren gewöhnlichen Dgl beschreitet man häufig den Weg, zuerst allgemeine Lösungen zu bestimmen und anschließend durch Einsetzen der Anfangs- bzw. Randbedingungen vorliegende Anfangs- bzw. Randwertaufgaben zu lösen. Dieser Weg ist bei gewissen partiellen Dgl erster und zweiter Ordnung möglich (siehe Abschn. 14.2.3 und 15.4.2), für die sich allgemeine Lösungen finden lassen. Meistens werden Lösungen vorliegender Anfangs- und Randwertaufgaben für partielle Dgl zweiter Ordnung direkt konstruiert, wie im Abschn. 15.4.3 zu sehen ist.

Die Vorgabe von Anfangs- und/oder Randbedingungen ist bei partiellen Dgl zweiter Ordnung auf Grund größerer Anzahl unabhängiger Variabler wesentlich vielschichtiger als bei gewöhnlichen Dgl. So stellen sich meistens Anfangsbedingungen für die Zeitvariable t und Randbedingungen für Ortsvariable **x**, wie im Beisp. 15.2 illustriert wird.

Da man in praktischen Anwendungen korrekt (sachgemäß) gestellte Aufgaben wünscht, kann die Vorgabe von Anfangs- und Randbedingungen nicht willkürlich geschehen, sondern hängt vom Typ der Dgl ab. Folgende Aufgabenstellungen sind möglich:

- *Anfangswertaufgaben* (für hyperbolische und parabolische Dgl):

  Hier liegen *Anfangsbedingungen* für die Zeitvariable t der Lösungsfunktionen u(**x**,t) vor, da zeitabhängige Vorgänge wesentlich vom momentanen Zustand zu Beginn des Vorgangs beeinflußt werden. *Anfangswerte* können für Lösungsfunktionen u(**x**,t) und deren partielle Zeitableitungen in einem festem Zeitpunkt t (häufig t=0) gegeben sein.

Für Ortsvariable **x** sind keine Bedingungen gegeben. Dies gelingt z.B. in Dgl-Modellen der

* Schwingung einer „unendlich langen" Saite (hyperbolische Dgl).

* Wärmeleitung in einem „unendlich langen" Stab (parabolische Dgl).

Obwohl reale physikalische Vorgänge i.allg. in endlichen Gebieten stattfinden, kann diese näherungsweise Betrachtungsweise „unendlich lang" als Vereinfachung in gewissen Fällen zugelassen werden, da Randwerte in sehr langen Medien erst nach längerer Zeit Einfluß ausüben.

- *Randwertaufgaben* (für elliptische Dgl):

  Hier treten nur Ortsvariable **x** und keine Zeitvariable t auf, da stationäre Vorgänge beschrieben werden. Für Lösungsfunktionen u(**x**) stellen sich *Randbedingungen*, d.h., *Randwerte* können für Lösungsfunktionen u(**x**) und deren partielle Ableitungen (Normalenableitungen) für Werte von **x** auf dem Rand ∂G des betrachteten (beschränkten) Lösungsgebiets G vorliegen.

  Bei Randbedingungen unterscheidet man drei Arten:

  * *Randbedingungen erster Art* (Dirichlet-Bedingungen)
    Hier sind Werte der Lösungsfunktionen u(**x**) auf dem Rand ∂G vorgegeben.

  * *Randbedingungen zweiter Art* (Neumann-Bedingungen)
    Hier sind Werte für partielle Ableitungen (Normalenableitungen) der Lösungsfunktionen u(**x**) auf dem Rand ∂G vorgegeben.

  * *Randbedingungen dritter Art*
    setzen sich durch Linearkombination aus Randbedingungen erster und zweiter Art zusammen.

  Je nach Art der Randbedingungen spricht man von *Randwertaufgaben erster, zweiter* bzw. *dritter Art* bzw. *Dirichletschen* oder *Neumannschen Randwertaufgaben.*

- *Anfangsrandwertaufgaben* (für hyperbolische und parabolische Dgl)

  Hier stellen sich für die Zeitvariable t der Lösungsfunktionen u(**x**,t) *Anfangsbedingungen* und für Ortsvariable **x** *Randbedingungen*. Für Ortsvariable werden endliche Lösungsgebiete vorausgesetzt und damit der physikalisch realistischere Fall beschrieben.

Illustrieren wir die Problematik von Anfangs- und Randwertaufgaben im folgenden Beisp. 15.2 für parabolische, hyperbolische und elliptische Dgl, in denen Lösungsfunktionen u(x,t) mit einer Ortsvariablen x und einer Zeitvariablen t bzw. Lösungsfunktionen u(**x**) mit mehreren Ortsvariablen **x** auftreten.

Beispiel 15.2:

a) *Anfangswertaufgaben* ergeben sich für parabolische und hyperbolische Dgl, wenn man z.B. im Modell unbegrenzte (unendliche) Länge eines Stabes bzw. einer Saite zugrundelegt:

a1) Die eindimensionale Wärmeleitungsgleichung (siehe Beisp. 13.2a und 13.3a) für einen dünnen Stab kommt näherungsweise mit nur einer Ortsvariablen (Längenvariablen) x aus und lautet

$$u_t(x,t) - a \cdot u_{xx}(x,t) = f(x,t)$$

wobei die Lösungsfunktion u(x,t) die Temperatur im Stab in Abhängigkeit von Länge x und Zeit t beschreibt. Sind keine Wärmequellen vorhanden, so wird die Dgl homogen, d. h.

$$f(x,t) \equiv 0$$

Wenn man einen unbegrenzten Stab (mit „unendlicher Länge") voraussetzt, wird eine Lösungsfunktion u(x,t) für t>0 und $-\infty < x < +\infty$ gesucht, für die nur eine *Anfangsbedingung* für die Zeitvariable t der Form

$$u(x,0) = u_0(x)$$

erforderlich ist, wobei $u_0(x)$ die bekannte Temperatur (Anfangstemperatur) im Stab zur Anfangszeit t=0 darstellt. Damit ist eine *Anfangswertaufgabe* für parabolische Dgl zu lösen.

a2) Die eindimensionale Schwingungsgleichung (siehe Beisp. 13.2b und 13.3b) für eine „unendlich lange" Saite kommt mit nur einer Ortsvariablen x aus und lautet

$$u_{tt}(x,t) - a \cdot u_{xx}(x,t) = f(x,t)$$

wobei die Lösungsfunktion u(x,t) die Auslenkung (Schwingung) der Saite in Abhängigkeit von Länge x und Zeit t beschreibt. Wirken keine äußeren Kräfte auf die Saite, so wird die Dgl homogen, d.h. $f(x,t) \equiv 0$.
Wenn man „unendliche Länge" der Saite voraussetzt, wird eine Lösungsfunktion u(x,t) für t>0 und $-\infty < x < +\infty$ gesucht, für die nur *Anfangsbedingungen* für die Zeitvariable t der Form

$$u(x,0) = u_0(x) \qquad \text{und} \qquad u_t(x,0) = u_1(x)$$

erforderlich sind, wobei $u_0(x)$ die bekannte Auslenkung (Anfangsauslenkung) bzw. $u_1(x)$ die bekannte Geschwindigkeit (Anfangsgeschwindigkeit) der Saite zur Anfangszeit t=0 darstellen. Damit ist eine *Anfangswertaufgabe* für hyperbolische Dgl zu lösen.

b) *Anfangsrandwertaufgaben* ergeben sich für parabolische und hyperbolische Dgl, wenn man im Modell begrenzte (endliche) Ausdehnung eines Stabes bzw. einer Saite zugrundelegt:

b1) Setzt man für die Wärmeleitungsgleichung aus Beisp. a1 für den Stab endliche Länge l voraus, benötigt man neben der *Anfangsbedingung* für die Zeitvariable t

$$u(x,0) = u_0(x)$$

noch *Randbedingungen*

$$u(0,t) = u_1(t) \qquad \text{und} \qquad u(l,t) = u_2(t)$$

für die Ortsvariable x, wobei $u_1(t)$ und $u_2(t)$ die Temperaturen an beiden Enden des Stabes vorgeben. Diese Randbedingungen entstehen, wenn an den Enden des Stabes ein Wärmeaustausch mit der Umgebung stattfindet, deren Temperatur bekannt ist. Damit ist eine *Anfangsrandwertaufgabe* für parabolische Dgl zu lösen.

b2) Setzt man für die Schwingungsgleichung aus Beisp. a2 für die Saite endliche Länge l voraus, benötigt man neben *Anfangsbedingungen* für die Zeitvariable t

$$u(x,0) = u_0(x) \quad \text{und} \quad u_t(x,0) = u_1(x)$$

noch *Randbedingungen*

$$u(0,t) = 0 \quad \text{und} \quad u(l,t) = 0$$

für die Ortsvariable x, wenn die Saite an beiden Enden fest eingespannt ist. Damit ist eine *Anfangsrandwertaufgabe* für hyperbolische Dgl zu lösen.

c) *Randwertaufgaben* ergeben sich für elliptische Dgl (Poissonsche Dgl)

$$\Delta u(\mathbf{x}) = f(\mathbf{x})$$

die stationäre Vorgänge wie z.B. stationäre Temperaturverteilungen und Strömungen und elektrostatische Potentiale beschreiben. Da keine Zeitvariable t auftritt, stellen sich nur Bedingungen für die Lösungsfunktion u(**x**) auf dem Rand ∂G des vorliegenden (beschränkten) Lösungsgebiets G, wie z.B.

* *Randbedingungen erster Art* (Dirichlet-Randbedingungen)

$$u(\mathbf{x}) = h(\mathbf{x}) \qquad\qquad \forall \mathbf{x} \in \partial G$$

* *Randbedingungen zweiter Art* (Neumann-Randbedingungen)

$$\frac{\partial u(\mathbf{x})}{\partial n} = g(\mathbf{x}) \qquad\qquad \forall \mathbf{x} \in \partial G$$

für die Normalenableitung der Lösungsfunktion u(**x**).

* *Randbedingungen dritter Art*

$$\frac{\partial u(\mathbf{x})}{\partial n} + g_1(\mathbf{x}) \cdot u(\mathbf{x}) = g_2(\mathbf{x}) \qquad\qquad \forall \mathbf{x} \in \partial G$$

wobei h(x), g(x), $g_1(\mathbf{x})$ und $g_2(\mathbf{x})$ gegebene (bekannte) Funktionen sind.

Beim Vorliegen von Dirichletschen bzw. Neumannschen Randbedingungen spricht man von *Dirichletschen* bzw. *Neumannschen Randwertaufgaben*.

◆

☞

Eigenwertaufgaben können bei partiellen Dgl ebenso wie bei gewöhnlichen Dgl auftreten. Hierauf können wir im Rahmen unserer Einführung nicht eingehen und verweisen auf die Literatur.

◆

15.4 Exakte Lösungsmethoden

Obwohl viele Anwendungsaufgaben für partielle Dgl zweiter Ordnung nur numerisch (näherungsweise) lösbar sind, kann auf die Untersuchung von Lösungseigenschaften, d.h. auf analytische Untersuchungen nicht verzichtet werden. Dies hat folgende Gründe:

- Numerische Methoden benötigen tiefes theoretisches Verständnis und Ergebnisse analytischer Untersuchungen.

- Einfache Dgl-Modelle in Technik, Physik und Naturwissenschaften lassen sich exakt lösen. Die berechneten Lösungen gestatten die Erklärung von Eigenschaften der untersuchten Phänomene.

Zur Lösungstheorie partieller Dgl zweiter Ordnung ist folgendes zu bemerken:

- Die im Abschn. 3.5.1 vorgestellten allgemeinen *Lösungsprinzipien*

  * Reduktionsprinzip

  * Ansatzprinzip

  * Superpositionsprinzip

  * Transformationsprinzip

  finden bei partiellen Dgl zweiter Ordnung ebenfalls Anwendung.

  Aus diesen Prinzipien folgende exakte Lösungsmethoden

  * Ansatzmethoden (siehe Abschn. 15.4.1),

  * Reihenlösungen (siehe Abschn. 15.4.3),

  * Anwendung von Laplace- und Fouriertransformation (siehe 15.4.4 und 15.4.5),

  die wir im Abschn. 7.4 für gewöhnliche Dgl kennenlernen, sind auch auf partielle Dgl zweiter Ordnung anwendbar, wie im folgenden illustriert wird. Weitere wichtige Vorgehensweisen wie

  * Greensche Methode

  * Integralgleichungsmethode

  * Variationsprinzip

  die wir bei gewöhnlichen Dgl kennenlernen, spielen bei der Lösung partieller Dgl ebenfalls eine Rolle.
  Wir können im Rahmen des Buches nur Vorgehensweisen skizzieren, die einen leicht erklärbaren theoretischen Hintergrund besitzen und nicht auf Methoden wie z.B. Greensche Methode, Potentialtheorie und Methoden zur Lösung nichtlinearer Aufgaben eingehen, die tiefere mathematische Kenntnisse erfordern.

- In Anwendungsaufgaben werden bei partiellen wie auch gewöhnlichen Dgl weniger allgemeine Lösungen gesucht, sondern spezielle Lösungen, die gewisse Bedingungen (Anfangs- und Randbedingungen) erfüllen. Bei partiellen Dgl kommt hinzu, daß sich allgemeine Lösungen für partielle Dgl zweiter Ordnung nur für wenige Sonderfälle finden lassen (siehe Abschn. 15.4.2). Hier steht im Mittelpunkt der Untersuchungen die Konstruktion spezieller Lösungen, die vorliegende Anfangs- und Randbedingungen erfüllen.

* Im Unterschied zu partiellen Dgl erster Ordnung gibt es für partielle Dgl zweiter und höherer Ordnung weder einheitliche Lösungsmethoden noch eine umfassende Theorie. Es ist nur für Sonderfälle möglich, ihre Lösung auf die Lösung gewöhnlicher Dgl zurückzuführen. Dies trifft z.B. für mittels Laplace- und Fouriertransformation lösbare Dgl und praktisch nicht bedeutsame Fälle zu, in denen nur partielle Ableitungen bzgl. einer Variablen in der Dgl auftreten (siehe Beisp. 13.1d).

Da die betrachteten Lösungsprinzipien hauptsächlich für lineare Dgl erfolgreich sind, beschränken wir uns im weiteren auf lineare Dgl, um einen ersten Einblick in die Problematik zu vermitteln.

◆

15.4.1 Ansatzmethoden

Ansatzmethoden gehören zu grundlegenden Methoden, die häufig zur Lösung von gewöhnlichen und partiellen Dgl beliebiger Ordnung herangezogen werden. Sie sind besonders bei linearen Dgl erfolgreich.

Charakteristische Merkmale von Ansatzmethoden lernen wir im Abschn. 7.4.1 für gewöhnliche Dgl kennen. Bei partiellen Dgl gibt es vielfältigere Möglichkeiten für Ansätze, da die Lösungsfunktionen von mehreren unabhängigen Variablen abhängen.

◆

Ansatzmethoden für partielle Dgl lassen sich folgendermaßen *charakterisieren*:

* Es werden Lösungen gesucht, die eine vorgegebene spezielle Form besitzen. Dafür bieten sich zwei Vorgehensweisen an:
  I. Man gibt Funktionen für die Lösungsfunktion u(x) vor, die mit frei wählbaren Parametern bzw. Funktionen verknüpft sind. Diese frei wählbaren Parameter bzw. Funktionen sind so zu bestimmen, daß der Ansatz die Dgl erfüllt und damit Lösungen liefert. Die vorgegebenen Funktionen werden hauptsächlich aus der Klasse der elementaren mathematischen Funktionen gewählt.
  II. Für die Lösungsfunktion u(x) wird eine spezielle Struktur gefordert:
  Als erfolgreich hat sich hier die Forderung erwiesen, daß sich einzelne Variable separieren lassen. Man versucht dies durch einen Ansatz (*Separa-*

tionsansatz) mit unbekannten (frei wählbaren) Funktionen, die jeweils nur von einer Variablen abhängen:

* Wenn sich nach dem Einsetzen des Ansatzes in die Dgl diese so umformen läßt, daß eine Summe von Funktionen mit jeweils einer Variablen entsteht, muß jeder Summand konstant sein, wie man sich leicht überlegt.

* Auf diese Weise erhält man gewöhnliche Dgl, deren Lösungen zur Konstruktion spezieller Lösungen der partiellen Dgl verwendbar sind, wie im Beisp. 15.3b illustriert wird.

Man spricht bei dieser Vorgehensweise von *Trennung (Separation) der Variablen* und nennt sie *Separationsmethode* oder *Methode der Trennung der Variablen*. Im Abschn. 5.3.2 lernen wir eine ähnliche Methode für gewöhnliche Dgl erster Ordnung kennen.

Häufig verwendet man bei Separationsmethoden *Produktansätze*, d.h., man sucht Lösungen der Form

$$u(x) = u(x_1, x_2, ..., x_n) = u_1(x_1) \cdot u_2(x_2) \cdot ... \cdot u_n(x_n)$$

mit frei wählbaren Ansatzfunktionen $u_1(x_1), u_2(x_2), ..., u_n(x_n)$ einer unabhängigen Variablen.

Eine erste Anwendung derartiger Produktansätze lernen wir bei der Konstruktion spezieller Lösungen für partielle Dgl erster und zweiter Ordnung im Beisp. 15.3b und c kennen. Für Dgl zweiter Ordnung spielt der Produktansatz eine große Rolle (siehe Abschn. 15.4.3).

* Wenn sich mittels Ansatz mehrere (abzählbar viele) Lösungsfunktionen berechnen lassen, wird hiermit versucht, eine Lösungsfunktion zu konstruieren, die vorgegebene Anfangs- und Randbedingungen der betrachteten Dgl erfüllt. Dies gelingt bei homogenen linearen Dgl durch Linearkombination der berechneten Lösungen, d.h. durch Anwendung des *Superpositionsprinzips*.

Im Abschn. 15.4.3 illustrieren wir, wie sich mittels Produktansatz für elliptische, parabolische und hyperbolische Dgl unter Verwendung des Superpositionsprinzips Anfangsrandwert- und Randwertaufgaben lösen lassen. Diese Vorgehensweise ist bei homogenen linearen Dgl mit konstanten Koeffizienten erfolgreich, in denen keine gemischten partiellen Ableitungen auftreten.

Im folgenden Beisp. 15.3 geben wir eine erste Illustration für die Anwendung von Ansatzmethoden.

Beispiel 15.3:

a) Bestimmen wir spezielle Lösungen der homogenen hyperbolischen Dgl

$$u_{tt}(x,t) - u_{xx}(x,t) = 0$$

indem wir den *Ansatz*

$$u(x,t) = e^{a \cdot x + b \cdot t}$$

mit frei wählbaren Parametern a und b verwenden. Das Einsetzen dieses Ansatzes in die Dgl ergibt folgende Bedingung für a und b

$b^2 - a^2 = 0$, d.h., $b = a$ oder $b = -a$

Als Ergebnis erhält man die beiden speziellen Lösungen

$$u_1(x,t) = e^{a \cdot (x+t)} \quad \text{und} \quad u_2(x,t) = e^{a \cdot (x-t)}$$

in denen a frei wählbar ist.

b) Bestimmen wir spezielle Lösungen der homogenen parabolischen Dgl

$$u_t(x,t) - u_{xx}(x,t) = 0$$

durch Trennung (Separation) der Variablen, indem wir den *Produktansatz*

$$u(x,t) = g(x) \cdot h(t)$$

mit frei wählbaren Ansatzfunktionen $g(x)$ und $h(t)$ verwenden. Das Einsetzen dieses Ansatzes in die Dgl ergibt die Gleichung

$$g(x) \cdot h'(t) - g''(x) \cdot h(t) = 0$$

für die beiden Funktionen g und h, die sich durch Division auf die Form

$$\frac{h'(t)}{h(t)} - \frac{g''(x)}{g(x)} = 0$$

bringen läßt, in der die unabhängigen Variablen x und t getrennt (separiert) sind. Damit diese Gleichung für alle Werte der Variablen x,t erfüllt ist, müssen beide Summanden der Gleichung konstant sein, d.h., es muß

$$\frac{h'(t)}{h(t)} = \frac{g''(x)}{g(x)} = \lambda = \text{konstant}$$

gelten, wobei λ eine frei wählbare reelle Konstante (Parameter) ist. Daraus ergeben sich zur Bestimmung der Ansatzfunktionen $g(x)$ und $h(t)$ die beiden linearen gewöhnlichen Dgl zweiter bzw. erster Ordnung

$$g''(x) - \lambda \cdot g(x) = 0 \quad \text{bzw.} \quad h'(t) - \lambda \cdot h(t) = 0$$

deren Lösungen die Form:

$$g(x) = C_1 \cdot e^{\sqrt{\lambda} \cdot x} + C_2 \cdot e^{-\sqrt{\lambda} \cdot x} \qquad\qquad \text{für} \quad \lambda > 0$$

bzw.

$$g(x) = C_1 \cdot \sin(\sqrt{|\lambda|} \cdot x) + C_2 \cdot \cos(\sqrt{|\lambda|} \cdot x) \qquad \text{für} \quad \lambda < 0$$

bzw.

$$g(x) = C_1 \cdot x + C_2 \qquad\qquad\qquad \text{für} \quad \lambda = 0$$

und

$$h(t) = C_3 \cdot e^{\lambda \cdot t}$$

besitzen, in denen C_1, C_2, C_3 frei wählbare reelle Konstanten sind.

Damit sind *spezielle Lösungen* der parabolischen Dgl in der Form

$$u(x,t) = (C_1 \cdot e^{\sqrt{\lambda} \cdot x} + C_2 \cdot e^{-\sqrt{\lambda} \cdot x}) \cdot e^{\lambda \cdot t} \qquad \text{für} \quad \lambda > 0$$

bzw.

$$u(x,t) = (C_1 \cdot \sin(\sqrt{|\lambda|} \cdot x) + C_2 \cdot \cos(\sqrt{|\lambda|} \cdot x)) \cdot e^{\lambda \cdot t} \qquad \text{für} \quad \lambda < 0$$

bzw.

$$u(x,t) = C_1 \cdot x + C_2 \qquad \text{für} \quad \lambda = 0$$

konstruiert, in denen C_1, C_2 frei wählbare reelle Konstanten sind.

Im Abschn. 15.4.3 wird die Separationsmethode (Methode der Trennung der Variablen) angewandt, um Anfangs- und Randwertaufgaben für parabolische, hyperbolische und elliptische Dgl zu lösen, indem die auftretende Konstante (Parameter) λ entsprechend gewählt und das Superpositionsprinzip herangezogen wird.

c) Wenden wir Trennung der Variablen mittels Produktansatz zur Gewinnung spezieller Lösung für folgende homogene lineare Dgl erster Ordnung mit konstanten Koeffizienten

$$u_x(x,y) + u_y(x,y) + u(x,y) = 0$$

an, für die im Beisp. 14.3b die allgemeine Lösung bestimmt wird.

Wir verwenden den *Produktansatz* $u(x,y) = f(x) \cdot g(y)$ und setzen ihn in die Dgl ein:

$$f'(x) \cdot g(y) + f(x) \cdot g'(y) + f(x) \cdot g(y) = 0$$

Dividiert man diese Gleichung durch $f(x) \cdot g(y)$ und separiert (trennt) die Variablen, so ergibt sich folgende Beziehung

$$\frac{f'(x)}{f(x)} = -\frac{g'(y)}{g(y)} - 1 = \text{konstant} = C$$

aus der die beiden linearen gewöhnlichen Dgl erster Ordnung für die Funktionen $f(x)$ und $g(y)$

$$f'(x) = C \cdot f(x) \qquad \text{bzw.} \qquad g'(y) = -(1 + C) \cdot g(y)$$

folgen, deren allgemeine Lösungen sich einfach bestimmen lassen (siehe Abschn. 5.3.1):

$$f(x) = A \cdot e^{C \cdot x} \qquad \text{und} \qquad g(y) = B \cdot e^{-(1+C) \cdot y}$$

Daraus ergeben sich folgende spezielle Lösungen der betrachteten partiellen Dgl ($D = A \cdot B$ und C – frei wählbare reelle Konstanten):

$$u(x,y) = f(x) \cdot g(y) = D \cdot e^{C \cdot x} \cdot e^{-(1+C) \cdot y} = D \cdot e^{C \cdot x - (1+C) \cdot y}$$

♦

15.4.2 Methode von d'Alembert

Diese von d'Alembert entwickelte Methode ist eine der wenigen Lösungsmethoden, die zuerst die allgemeine Lösung bestimmen und anschließend hieraus spezielle Lösungen für vorgegebene Bedingungen ermitteln. Dies gelingt u.a. für Anfangswertaufgaben homogener linearer hyperbolischer Dgl (eindimensionaler Schwingungsgleichungen)

$$u_{tt}(x,t) - a^2 \cdot u_{xx}(x,t) = 0 \qquad \text{(a – gegebene reelle Konstante)}$$

mit Anfangsbedingungen für die Zeit t: $\qquad u(x,0) = u_0(x)\,,\, u_t(x,0) = u_1(x)$

wobei aus Zweckmäßigkeitsgründen die in der Dgl auftretende positive reelle Konstante als Quadrat geschrieben wird (siehe auch Beisp. 13.3b). Diese Dgl läßt sich mit der linearen Transformation

$$\zeta = x - a\cdot t\ ,\ \eta = x + a\cdot t$$

in die Form

$$w_{\zeta\eta} = 0$$

bringen, die offensichtlich die allgemeine Lösung

$$w(\zeta,\eta) = F(\zeta) + G(\eta)$$

mit frei wählbaren differenzierbaren Funktionen $F(\zeta)$ und $G(\eta)$ besitzt (siehe Beisp. 13.1c3). Damit hat die *allgemeine Lösung* der betrachteten hyperbolischen Dgl die Form

$$u(x,t) = F(x-a\cdot t) + G(x+a\cdot t)$$

Das Einsetzen der Anfangsbedingungen in die allgemeine Lösung liefert die beiden Gleichungen

$$F(x) + G(x) = u_0(x)\ ,\ -a\cdot F'(x) + a\cdot G'(x) = u_1(x)$$

aus denen sich $F(x)$ und $G(x)$ durch Integration und Elimination einfach bestimmen lassen. Damit ergibt sich die Lösung der Anfangswertaufgabe in der analytischen (geschlossenen) Darstellung (*Lösungsformel von d'Alembert*)

$$u(x,t) = \frac{1}{2}\cdot\big(u_0(x-a\cdot t) + u_0(x+a\cdot t)\big) + \frac{1}{2\cdot a}\cdot \int\limits_{x-a\cdot t}^{x+a\cdot t} u_1(s)\,ds$$

die von den Funktionen der Anfangsbedingungen abhängt. Für konkrete Aufgaben braucht man in diese Lösungsformel nur die gegebenen (bekannten) Funktionen $u_0(x)$ und $u_1(x)$ der Anfangsbedingungen einzusetzen und das enthaltene bestimmte Integral zu berechnen, wie aus Beisp. 15.4 zu sehen ist.

Zur Berechnung der Lösungsformel von d'Alembert kann man MATHCAD und MATLAB heranziehen. Falls das auftretende Integral nicht exakt berechenbar ist, lassen sich Lösungsfunktionswerte u(x,t) in benötigten Punkten (x,t) numerisch (näherungsweise) berechnen, indem man das Integral numerisch mittels der vordefinierten Numerikfunktionen auswertet. Wir illustrieren dies im Beisp. 15.4b unter Verwendung von MATHCAD.

♦

Beispiel 15.4:

a) Für eine unbegrenzte („unendlich lange") Saite mit der Anfangsauslenkung 0 und der Anfangsgeschwindigkeit cos x, d.h.

$$u(x,0) = 0, u_t(x,0) = \cos x$$

ergeben sich aus der Lösungsformel von d'Alembert für die Schwingungsgleichung

$$u_{tt}(x,t) - u_{xx}(x,t) = 0$$

wegen

$$u_0(x) = 0, \quad u_1(x) = \cos x$$

durch Berechnung des auftretenden Integrals Schwingungen der Form

$$u(x,t) = \frac{1}{2} \cdot \int_{x-t}^{x+t} \cos(s)ds = \frac{1}{2} \cdot (\sin(x+t) - \sin(x-t)) = \cos x \cdot \sin t$$

b) Die Berechnung der Lösungsformel von d'Alembert kann mittels MATHCAD und MATLAB geschehen, wie anhand von MATHCAD bei der Lösung von Beisp. a illustriert wird:

Wenn man das Integralsymbol für bestimmte Integrationen aus der Symbolleiste "Differential/Integral" verwendet, gestalten sich die Rechnungen in MATHCAD folgendermaßen:

- *Exakte Berechnung* der Lösungsfunktion u(x,t):

$$u_0(x) := 0 \quad u_1(x) := \cos(x) \quad a := 1$$

$$u(x,t) := \frac{1}{2} \cdot (u_0(x - a \cdot t) + u_0(x + a \cdot t)) + \frac{1}{2 \cdot a} \cdot \int_{x-a \cdot t}^{x+a \cdot t} u_1(s)ds \to \cos(x) \cdot \sin(t)$$

Die grafische Darstellung der berechneten Lösungsfunktion u(x,t) wird in MATHCAD erhalten, indem man durch Anklicken von

in der Symbolleiste "Diagramm"

ein Grafikfenster für Flächendarstellungen öffnet und in den unteren Platzhalter den Funktionsnamen u einträgt:

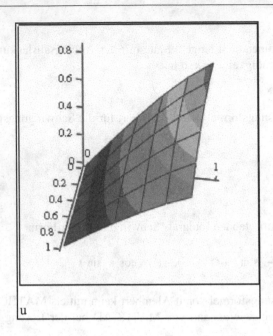

- *Numerische Berechnung* der Lösungsfunktion u(x,t):

  Die folgende Vorgehensweise kann angewandt werden, wenn sich das Integral in der Lösungsformel von d'Alembert nicht exakt sondern nur numerisch berechnen läßt:

  $$u_0(x) := 0 \quad u_1(x) := \cos(x) \quad a := 1$$

  $$u(x,t) := \frac{1}{2} \cdot (u_0(x - a \cdot t) + u_0(x + a \cdot t)) + \frac{1}{2 \cdot a} \cdot \int_{x - a \cdot t}^{x + a \cdot t} u_1(s) ds$$

  Die *grafische Darstellung* im Einheitsquadrat $(x,t) \in [0,1] \times [0,1]$ läßt sich hierfür in MATHCAD durch Erzeugung einer Matrix A erreichen, die die Funktionswerte von u(x,t) über dem Einheitsquadrat z.B. mit den Schrittweiten $\Delta x = 0.2$, $\Delta t = 0.2$ enthält. Das Eintragen des Namens **A** der erzeugten Matrix in den Platzhalter des Grafikfenster löst die Zeichnung aus:

  $$i := 0 \ldots 5 \quad k := 0 \ldots 5 \quad \Delta x := 0.2 \quad \Delta t := 0.2$$

  $$A_{i,k} := u(i \cdot \Delta x, k \cdot \Delta t)$$

$$
A = \begin{pmatrix}
0 & 0.199 & 0.389 & 0.565 & 0.717 & 0.841 \\
0 & 0.195 & 0.382 & 0.553 & 0.703 & 0.825 \\
0 & 0.183 & 0.359 & 0.52 & 0.661 & 0.775 \\
0 & 0.164 & 0.321 & 0.466 & 0.592 & 0.694 \\
0 & 0.138 & 0.271 & 0.393 & 0.5 & 0.586 \\
0 & 0.107 & 0.21 & 0.305 & 0.388 & 0.455
\end{pmatrix}
$$

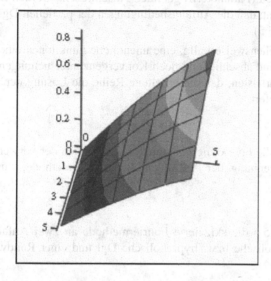

A

Diese elegante Lösung mittels MATHCAD ist nicht unmittelbar auf MATLAB übertragbar. Bei der Anwendung von MATLAB ist eine Funktionsdatei zu schreiben. Dies überlassen wir dem Leser.

♦

15.4.3 Methode von Fourier

Die von Fourier im Rahmen von Untersuchungen zur Wärmeleitung vor zweihundert Jahren begründete Methode hat sich zu einem wirkungsvollen Werkzeug für die Lösung von Anfangsrandwert- und Randwertaufgaben für lineare parabolische, hyperbolische bzw. elliptische Dgl entwickelt.

Die Grundidee der *Fouriermethode* beruht auf im Abschn. 15.4.1 vorgestellten Methode der Trennung der Variablen mittels Produktansatz und Superpositionsprinzip und läßt sich folgendermaßen charakterisieren, wobei wir uns auf Lösungsfunktionen u(x,y) bzw. u(x,t) mit zwei unabhängigen Variablen x,y bzw. x,t beschränken, da die Vorgehensweise bei mehr Variablen analog ist:

- Das Einsetzen des Produktansatzes in die zu lösende partielle Dgl und Trennung der Variablen liefert zwei gewöhnliche Dgl, aus deren Lösungen sich Lösungen der partiellen Dgl konstruieren lassen, die die Randbedingungen erfüllen.

- Da man bei dieser Vorgehensweise abzählbar unendlich viele Lösungen der partiellen Dgl erhält, wird aus ihnen eine Linearkombination (Reihe) mit noch unbekannten Koeffizienten (Parametern) gebildet. Anschließend werden diese Koeffizienten so bestimmt, daß die Anfangsbedingungen der partiellen Dgl erfüllt sind (siehe Beisp. 15.5).

- Da man bei dieser Vorgehensweise i.allg. eine unendliche Funktionenreihe als formale Lösung erhält, sind abschließend noch Konvergenzuntersuchungen erforderlich, um zu gewährleisten, das die erhaltene Reihe die Lösung der Anfangsrandwertaufgabe liefert.

In der Literatur findet man die Fouriermethode auch unter Namen der verwendeten Methoden wie z.B. Trennung der Variablen, Separationsmethode, Superpositionsprinzip.

♦

Illustrieren wir im Beisp. 15.5 die skizzierte Fouriermethode an zwei Anfangsrandwertaufgaben für parabolische bzw. hyperbolische Dgl und einer Randwertaufgabe für elliptische Dgl.

Beispiel 15.5:

a) Bestimmen wir durch Methode der *Trennung der Variablen* die Lösung der Anfangsrandwertaufgabe für die homogene lineare parabolische Dgl (*Wärmeleitungsgleichung*)

$$u_t(x,t) - u_{xx}(x,t) = 0$$

mit Anfangsbedingung

$$u(x,0) = u_0(x)$$

und homogenen Randbedingungen

$$u(0,t) = 0 \ , u(l,t) = 0 \qquad\qquad (0 \leq x \leq l , t \geq 0 \ , l > 0 \text{ gegeben})$$

indem wir den *Produktansatz*

$$u(x,t) = g(x) \cdot h(t)$$

mit frei wählbaren Ansatzfunktionen g(x) und h(t) verwenden. Im Beisp. 15.3b haben wir durch Einsetzen des Ansatzes in die Wärmeleitungsgleichung und Trennung der Variablen die beiden gewöhnlichen Dgl zweiter bzw. erster Ordnung

$$g''(x) - \lambda \cdot g(x) = 0 \qquad \text{bzw.} \quad h'(t) - \lambda \cdot h(t) = 0$$

für die Funktionen g(x) bzw. h(t) erhalten, in denen λ eine frei wählbare reelle Konstante (Parameter) ist. Um die Randbedingungen der gegebenen parabolischen Dgl zu erfüllen, werden für g(x) die Randwerte

$g(0) = g(l) = 0$

gefordert, so daß für die Ansatzfunktion g(x) eine Sturm-Liouvillesche Eigenwertaufgabe entsteht (siehe Abschn. 6.3.7). Um nichttriviale Lösungen zu erhalten, kommt nur die allgemeine Lösung

$$g(x) = C_1 \cdot \sin(\sqrt{|\lambda|} \cdot x) + C_2 \cdot \cos(\sqrt{|\lambda|} \cdot x)$$

für negative λ in Frage (siehe Beisp. 15.3b). Nach Einsetzen der Randwerte in diese Lösung ergeben sich Eigenwerte λ_k und zugehörige Eigenfunktionen $g_k(x)$, die sich analog zu Beisp. 6.10 folgendermaßen berechnen lassen: Aus g(0)=g(l)=0 folgen

$$C_2 = 0 \quad \text{und} \quad C_1 \cdot \sin(\sqrt{|\lambda|} \cdot l) = 0$$

aus denen sich die Forderung

$$\sin(\sqrt{|\lambda|} \cdot l) = 0$$

ergibt, um nichttriviale Lösungen zu erhalten.
Die letzte Gleichung liefert für die Eigenwertaufgabe abzählbar unendlich viele Eigenwerte

$$\lambda_k = -\left(\frac{k \cdot \pi}{l}\right)^2$$

mit zugehörigen Eigenfunktionen $\qquad\qquad\qquad (k = 1, 2, 3, \ldots)$

$$g_k(x) = A_k \cdot \sin\left(\frac{k \cdot \pi}{l} \cdot x\right) \qquad (A_k - \text{frei wählbare reelle Konstanten})$$

Die zu den erhaltenen Eigenwerten gehörigen Lösungen der Dgl erster Ordnung für die Ansatzfunktion h(t) haben die Form

$$h_k(t) = B_k \cdot e^{-\left(\frac{k \cdot \pi}{l}\right)^2 \cdot t} \qquad (B_k - \text{frei wählbare reelle Konstanten})$$

so daß sich folgende abzählbar unendlich vielen speziellen Lösungen der Wärmeleitungsgleichung ergeben (C_k – frei wählbare reelle Konstanten):

$$u_k(x,t) = C_k \cdot \sin\left(\frac{k \cdot \pi}{l} \cdot x\right) \cdot e^{-\left(\frac{k \cdot \pi}{l}\right)^2 \cdot t}$$

Diese Lösungen erfüllen die Randbedingungen aber nicht die Anfangsbedingung der zu lösenden Wärmeleitungsgleichung. Da die Dgl linear ist, kann man das Superpositionsprinzip anwenden und formal die unendliche Funktionenreihe

$$u(x,t) = \sum_{k=1}^{\infty} C_k \cdot \sin\left(\frac{k \cdot \pi}{l} \cdot x\right) \cdot e^{-\left(\frac{k \cdot \pi}{l}\right)^2 \cdot t}$$

für eine *Lösungsfunktion* bilden. Die frei wählbaren Konstanten (Koeffizienten /Parameter) C_k werden so bestimmt, daß die beim Einsetzen der Anfangsbedingung entstehende Reihe

$$u(x,0) = \sum_{k=1}^{\infty} C_k \cdot \sin\left(\frac{k \cdot \pi}{l} \cdot x\right) = u_0(x)$$

die Fourierreihe der Funktion $u_0(x)$ darstellt, wobei vorauszusetzen ist, daß diese in eine Fourierreihe entwickelbar ist. Damit ergeben sich die C_k als Fourierkoeffizienten

$$C_k = \frac{2}{l} \cdot \int_0^l u_0(x) \cdot \sin\left(\frac{k \cdot \pi}{l} \cdot x\right) dx$$

Mit so berechneten Koeffizienten C_k läßt sich beweisen, daß die für die Lösung u(x,t) formal erhaltene unendliche Funktionenreihe konvergiert und Lösung der Anfangsrandwertaufgabe für die gegebene Wärmeleitungsgleichung ist.

b) Bestimmen wir durch Methode der *Trennung der Variablen* die Lösung der Anfangsrandwertaufgabe für die homogene lineare hyperbolische Dgl (*Schwingungsgleichung*)

$$u_{tt}(x,t) - u_{xx}(x,t) = 0$$

mit Anfangsbedingungen

$$u(x,0) = u_0(x), \quad u_t(x,0) = u_1(x)$$

und homogenen Randbedingungen

$$u(0,t) = 0, u(l,t) = 0 \qquad\qquad (0 \le x \le 1, t \ge 0, \ l > 0 \text{ gegeben})$$

indem wir den *Produktansatz*

$$u(x,t) = g(x) \cdot h(t)$$

mit frei wählbaren Ansatzfunktionen g(x) und h(t) verwenden. Die Vorgehensweise ist hier analog zu Beisp. a, so daß wir uns im folgenden auf wesentliche Schritte beschränken können:

Der Produktansatz liefert durch Einsetzen in die Schwingungsgleichung und Trennung der Variablen die beiden gewöhnlichen Dgl zweiter Ordnung

$$g''(x) - \lambda \cdot g(x) = 0 \qquad \text{bzw.} \qquad h''(t) - \lambda \cdot h(t) = 0$$

in denen λ eine frei wählbare reelle Konstante (Parameter) ist. Um die gegebenen Randbedingungen zu erfüllen, werden für g(x) die Randwerte

$$g(0) = g(l) = 0$$

gefordert, so daß für die g(x) die gleiche Sturm-Liouvillesche Eigenwertaufgabe wie im Beisp. a entsteht, die abzählbar unendlich viele Eigenwerte

$$\lambda_k = -\left(\frac{k \cdot \pi}{l}\right)^2$$

mit zugehörigen Eigenfunktionen $\qquad\qquad\qquad\qquad$ ($k = 1, 2, 3, ...$)

$$g_k(x) = A_k \cdot \sin\left(\frac{k \cdot \pi}{l} \cdot x\right) \qquad (A_k - \text{frei wählbare reelle Konstanten})$$

besitzt. Die zu den Eigenwerten gehörigen Lösungen der Dgl zweiter Ordnung für die Ansatzfunktion h(t) haben die Form

$$h_k(t) = B_k \cdot \sin\left(\frac{k \cdot \pi}{l} \cdot t\right) + C_k \cdot \cos\left(\frac{k \cdot \pi}{l} \cdot t\right)$$

(B_k , C_k – frei wählbare reelle Konstanten)

so daß sich abzählbar unendlich viele spezielle Lösungen der Schwingungs-gleichung ergeben:

$$u_k(x,t) = \left(B_k \cdot \sin\left(\frac{k \cdot \pi}{l} \cdot t\right) + C_k \cdot \cos\left(\frac{k \cdot \pi}{l} \cdot t\right)\right) \cdot \sin\left(\frac{k \cdot \pi}{l} \cdot x\right)$$

Diese Lösungen erfüllen zwar die Randbedingungen aber nicht die Anfangsbe-dingungen der zu lösenden Schwingungsgleichung. Da die Dgl linear ist, kann man das Superpositionsprinzip anwenden und formal die unendliche Funktio-nenreihe

$$u(x,t) = \sum_{k=1}^{\infty}\left(B_k \cdot \sin\left(\frac{k \cdot \pi}{l} \cdot t\right) + C_k \cdot \cos\left(\frac{k \cdot \pi}{l} \cdot t\right)\right) \cdot \sin\left(\frac{k \cdot \pi}{l} \cdot x\right)$$

für eine *Lösung* heranziehen. Die frei wählbaren reellen Konstanten (Koeffi-zienten/Parameter) B_k , C_k werden so bestimmt, daß die beim Einsetzen der Anfangsbedingungen entstehenden Reihen

$$u(x,0) = \sum_{k=1}^{\infty} C_k \cdot \sin\left(\frac{k \cdot \pi}{l} \cdot x\right) = u_0(x)$$

$$u_t(x,0) = \sum_{k=1}^{\infty} \frac{k \cdot \pi}{l} \cdot B_k \cdot \sin\left(\frac{k \cdot \pi}{l} \cdot x\right) = u_1(x)$$

die Fourierreihen der Funktion $u_0(x)$ bzw. $u_1(x)$ darstellen, wobei voraus-zusetzen ist, daß diese in Fourierreihen entwickelbar sind. Damit ergeben sich die B_k , C_k als folgende Fourierkoeffizienten

$$B_k = \frac{2}{k \cdot \pi} \cdot \int_0^l u_1(x) \cdot \sin\left(\frac{k \cdot \pi}{l} \cdot x\right) dx$$

$$C_k = \frac{2}{1} \cdot \int_0^1 u_0(x) \cdot \sin\left(\frac{k \cdot \pi}{1} \cdot x\right) dx$$

Mit so berechneten Koeffizienten B_k, C_k läßt sich beweisen, daß die für die Lösung u(x,t) formal erhaltene unendliche Funktionenreihe konvergiert und Lösung der Anfangsrandwertaufgabe für die Schwingungsgleichung ist.

c) Die Methode der *Trennung der Variablen* kann auch zur Lösung von Rand-wertaufgaben für homogene lineare elliptische Dgl (Laplacesche Dgl/ Laplace-gleichung)

$$\Delta u(x,y) = u_{xx}(x,y) + u_{yy}(x,y) = 0$$

in der Ebene herangezogen werden, wenn das vorliegende Lösungsgebiet G eine spezielle geometrische Gestalt hat, wie z.B. in Form eines Rechteckes o-der Kreises. Im folgenden geben wir eine Illustration für rechteckige Lösungs-gebiete G. Bei Kreisgebieten ist die Vorgehensweise analog, wobei allerdings der Laplaceoperator Δ in Polarkoordinaten zu verwenden ist.

Um die Rechnungen möglichst einfach zu gestalten, setzen wir für die folgen-den Betrachtungen das Lösungsgebiet G als Einheitsquadrat voraus und geben auf seinem Rand ∂G folgende Bedingungen (Randbedingungen) vor:

$$u(0,y) = 0 \,, u(1,y) = 0 \qquad\qquad 0 \le y \le 1$$

$$u(x,0) = 0 \,, \quad u(x,1) = u_0(x) \qquad\qquad 0 \le x \le 1$$

Mittels *Produktansatz*

$$u(x,y) = g(x) \cdot h(y)$$

mit frei wählbaren Ansatzfunktionen g(x) und h(y) ergeben sich analog zu Beisp. a und b die beiden gewöhnlichen Dgl zweiter Ordnung

$$g''(x) - \lambda \cdot g(x) = 0 \quad \text{bzw.} \quad h''(y) + \lambda \cdot h(y) = 0$$

in denen λ eine frei wählbare reelle Konstante (Parameter) ist. Für g(x) werden wegen der Randbedingungen $u(0,y) = 0$, $u(1,y) = 0$ die Randwerte

$$g(0) = g(l) = 0$$

gefordert, so daß die gleiche Sturm-Liouvillesche Eigenwertaufgabe wie im Beisp. a und b entsteht, die abzählbar unendlich viele Eigenwerte

$$\lambda_k = -\left(k \cdot \pi\right)^2$$

mit zugehörigen Eigenfunktionen $(k = 1, 2, 3, ...)$

$$g_k(x) = A_k \cdot \sin\left(k \cdot \pi \cdot x\right) \qquad (A_k - \text{frei wählbare reelle Konstanten})$$

besitzt. Die Ansatzfunktion h(y) muß die Dgl zweiter Ordnung

$$h''(y) + \lambda \cdot h(y) = 0$$

und zusätzlich wegen der Randbedingung $u(x,0) = 0$ die Bedingung

$$h(0) = 0$$

erfüllen. Die zu den Eigenwerten λ_k gehörenden Lösungen haben die Form

$$h_k(y) = B_k \cdot e^{k \cdot \pi \cdot y} + C_k \cdot e^{-k \cdot \pi \cdot y}$$

(B_k , C_k – frei wählbare reelle Konstanten)

Das Einsetzen der Bedingung h(0) = 0 liefert

$$h_k(0) = B_k + C_k = 0$$

so daß sich für $h_k(y)$ folgendes ergibt:

$$h_k(y) = B_k \cdot \left(e^{k \cdot \pi \cdot y} - e^{-k \cdot \pi \cdot y}\right) = D_k \cdot \sinh(k \cdot \pi \cdot y)$$

($D_k = 2 \cdot B_k$ – frei wählbare reelle Konstanten)

Damit werden abzählbar unendlich viele spezielle Lösungen

$$u_k(x,y) = c_k \cdot \sin(k \cdot \pi \cdot x) \cdot \sinh(k \cdot \pi \cdot y)$$

(c_k – frei wählbare reelle Konstanten)

der Laplacegleichung erhalten.

Diese Lösungsfunktionen erfüllen nur die homogenen Randbedingungen aber nicht die Randbedingung $u(x,1) = u_0(x)$ der zu lösenden Laplacegleichung. Da die Dgl linear ist, kann man das Superpositionsprinzip anwenden und formal die unendliche Funktionenreihe

$$u(x,y) = \sum_{k=1}^{\infty} c_k \cdot \sin(k \cdot \pi \cdot x) \cdot \sinh(k \cdot \pi \cdot y)$$

für eine *Lösungsfunktion* u(x,y) der Laplacegleichung heranziehen. Die frei wählbaren Konstanten (Koeffizienten/Parameter) c_k werden so bestimmt, daß die durch Einsetzen der noch nicht erfüllten Randbedingung entstehende Funktionenreihe

$$u(x,1) = \sum_{k=1}^{\infty} c_k \cdot \sin(k \cdot \pi \cdot x) \cdot \sinh(k \cdot \pi) = u_0(x)$$

die Fourierreihe der Funktion $u_0(x)$ darstellt. Dabei setzt man voraus, daß diese in eine Fourierreihe entwickelbar ist, so daß sich die c_k als folgende *Fourierkoeffizienten* ergeben

$$c_k = \frac{2}{\sinh(k \cdot \pi)} \cdot \int_0^1 u_0(x) \cdot \sin(k \cdot \pi \cdot x) \, dx$$

Mit so berechneten Koeffizienten c_k läßt sich beweisen, daß die für die Lösungsfunktion u(x,y) formal erhaltene unendliche Funktionenreihe konvergiert und Lösung der Randwertaufgabe für die Laplacegleichung ist.

♦

Im Beisp. 15.5 haben wir einfache Aufgabenstellungen gewählt, um einen Einblick in die Anwendung der Fouriermethode zu geben. Diese Methode läßt sich auf allgemeinere Aufgabenstellungen (wie z.B. inhomogene Dgl und inhomogene Randbedingungen) anwenden. Hierzu verweisen wir auf die Literatur.

Zur Berechnung der Fourierkoeffizienten können MATHCAD und MATLAB herangezogen werden, falls auftretende Integrale nicht exakt lösbar sind. Wir illustrieren dies im folgenden Beisp. 15.6 unter Verwendung von MATHCAD.

♦

Beispiel 15.6:

Berechnen wir den Fourierkoeffizienten aus Beisp. 15.5a mittels MATHCAD:

Den *Fourierkoeffizienten* C_k kann man in MATHCAD durch folgende definierte Funktion berechnen, deren Argumente k, l und der Funktionsname f sind:

$$C(k,l,f) := \frac{2}{l} \cdot \int_0^l f(x) \cdot \sin\left(\frac{k \cdot \pi}{l} \cdot x\right) dx$$

Dafür ist das Integralsymbol für bestimmte Integration aus der Symbolleiste "Differential/Integral" zu verwenden.

Mit der definierten Funktion C kann der Fourierkoeffizient z.B. für konkrete Funktion $u_0(x) = \cos x$, k=3 und l=1 folgendermaßen berechnet werden:

$$u_0(x) := \cos(x) \qquad C(3,1,u_0) = 0.33058$$

♦

15.4.4 Anwendung der Laplacetransformation

Die Laplacetransformation haben wir bereits im Abschn. 7.4.3 bei der Lösung gewöhnlicher Dgl kennengelernt. Im folgenden geben wir einen Einblick in die Anwendung auf partielle Dgl, wobei wir Lösungsfunktionen u(x,t) mit einer Ortsvariablen x und Zeitvariablen t betrachten. Wie im gesamten Buch können wir auch im folgenden nicht auf tiefere theoretische Hintergründe eingehen und beschränken uns auf die praktische Durchführung, die für Anwender wichtig ist.

Bei der Anwendung der *Laplacetransformation* zur Lösung partieller Dgl ist folgendes zu *beachten:*

• Sie ist auf lineare Dgl mit konstanten Koeffizienten anwendbar und z.B. erfolgreich, wenn man sie bzgl. der Zeitvariablen t benutzt, so daß sich hiermit Anfangs- und Anfangsrandwertaufgaben für parabolische und hyperbolische Dgl lösen lassen, wie im folgenden illustriert wird.

• Wenn die Transformation bzgl. der Zeitvariablen t durchgeführt wird, sind gegebene Randbedingungen für die Ortsvariable ebenfalls zu transformieren.

- Während die Laplacetransformation lineare gewöhnliche Dgl mit konstanten Koeffizienten in algebraische Gleichungen transformiert, liefert sie bei linearen partiellen Dgl mit konstanten Koeffizienten und Lösungsfunktionen u(x,t) gewöhnliche Differentialgleichungen bzgl. der Variablen x, wenn bzgl. t transformiert wird (siehe Beisp. 15.7).

- Es empfiehlt sich zu überprüfen, ob die mittels Laplacetransformation formal konstruierte Lösung auch die Dgl und gegebenen Anfangs- und Randbedingungen erfüllt.

Die Anwendung der *Laplacetransformation* vollzieht sich für partielle Dgl analog zu gewöhnlichen Dgl in folgenden Schritten:

I.   Zuerst wird die zu lösende partielle Dgl (*Originalgleichung*) für die Lösungsfunktion (*Originalfunktion*) u(x,t) mittels Laplacetransformation bzgl. der Variablen t in eine gewöhnliche Dgl (*Bildgleichung*) für die Laplacetransformierte (*Bildfunktion*) U(x,s) bzgl. der Variablen x überführt, wobei vorliegende Randbedingungen für x ebenfalls zu transformieren sind.

II. Danach wird die erhaltene gewöhnliche Dgl (*Bildgleichung*) bzgl. der *Bildfunktion* U(x,s) unter Berücksichtigung der transformierten Randbedingungen gelöst.

III. Abschließend wird durch Anwendung der *inversen Laplacetransformation* (*Rücktransformation*) auf die Bildfunktion U(x,s) bzgl. der Variablen s die Lösungsfunktion u(x,t) der gegebenen partiellen Dgl erhalten.

Da sowohl in MATHCAD als auch in MATLAB Funktionen zur Laplacetransformation vordefiniert sind, können beide partielle Dgl lösen, wobei folgendes zu beachten ist:

- Da MATHCAD und MATLAB berechnete Laplacetransformierte (Bildfunktionen) der Funktion u(x,t) bzgl. t in unhandlicher Form

  laplace (u(x,t) , t , s)

  anzeigen, empfiehlt sich für weitere Rechnungen hierfür eine einfachere Bezeichnung wie z.B. U zu schreiben.

- Zu lösende partielle Dgl sind in MATHCAD und MATLAB ohne Gleichheitszeichen einzugeben, d.h., alle Ausdrücke der Dgl sind auf die linke Seite zu bringen, so daß auf der rechten Seite vom Gleichheitszeichen nur noch Null steht. Die Laplacetransformation ist dann auf den linken Teil (ohne Gleichheitszeichen) anzuwenden.

- MATLAB ist für die Anwendung der Laplacetransformation besser geeignet, da es die vordefinierte Funktion **dsolve** besitzt, um die als Bildgleichung entstandene gewöhnliche Dgl zu lösen. Mit MATHCAD kann man nur versuchen, die Laplacetransformation auch zur Lösung der Bildgleichung heranzuziehen. Dies gestaltet sich aber aufwendiger, da eine Randwertaufgabe zu lösen ist.

Im folgenden Beisp. 15.7 illustrieren wir die Anwendung der Laplacetransformation zur Lösung parabolischer und hyperbolischer Dgl unter Verwendung von MATHCAD und MATLAB.

Beispiel 15.7:

a) Lösen wir die Anfangsrandwertaufgabe

$$u_t(x,t) - u_{xx}(x,t) = 0 \qquad\qquad (x \in [0,1] \ , \ t \ge 0)$$

$$u(x,0) = 1 + \sin \pi{\cdot}x \ , \ u(0,t) = u(1,t) = 1$$

für parabolische Dgl (Wärmeleitungsgleichung), die die exakte Lösung

$$u(x,t) = 1 + e^{-\pi^2 \cdot t} \cdot \sin(\pi \cdot x)$$

besitzt, mittels Laplacetransformation unter Anwendung von MATLAB:

Die Laplacetransformierte (Bildgleichung) der gegebenen parabolischen Dgl bzgl. der Variablen t berechnet MATLAB folgendermaßen:

>> syms t x; laplace (diff (sym (' u(x,t) ') , t , 1) – diff(sym (' u(x,t) ') , x, 2))

ans =

s * laplace (u(x,t) , t , s) – u(x,0) – diff (laplace (u(x,t) , t , s) , $(x , 2))

Damit liefert die Laplacetransformation als Bildgleichung die gewöhnliche Dgl zweiter Ordnung

$$s{\cdot}U - 1 - \sin \pi \cdot x - U'' = 0$$

bzgl. der Variablen x, wenn man die von MATLAB mit

laplace (u (x , t) , t , s)

bezeichnet Laplacetransformierte durch U ersetzt und die gegebene Anfangsbedingung einsetzt. Die gegebenen Randbedingungen müssen transformiert werden:

>> laplace (sym (' 1 '))

ans =

1 / s

so daß sich für U die Randbedingungen $U(0) = U(1) = 1/s$ ergeben. Die so entstandene Randwertaufgabe für U wird von MATLAB mittels **dsolve** gelöst:

>> syms s ; dsolve(' s * U–1–sin (pi*x)–D2U= 0 , U(0) =1/s , U(1) =1/s' ,' x')

ans =

(s + pi ^ 2 + s * sin (pi * x)) / s / (s + pi ^ 2)

Die Rücktransformation liefert die Lösung der betrachteten Anfangsrandwertaufgabe für parabolische Dgl:

>> ilaplace (ans)

ans =

$$\sin (pi * x) * \exp (- pi \wedge 2 * t) + 1$$

Versuchen wir die Anwendung von MATHCAD analog zu MATLAB:

Die Laplacetransformierte (Bildgleichung) der zu lösenden parabolischen Dgl bzgl. der Variablen t berechnet MATHCAD folgendermaßen:

$$\frac{d}{dt}u(u,t) - \frac{d^2}{dx^2}u(x,t) \text{ laplace}, t \to$$

$$s \cdot \text{laplace}(u(x,t)t,s) - u(x,0) - \frac{d}{dx}\frac{d}{dx}\text{laplace}(u(x,t),t,s)$$

Da in MATHCAD keine Funktionen zur exakten Lösung gewöhnlicher Dgl vordefiniert sind, kann man die erhaltene Bildgleichung höchstens durch erneute Anwendung der Laplacetransformation lösen. Dies überlassen wir dem Leser. Wir verwenden die von MATLAB erhaltene Lösung und berechnen mittels MATHCAD durch Anwendung der inversen Laplacetransformation (Rücktransformation) die Lösung der betrachteten parabolischen Dgl:

$$\frac{s + \pi^2 + s \cdot \sin(\pi \cdot x)}{s \cdot (s + \pi^2)} \text{ invlaplace}, s \to 1 + \sin(\pi \cdot x) \cdot \exp(-\pi^2 \cdot t)$$

b) Lösen wir die Anfangsrandwertaufgabe

$$u_{tt}(x,t) - u_{xx}(x,t) = 0 \qquad\qquad\qquad (x \in [0,1] \ , \ t \ge 0)$$

$$u(x,0) = \sin (\pi \cdot x) \ , \ u_t(x,0) = 0 \ , \ u(0,t) = u(1,t) = 0$$

für hyperbolische Dgl (Schwingungsgleichung), die die exakte Lösung

$$u(x,t) = \cos(\pi \cdot t) \cdot \sin(\pi \cdot x)$$

besitzt, mittels Laplacetransformation unter Anwendung von MATLAB. Die Vorgehensweise ist analog zu Beisp. a, so daß wir uns kurz fassen können:

```
>> syms t x; laplace ( diff (sym ( 'u(x,t)' ) , t , 2 ) – diff (sym ( 'u(x,t)' ) , x , 2 ))
ans =
s*(s*laplace(u(x,t),t,s)–u(x,0)) –D[2](u)(x,0) – diff(laplace(u(x,t),t,s) , $(x,2))
```

Die nach Einsetzen der Anfangsbedingungen als Bildgleichung erhaltene gewöhnliche Dgl für

U = laplace(u(x,t),t,s)

bzgl. der Variablen x

$$s \cdot (s \cdot U - \sin \pi \cdot x) - U'' = 0$$

löst MATLAB mittels **dsolve** unter Verwendung der transformierten Randbedingungen U(0)=U(1)=0:

>> syms s ; dsolve (' s* (s*U–sin(pi*x)) –D2U = 0 , U(0)=0 , U(1)=0 ' , 'x')

ans =

s * sin (pi * x) / (s ^ 2 + pi ^ 2)

Die Rücktransformation liefert die Lösung der betrachteten Anfangsrandwertaufgabe für hyperbolische Dgl:

>> ilaplace (ans)

ans =

sin (pi * x) * cos (pi * t)

◆

15.4.5 Anwendung der Fouriertransformation

Die *Fouriertransformation* gehört ebenso wie die Laplacetransformation zu Integraltransformationen. Die *Fouriertransformierte* (*Bildfunktion*) Y(w) einer *Funktion* (*Originalfunktion*) y(x) berechnet sich unter gewissen Voraussetzungen aus

$$Y(w) = F [y] = \int_{-\infty}^{\infty} y(x) \cdot e^{i \cdot w \cdot x} \, dx$$

Die Fouriertransformation ist mit der Laplacetransformation verwandt und besitzt analoge Eigenschaften. Auf ihre umfangreiche und weitentwickelte mathematische Theorie können wir nicht näher eingehen und verweisen auf die Literatur.
Die Vorgehensweise bei der Anwendung der *Fouriertransformation* zur Lösung partieller Dgl ist analog zur Laplacetransformation, die im Abschn. 15.4.4 beschrieben wird. Deshalb verzichten wir auf eine ausführlichere Darstellung und geben nur eine Illustration unter Verwendung von MATLAB.
Die Fouriertransformation kann z.B. zur Lösung von Anfangswertaufgaben für parabolische Dgl herangezogen werden, wie im folgenden Beisp. 15.8 zu sehen ist.

Beispiel 15.8:

Betrachten wir die Anfangswertaufgabe (siehe Beisp. 15.2a1)

$$u_t(x,t) - u_{xx}(x,t) = 0 , \quad u(x,0) = u_0(x)$$

für lineare homogene parabolische Dgl (Wärmeleitungsgleichung), für die sich die *Lösungsformel* (analytische/geschlossene Lösungsdarstellung)

$$u(x,t) = \frac{1}{2\cdot\sqrt{\pi\cdot t}} \cdot \int_{-\infty}^{+\infty} u_0(s)\cdot e^{-\frac{(x-s)^2}{4\cdot t}}\, ds$$

unter Verwendung der Fouriertransformation ableiten läßt (siehe [65]). Diese Lösungsformel kann auch als Darstellung mittels *Greenscher Funktion* gedeutet werden. Sie ist aufgrund des enthaltenen komplizierten uneigentlichen Integrals schwierig auszuwerten.

Versuchen wir deshalb, diese Anfangswertaufgabe für konkrete Anfangsbedingung $u(x,0) = u_0(x)$ direkt mittels der in MATLAB vordefinierten Funktionen zur Fouriertransformation zu lösen:

Die Fouriertransformierte der gegebenen parabolischen Dgl bzgl. der Variablen x berechnet MATLAB folgendermaßen:

>> syms t x ; fourier (diff (sym (' u(x,t) ') , t ,1) − diff (sym (' u(x,t) ') , x , 2))

ans =

diff (fourier (u (x , t) , x , w) , t) + w ^ 2 * fourier (u(x , t) , x , w)

Damit liefert die Fouriertransformation als Bildgleichung die gewöhnliche Dgl erster Ordnung

$$U' + w^2 \cdot U = 0$$

bzgl. der Variablen t, wenn man die von MATLAB mit

fourier (u (x , t) , x , w)

bezeichnete Fouriertransformierte durch U ersetzt.

Die Funktion $u_0(x)$ der gegebene Anfangsbedingung muß auch transformiert werden, wobei wir die Fouriertransformierte fourier ($u_0(x)$, x , w) mit F(w) bezeichnen.

Damit ergibt sich für die Bildgleichung (gewöhnliche Dgl) die Anfangsbedingung U(0) = F(w). Die so entstandene Anfangswertaufgabe für U wird von MATLAB mittels **dsolve** gelöst:

>> syms w ; dsolve (' DU + w ^ 2 * U = 0 , U(0) = F(w) ' , ' t ')

ans =

F(w) * exp (− w ^ 2 * t)

Als Lösung wird das Produkt zweier Fouriertransformierter erhalten. Die Rücktransformation führt bei MATLAB nur zum Erfolg, wenn für $u_0(x)$ eine konkrete Funktion wie z.B. cos x verwandt wird:

>> ifourier (fourier (cos(x) , x , w) * exp (− w ^ 2 * t))

ans =

cos (x) * exp (− t)

d.h., für die Anfangsbedingung u(x,0) = cos x berechnet MATLAB die Lösung

$u(x,t) = \cos x \cdot e^{-t}$

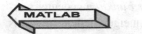

Versuchen wir die Anwendung von MATHCAD analog zu MATLAB:

Die Fouriertransformierte der zu lösenden parabolischen Dgl bzgl. der Variablen x
berechnet MATHCAD folgendermaßen:

$$\frac{d}{dt}u(x,t) - \frac{d^2}{dx^2}u(x,t) \text{ fourier, } x \rightarrow \frac{d}{dt}\text{ fourier}(u(x,t),x,\omega) + \omega^2 \cdot \text{fourier}(u(x,t),x,\omega)$$

Da in MATHCAD keine Funktionen zur exakten Lösung gewöhnlicher Dgl vordefiniert sind, kann man die erhaltene gewöhnliche Dgl (Bildgleichung) höchstens
durch Anwendung der Laplacetransformation lösen. Dies überlassen wir dem Leser.
Wir verwenden die von MATLAB erhaltene Lösung und berechnen mittels
MATHCAD durch Anwendung der inversen Fouriertransformation (Rücktransformation) die Lösung der gegeben parabolischen Dgl. Um zu einem Ergebnis mit
zwei unterschiedlichen Variablen zu gelangen, müssen wir die Variablenbezeich-
nung vertauschen. Der Grund hierfür ist, daß in dem zu transformierenden Produkt
in beiden Faktoren die unterschiedlichen Variablen x und t auftreten:

$$e^{-\omega^2 \cdot x} \cdot \text{fourier}(\cos(t),t,\omega) \text{ invfourier, } \omega \rightarrow \frac{1}{2} \cdot \exp(-x) \cdot (\exp(li \cdot t) + \exp(-li \cdot t))$$

$$(\exp(li \cdot t) + \exp(-li \cdot t)) \text{ simplify} \rightarrow 2 \cdot \cos(t)$$

Um das Ergebnis

$u(x,t) = \cos x \cdot e^{-t}$

zu erhalten, muß man den Variablentausch wieder rückgängig machen.

♦

15.4.6 Weitere Methoden

In den vorangehenden Abschnitten betrachten wir eine Reihe von Standardmethoden (klassischen Methoden) zur exakten Lösung gewisser Klassen linearer partieller Dgl zweiter Ordnung. Diese geben dem Anwender einen ersten Einblick in die umfangreiche und vielschichtige Problematik von Lösungsmethoden.

Es gibt weiterer Methoden und Vorgehensweisen zur Gewinnung exakter Lösungen partieller Dgl, die wir im Rahmen des Buches nicht behandeln können, da sie tiefergehende mathematische Hilfsmittel benötigen. Grundideen dieser Methoden werden im Abschn. 7.4.4 bis 7.4.6 für gewöhnliche Dgl vorgestellt. Im folgenden listen wir wichtige dieser Methoden auf, die auch bei partiellen Dgl Anwendung finden:

* *Methode* der *Greenschen Funktionen* (*Greensche Methode*)

  Die Greensche Methode, die wir im Abschn. 7.4.4 für gewöhnliche Dgl kennenlernen, ist auch auf partielle Dgl anwendbar. Greensche Funktionen lassen sich z.B. für

  * Randwertaufgaben elliptischer Dgl mit speziellen Lösungsgebieten G,

  * Anfangswertaufgaben parabolischer Dgl mittels Fouriertransformation

  explizit angeben, so daß exakte (analytische) Lösungen analog zu gewöhnlichen Dgl in Integralform erhalten werden.

* *Integralgleichungsmethode*

  Diese Methode, die wir im Abschn. 7.4.5 für gewöhnliche Dgl kennenlernen, läßt sich auch auf partielle Dgl anwenden. Ihre Grundidee besteht darin, Dgl in Integralgleichungen zu überführen, da diese in gewissen Fällen ein besseres Lösungsverhalten besitzen.

  Dies kann z.B. unter Verwendung Greenscher Funktionen geschehen.

* *Variationsprinzip*

  Dieses Prinzip, das wir im Abschn. 7.4.6 für gewöhnliche Dgl kennenlernen, läßt sich auch auf partielle Dgl anwenden. Seine Grundidee besteht darin, Dgl in Variationsgleichungen bzw. Variationsaufgaben zu überführen, wie im Beisp. 15.9 an einer einfachen Aufgabe für elliptische Dgl illustriert wird.

  Bei der Anwendung dieses Prinzips auf elliptische Dgl spricht man vom *Dirichletschen Prinzip*, da Dirichlet als einer der ersten Zusammenhänge zwischen Variationsaufgaben und Randwertaufgaben untersucht hat.

  Variationsprinzipen werden u.a. für Methoden zur numerischen Lösung von Dgl herangezogen, die man als Variationsmethoden bezeichnet. Diese Methoden wie z.B. die Methoden von Galerkin und Ritz sind für gewisse Aufgabenstellungen effektiver als Differenzenmethoden (siehe Abschn. 11.4.3 und 16.3.3).

Exakte Lösungsmethoden existieren auch für nichtlineare Dgl. Hierzu verweisen wir auf die Literatur [46,61].

♦

Beispiel 15.9:

Illustrieren wir ein *Variationsprinzip* (Dirichletsches Prinzip) für die Dirichletsche
Randwertaufgabe der Poissonsche Dgl in der Ebene

$$-\Delta u(x,y) = -u_{xx} - u_{yy} = f(x,y)$$

mit dem Lösungsgebiet G und

Randbedingungen $u(x,y) = 0 \quad \forall(x,y) \in \partial G$

Für diese Aufgabe gilt die Äquivalenz mit der

- *Variationsgleichung*

$$\iint\limits_{G} -\Delta u(x,y) \cdot v(x,y) \; dx\,dy = \iint\limits_{G} f(x,y)) \cdot v(x,y)\,dx\,dy$$

in der $v(x,y)$ beliebige stetige Funktionen darstellen, die die gegebenen Randbedingungen $v(x,y) = 0 \; \forall(x,y) \in \partial G$ erfüllen. Wenn umgekehrt eine Funktion
$u(x,y)$ für beliebige Funktionen $v(x,y)$ dieser Variationsgleichung genügt, so
ist $u(x,y)$ Lösungsfunktion der Poissonschen Dgl (siehe [49]).
Die angegebene Variationsgleichung kann durch Integration unter Berücksichtigung der Randbedingungen und vorausgesetzten differenzierbaren Funktionen $v(x,y)$ in die *Variationsgleichung*

$$\iint\limits_{G} \left(u_x(x,y) \cdot v_x(x,y) + u_y(x,y) \cdot v_y(x,y) \right) dx\,dy = \iint\limits_{G} f(x,y)) \cdot v(x,y)\,dx\,dy$$

überführt werden, in der nur noch partielle Ableitungen erster Ordnung für die
Lösungsfunktionen $u(x,y)$ benötigt werden, so daß Lösungen dieser Variationsgleichung nicht mehr Lösungen der gegebenen Dgl im klassischen Sinne
sein müssen. Man nennt diese Lösungen *schwache* oder *verallgemeinerte Lösungen* der gegebenen Poissonschen Dgl (siehe [49]), wobei als Lösungsräume
Soboleväume Anwendung finden.

- *Variationsaufgabe*

$$J(u) = \iint\limits_{G} \left(u_x^2(x,y) + u_y^2(x,y) - 2 \cdot f(x,y) \cdot u(x,y) \right) dx\,dy \to \underset{u \in B}{\text{Minimum}}$$

Bei dieser Variationsaufgabe ist ein Integralfunktional $J(u)$ über der Menge B
stetig partiell differenzierbarer Funktionen $u(x,y)$ zu minimieren, die die Randbedingungen $u(x,y) = 0 \; \forall(x,y) \in \partial G$ der Dgl erfüllen. Die Variationsrechnung liefert für diese Aufgabe als Optimalitätsbedingung die gegebene Dirichletsche Randwertaufgabe

$$-\Delta u(x,y) = f(x,y) \quad \text{mit den Randbedingungen } u(x,y) = 0 \quad \forall(x,y) \in \partial G$$

Die vorangehende Illustration des Variationsprinzips ist rein technischer Natur, da
wir im Rahmen des Buches nicht näher auf benötigte Funktionenräume eingehen
können, in denen die Äquivalenz zwischen Variationsgleichung, Variationsaufgabe und betrachteter Randwertaufgabe gewährleistet ist (siehe [49,52]).

◆

15.4.7 Anwendung von MATHCAD und MATLAB

Wie bereits bei partiellen Dgl erster Ordnung erwähnt, besitzen MATHCAD und MATLAB keine vordefinierten Funktionen zur exakten Lösung partieller Dgl. Dies ist nicht weiter verwunderlich, da sich nur Sonderfälle exakt lösen lassen und viele praktische Aufgaben nicht hierzu gehören.

In MATLAB läßt sich zusätzlich die MAPLE-Funktion **pdsolve** einsetzen, um einfache partielle Dgl exakt zu lösen, wie wir im folgenden Beisp. 15.10 illustrieren. Ausführlichere Informationen zu dieser Funktion erhält man durch folgende Eingabe in das Arbeitsfenster von MATLAB:

\>> mhelp pdsolve

Des weiteren kann man MATHCAD und MATLAB folgendermaßen zur exakten Lösung von Sonderfällen partieller Dgl zweiter Ordnung heranziehen:

- Zur Berechnung der Lösungsformel von d'Alembert (siehe Abschn. 15.4.2).
- Zur Berechnung der Fourierkoeffizienten bei der Methode von Fourier (siehe Abschn. 15.4.3).
- Zur Lösung mittels Laplacetransformation (siehe Abschn. 15.4.4).
- Zur Lösung mittels Fouriertransformation (siehe Abschn. 15.4.5).

◆

Beispiel 15.10:

Berechnen wir die im Abschn. 15.4.2 erhaltene allgemeine Lösung der hyperbolischen Dgl

$$u_{tt}(x,t) - a^2 \cdot u_{xx}(x,t) = 0$$

mittels MATLAB durch Anwendung der MAPLE-Funktion **pdsolve**:

\>> syms x t a ; u=sym (' u(x,t) ') ; uxx = diff (u, x, 2) ; utt = diff (u, t, 2) ;

\>> maple (' pdsolve ' , utt $-$ a^2 * uxx , u)

ans =

u(x,t) = _F1(a * t + x) +_F2(a * t $-$ x)

◆

16 Numerische Lösung partieller Differential-
   gleichungen

16.1 Einführung

Da sich praktische Aufgaben für partielle Dgl in den meisten Fällen nicht exakt
lösen lassen, ist man auf Methoden zur numerischen (näherungsweisen) Lösung
angewiesen, die nur unter Verwendung von Computern effektiv anwendbar sind.
Numerische Lösungsmethoden (Näherungsmethoden) für Dgl stellen einen Forschungsschwerpunkt der Numerischen Mathematik dar und haben sich zu einem
umfangreichen und für Anwender schwer überschaubaren Gebiet entwickelt. Deshalb geben wir im folgenden einen Einblick in grundlegende Prinzipien, um zur
Verfügung stehende Programmsysteme erfolgreich zur numerischen Lösung partieller Dgl einsetzen zu können:

- Eine große Hilfe leisten *Programmsysteme* wie ANSYS, FEMLAB, DIFF-
  PACK, PLTMG, IMSL- und NAG–Bibliothek. Mit Einschränkungen lassen
  sich auch MATHCAD und MATLAB einsetzen, da in ihnen Funktionen zur
  numerischen Lösung gewisser Klassen partieller Dgl zweiter Ordnung vordefiniert sind, die wir im Abschn. 16.4 und 16.5 vorstellen.

- Die Anwendung derartiger Programmsysteme zur Lösung partieller Dgl erfordert keine tiefergehenden Kenntnisse numerischer Methoden. Für ihren erfolg-
  reichen Einsatz genügt ein Einblick in Grundprinzipien und Anwendbarkeit
  numerischer Methoden, wie er im folgenden zu finden ist. Deshalb wird empfohlen, die Lösung einer vorliegenden partiellen Dgl zuerst mit einem der ge-
  nannten und zur Verfügung stehenden Programmsysteme zu versuchen.

- An das Erstellen eigener Computerprogramme sollten sich nur diejenigen heranwagen, die tiefere Kenntnisse bzgl. numerischer Methoden und einer Programmiersprache besitzen.

- Sollte sich eine Dgl nicht mit einem zur Verfügung stehenden Programmsystem numerisch lösen lassen, so wird eine Suche im Internet auf den in der Zusammenfassung (Kap. 17) gegebenen Internetseiten empfohlen.

☞

Eine Vorstellung grundlegender Prinzipien numerischer (näherungsweiser) Lösungsmethoden für Dgl findet man im Abschn. 3.5.2. Diese Lösungsprinzipien
finden sowohl bei gewöhnlichen (siehe Kap. 9-11) als auch partiellen Dgl Anwendung, wie im folgenden zu sehen ist.

◆

Stellen wir im Abschn. 3.5.2 gegebene *Grundprinzipien* numerischer Lösungsmethoden für partielle Dgl kurz vor, auf die wir dann im folgenden näher eingehen.
Man kann die Methoden in folgende zwei Klassen einteilen:

I. *Diskretisierungsmethoden:*

   Die *Grundidee* der *Diskretisierung* besteht darin, zu lösende Dgl im Lösungsgebiet G nur in endlich vielen Werten einiger oder aller unabhängigen Variablen x_i zu betrachten, die als *Gitterpunkte* und deren Abstände als *Schrittweiten*
   bezeichnet werden. Auf Diskretisierung beruhende numerische Methoden bezeichnet man als *Diskretisierungsmethoden*, die wir ausführlicher im Abschn. -
   16.2 betrachten.

   Bei partiellen Dgl sind im Gegensatz zu gewöhnlichen Dgl zwei Arten von
   Diskretisierungen möglich:

   1. Bei Diskretisierung des Lösungsgebietes G der Dgl bzgl. aller Variablen **x**
       wird das kontinuierliche (stetige) Lösungsgebiet G durch die diskrete (end-
       liche) Menge der Gitterpunkte ersetzt, die man als *Gitter* bezeichnet. Hier-
       durch werden stetige Dgl-Modelle durch *diskrete Ersatzmodelle* in Form
       von *Differenzengleichungen* ersetzt (angenähert), wenn man partielle Ab-
       leitungen der Dgl in Gitterpunkten durch Differenzenquotienten ersetzt
       (annähert).

       Bei dieser Vorgehensweise für die Diskretisierung spricht man von *Diffe-
       renzenmethoden* (siehe Abschn. 16.2.2). Diese liefern als Näherung für die
       Lösungsfunktion u(**x**) keinen analytischen Ausdruck, sondern nur Funk-
       tionswerte in den Gitterpunkten.

   2. Diskretisiert man das Lösungsgebiet G der Dgl nicht bzgl. aller Variablen,
       so spricht man von *Semidiskretisierung (Halbdiskretisierung)* und nennt
       diese Methoden Semidiskretisierungs- oder Halbdiskretisierungsmethoden.
       Diese Vorgehensweise wird z.B. zur Lösung von Anfangs-Randwertauf-
       gaben für parabolische Dgl mit einer Ortsvariablen x und einer Zeitvariab-
       len t angewandt, indem nur bzgl. der Ortsvariablen oder Zeitvariablen dis-
       kretisiert wird. Als Ergebnis erhält man ein gewöhnliches Dgl-System. Bei
       dieser Vorgehensweise spricht man von *Linienmethoden* (siehe Abschn.
       16.2.3).

       Wenn das erhaltene gewöhnliche Dgl-System exakt lösbar ist, erhält man
       analytische Näherungsfunktionen für die Lösungsfunktion u(x,t) in den
       vorgegebenen Gitterpunkten von x bzw. t. Bei einer numerischen Lösung
       des Systems hat man die gleiche Situation wie bei 1., d.h., man erhält eine
       Reihe von Näherungswerten für die Lösungsfunktion.

II. *Projektionsmethoden (Ansatzmethoden):*

   Die *Grundidee* von *Projektionsmethoden (Ansatzmethoden)* besteht darin, Näherungen $u_m(\mathbf{x})$ für Lösungsfunktionen u(**x**) von Dgl durch eine endliche Linearkombination (*Lösungsansatz*)

$$u_m(x) = c_1 \cdot v_1(x) + c_2 \cdot v_2(x) + \ldots + c_m \cdot v_m(x) = \sum_{i=1}^{m} c_i \cdot v_i(x)$$

frei wählbarer Koeffizienten (Parameter) c_i und vorgegebener Funktionen $v_i(x)$ zu konstruieren, die als *Ansatz-* oder *Basisfunktionen* bezeichnet und i.allg. als linear unabhängig gewählt werden:

- Im Gegensatz zu Diskretisierungsmethoden liefern Projektionsmethoden als Näherung für Lösungsfunktionen einen analytischen Ausdruck.

- Bekannter sind Projektionsmethoden unter der Bezeichnung konkreter Vertreter wie Kollokations-, Galerkin-, Ritz- oder Finite-Elemente-Methoden, die sich dadurch unterscheiden, wie im Lösungsansatz enthaltene frei wählbare Koeffizienten c_i berechnet und welche Ansatzfunktionen verwendet werden.

Ausführlicher betrachten wir Projektionsmethoden im Abschn. 16.3.

Da Diskretisierungsmethoden und Projektionsmethoden die Lösung von Dgl näherungsweise in endlichdimensionale Ersatzaufgaben überführen, könnte man beide Methoden auch als eine gemeinsame große Klasse numerischer Methoden auffassen, wenn man von der Art der Überführung absieht.

♦

Stellen wir Fakten zur numerischen Lösung partieller Dgl zusammen:

- Bevor man eine numerische Methode anwendet, sollte man sicher sein, daß die vorliegende Dgl eine Lösung besitzt.

- Numerische Methoden können keine allgemeinen Lösungen partieller Dgl bestimmen, sondern nur Anfangs- bzw. Randwertaufgaben näherungsweise lösen.

- Numerische Methoden sind nur mittels Computer effektiv anwendbar. Hierfür benötigt man Computerprogramme, die entweder selbst zu erstellen oder aus vorhandenen Programmsystemen zu entnehmen sind.

- Anwendern ist nicht zu empfehlen, selbst Computerprogramme für numerische Methoden zu schreiben, wenn keine tieferen Kenntnisse in numerischer Lösung partieller Dgl und Erstellung effektiver Computerprogramme mittels einer Programmiersprache vorliegen.

- Einfach gestaltet sich der Einsatz numerischer Lösungsmethoden unter Anwendung von Programmsystemen wie ANSYS, FEMLAB, DIFFPACK, PLTMG, IMSL und NAG (Programmbibliotheken) und MATHCAD und MATLAB (Computeralgebra- und Mathematiksysteme). Dies wird im Rahmen des Buches am Beispiel von MATHCAD und MATLAB illustriert.

- Mit MATHCAD und MATLAB lassen sich zur Zeit Standardaufgaben partieller Dgl zweiter Ordnung numerisch lösen.
  Umfangreichere Möglichkeiten bieten Programmsysteme wie ANSYS, FEMLAB, DIFFPACK, PLTMG, IMSL und NAG.

- Es existiert eine große für Anwender schwer überschaubare Anzahl numerischer Methoden zur Lösung von Anfangs- und Randwertaufgaben für partielle Dgl. Deshalb geben wir im folgenden einen Einblick in Grundprinzipien und stellen Standardmethoden vor, die in Programmsystemen verwendet werden. Damit sind Anwender in der Lage, diese Systeme problemlos zur numerischen Lösung partieller Dgl einzusetzen, ohne tiefer in die umfangreiche Problematik numerischer Methoden eindringen zu müssen.

- Von der Numerischen Mathematik ist nicht zu erwarten, daß Kriterien für die optimale Auswahl einer numerischen Methode geliefert werden, um vorliegende partielle Dgl effektiv lösen zu können. Man findet nur allgemeine Aussagen für gewisse Klassen von Methoden und vergleichende numerische Tests zur Anwendung einzelner numerischer Methoden.

Auf tiefergehende Fragen wie z.B. Herleitung numerischer Methoden und Fehlerproblematik

- Rundungsfehler
- lokale und globale Diskretisierungsfehler
- Fehlerordnung
- Konvergenzfragen (Konsistenz und Stabilität)

können wir im Rahmen des Buches nicht eingehen und verweisen auf die Literatur. Dies wird dadurch gerechtfertigt, daß sich Anwender in der Regel hierfür weniger interessieren, da sie auf Fähigkeiten professioneller Programmsysteme wie z.B. MATHCAD und MATLAB vertrauen, die Anwendern im gewissen Rahmen die Fehlerproblematik abnehmen und meistens akzeptable Ergebnisse liefern.

Es ist jedoch zu beachten, daß numerische Methoden für Dgl aufgrund ihrer Fehlerproblematik nicht immer brauchbare Näherungslösungen liefern müssen, so daß man von Programmsystemen gelieferten Ergebnissen nicht blindlings vertrauen kann.

♦

16.2 Diskretisierungsmethoden

16.2.1 Einführung

Bei partiellen Dgl sind im Gegensatz zu gewöhnlichen Dgl zwei Arten von Diskretisierungsmethoden möglich, wie im Abschn. 16.1 festgestellt wird. Wichtige Vertreter sind Differenzen- und Linienmethoden, die wir in folgenden Abschn. 16.2.2 und 16.2.3 vorstellen.

16.2.2 Differenzenmethoden

Differenzenmethoden bilden für partielle Dgl einen Hauptvertreter der Diskretisierungsmethoden. Wir lernen sie schon im Abschn. 11.3.2 bei der Lösung von Randwertaufgaben gewöhnlicher Dgl kennen. Ihre Problematik ist bei partiellen Dgl ähnlich.

Differenzenmethoden lassen sich folgendermaßen *charakterisieren:*

- Die *Grundidee* besteht darin,

  * die zu lösende Dgl im Lösungsgebiet G nur in endlich vielen (d.h. diskreten) Werten des unabhängigen Variablenvektors x zu betrachten, die *Gitterpunkte* heißen und in ihrer Gesamtheit ein *Gitter* bilden. Die Abstände der einzelnen Komponenten der Gitterpunkte werden als Schrittweiten bezeichnet. Häufig verwendet man für einzelne Variablen gleichabständige Werte für die Gitterpunkte, d.h. konstante *Schrittweiten*.

  * in der Dgl auftretende partielle Ableitungen (Differentialquotienten) in Gitterpunkten durch Differenzen (Differenzenquotienten) zu ersetzen (anzunähern), wodurch *Diskretisierungsfehler* (siehe [15]) entstehen, die von gewählten Schrittweiten abhängen.

- Die Dgl wird näherungsweise in eine Differenzengleichung überführt, Die Lösung der erhaltenen Differenzengleichung ergibt sich unter Berücksichtigung gegebener Anfangs- und Randbedingungen rekursiv oder durch Lösen eines linearen bzw. nichtlinearen Gleichungssystems. Damit ist für die Dgl näherungsweise eine endlichdimensionale Ersatzaufgabe entstanden.

- Bei partiellen Dgl entstehen aufgrund wesentlich größerer Anzahl von Gitterpunkten umfangreiche Rechnungen, die auch beim heutigen Stand der Computer Probleme bereiten können.

- Differenzenmethoden liefern als Näherung für die Lösungsfunktion u(x) keinen analytischen Ausdruck, sondern nur Funktionswerte in den Gitterpunkten.

- Bei der Anwendung von Differenzenmethoden auf partielle Dgl ist zu beachten, daß man Schrittweiten für einzelne Variable nicht unabhängig voneinander wählen kann. Bei Mißachtung dieses Sachverhaltes braucht keine Konvergenz aufzutreten (siehe [15]), d.h., die Methode ist instabil.

- Es existieren zahlreiche Varianten von Differenzenmethoden, um akzeptable Näherungen zu erhalten. So werden neben *expliziten Methoden*, die sich einfach handhaben lassen (siehe Beisp. 16.1), auch *implizite Methoden* betrachtet, die bessere Eigenschaften besitzen, dafür aber einen höheren Rechenaufwand erfordern (siehe [15]). Eine bekannte implizite Methode ist die Methode von Crank-Nicolson zur Lösung parabolischer Dgl.

Im folgenden Beisp. 16.1 illustrieren wir die Vorgehensweise bei der Anwendung von Differenzenmethoden.

Beispiel 16.1:

a) Illustrieren wir die Vorgehensweise bei Anwendung von Differenzenmethoden am Beispiel einer Anfangsrandwertaufgabe für parabolische Dgl (Wärmeleitungsgleichung)

$$u_t(x,t) - u_{xx}(x,t) = 0$$

mit Anfangsbedingung $u(x,0) = u_0(x)$, homogenen Randbedingungen

$u(0,t) = 0$, $u(1,t) = 0$ und Lösungsgebiet G: $x \in [0,1]$, $t \geq 0$.

Die gleiche Aufgabe wird im Beisp. 16.2 und 16.3 mittels Linien- bzw. Kollokationsmethode numerisch gelöst.

Zur Anwendung von Differenzenmethoden diskretisieren wir bzgl. der Ortsvariablen x im Intervall [0,1] und Zeitvariablen für $t \geq 0$ mittels konstanter Schrittweiten Δx bzw. Δt, so daß sich innere Gitterpunkte

$$(x_i, t_k) = (i \cdot \Delta x, k \cdot \Delta t) \qquad (i = 1, 2, ..., n \; ; \; k = 1, 2, 3, ...)$$

und $x_0 = 0$, $x_{n+1} = 1$, $t_0 = 0$ ergeben, in denen Näherungswerte

$$u_{i,k} \approx u(x_i, t_k)$$

für die Lösungsfunktion u(x,t) zu berechnen sind:

In Gitterpunkten nähert man partielle Ableitungen der Dgl durch entsprechende Differenzenquotienten an, d.h. z.B. zweite Ortsableitung u_{xx} durch eine zentrale zweite Differenz und Zeitableitung u_t durch eine Vorwärtsdifferenz. Man spricht bei dieser Vorgehensweise von einer Vorwärtsdifferenzenmethode. Dies ergibt folgende Gleichung:

$$\frac{u_{i,k+1} - u_{i,k}}{\Delta t} = \frac{u_{i+1,k} - 2 \cdot u_{i,k} + u_{i-1,k}}{\Delta x^2}$$

Die so erhaltene Differenzengleichung läßt sich zu

$$u_{i,k+1} = u_{i,k} + r \cdot (u_{i+1,k} - 2 \cdot u_{i,k} + u_{i-1,k}) \qquad \text{mit } r = \frac{\Delta t}{\Delta x^2}$$

vereinfachen, wobei die Werte

- $u_{i,0} = u_0(x_i)$

  von der Anfangsbedingung $u(x,0) = u_0(x)$

- $u_{0,k} = u_{n+1,k} = 0$

  von den Randbedingungen $u(0,t) = u(1,t) = 0$

geliefert werden.

Dies ergibt eine *explizite Methode*, da kein Gleichungssystem zu lösen ist, weil sich Werte der Zeitstufe t_{k+1} aus Werten der unmittelbar vorangehenden Zeitstufe t_k folgendermaßen berechnen lassen:

- Zuerst werden die Werte $u_{i,1}$ aus den Anfangswerten

$$u_{i,1} = u_0(x_i) + r \cdot (u_0(x_{i+1}) - 2 \cdot u_0(x_i) + u_0(x_{i-1}))$$

  ermittelt, um die Differenzenmethode starten zu können.

- Anschließend werden aus der Differenzengleichung die Werte

$$u_{i,2} = u_{i,1} + r \cdot (u_{i+1,1} - 2 \cdot u_{i,1} + u_{i-1,1})$$

berechnet usw.

Bei der vorgestellten Differenzenmethode ist zu beachten, daß sie nur erfolg-reich (stabil) ist, wenn $r \leq \frac{1}{2}$ gilt, d.h., die Zeitschrittweite Δt muß wegen

$$\Delta t \leq \frac{\Delta x^2}{2}$$

im Vergleich zur Ortsschrittweite Δx klein gehalten werden.

◆

b) Illustrieren wir die Vorgehensweise der Differenzenmethode am Beispiel einer Anfangsrandwertaufgabe für hyperbolische Dgl (Schwingungsgleichung)

$$u_{tt}(x,t) - u_{xx}(x,t) = 0$$

mit Anfangsbedingungen $u(x,0) = u_0(x)$, $u_t(x,0) = u_1(x)$, homogenen Randbedingungen $u(0,t) = 0$, $u(1,t) = 0$ und Lösungsgebiet G:

$x \in [0,1]$, $t \geq 0$

Die Diskretisierung bzgl. der Variablen x und t wird analog wie im Beisp. a durchgeführt:

Man nähert in den Gitterpunkten partielle Ableitungen der Dgl durch entspre-chende Differenzenquotienten an, d.h. z.B. zweite Ortsableitung u_{xx} und zweite Zeitableitung u_{tt} durch zentrale zweite Differenzen. Dies ergibt fol-gende Gleichung:

$$\frac{u_{i,k+1} - 2 \cdot u_{i,k} + u_{i,k-1}}{\Delta t^2} = \frac{u_{i+1,k} - 2 \cdot u_{i,k} + u_{i-1,k}}{\Delta x^2}$$

Die so erhaltene Differenzengleichung läßt sich zu

$$u_{i,k+1} = 2 \cdot u_{i,k} + r \cdot (u_{i+1,k} - 2 \cdot u_{i,k} + u_{i-1,k}) - u_{i,k-1} \text{ mit } r = \frac{\Delta t^2}{\Delta x^2}$$

vereinfachen, wobei die Werte

- $u_{i,0} = u_0(x_i)$

  von der Anfangsbedingung $u(x,0) = u_0(x)$ in den x-Gitterpunkten

- $u_{i,1} = u_0(x_i) + \Delta t \cdot u_1(x_i)$

  von der Anfangsbedingung $u_t(x,0) = u_1(x)$ in den x-Gitterpunkten durch Ersetzen der Zeitableitung durch eine Vorwärtsdifferenz

- $u_{0,k} = u_{n+1,k} = 0$

  von den Randbedingungen $u(0,t) = u(1,t) = 0$

geliefert werden.

Dies ergibt eine *explizite Methode*, da kein Gleichungssystem gelöst werden muß, weil sich die Werte in der Zeitstufe t_{k+1} nur aus Werten der zwei vorangehenden Zeitstufe t_k und t_{k-1} folgendermaßen berechnen lassen:

- Zuerst werden die Werte $u_{i,0}$ und $u_{i,1}$ aus den Anfangswerten

$$u_{i,0} = u_0(x_i) \quad , \quad u_{i,1} = u_0(x_i) + \Delta t \cdot u_1(x_i)$$

ermittelt, um die Differenzenmethode starten zu können.

- Anschließend werden aus der Differenzengleichung die Werte

$$u_{i,2} = 2 \cdot u_{i,1} + r \cdot (u_{i+1,1} - 2 \cdot u_{i,1} + u_{i-1,1}) - u_{i,0}$$

berechnet usw.

Bei der vorgestellten Differenzenmethode ist zu beachten, daß sie nur erfolgreich (stabil) ist, wenn

$$\Delta t \le \Delta x$$

gilt, d.h. die Zeitschrittweite Δt muß nur proportional zur Ortsschrittweite Δx abnehmen. Diese Bedingung ist weniger einschränkend als bei parabolischen Dgl (Wärmeleitungsgleichungen).

♦

c) Illustrieren wir die Vorgehensweise der Differenzenmethode am Beispiel der Randwertaufgabe von Dirichlet für die elliptische Dgl (Laplacesche Dgl)

$$u_{xx}(x,y) + u_{yy}(x,y) = 0 \qquad\qquad (x,y) \in G$$

mit Randbedingungen für $(x,y) \in \partial G$ und Lösungsgebiet G.

Die Diskretisierung bzgl. der Ortsvariablen x und y wird mittels konstanter Schrittweiten Δx bzw. Δy durchgeführt.

Bei Anwendung einer einfachen Differenzenmethode nähert man in den Gitterpunkten die partiellen Ableitungen der Dgl durch entsprechende Differenzenquotienten an, d.h. z.B. die zweiten Ortsableitungen u_{xx} und u_{yy} durch zentrale zweite Differenzen. Dies ergibt folgende Gleichung:

$$\frac{u_{i+1,k} - 2 \cdot u_{i,k} + u_{i-1,k}}{\Delta x^2} + \frac{u_{i,k+1} - 2 \cdot u_{i,k} + u_{i,k-1}}{\Delta y^2} = 0$$

Da $\Delta x = \Delta y$ wählbar ist, folgt hieraus die Differenzengleichung

$$u_{i,k} = \frac{1}{4} \cdot (u_{i+1,k} + u_{i-1,k} + u_{i,k+1} + u_{i,k-1})$$

d.h. der Näherungswert $u_{i,k}$ ergibt sich als Mittelwert aus vier benachbarten Werten, wie man sich sofort in einer Skizze veranschaulichen kann.

Diese Vorgehensweise funktioniert für beliebige Lösungsgebiete G, wenn man G mittels des aus Quadraten bestehenden Gitters approximiert und die gegebenen Randwerte in den entsprechenden Randgitterpunkten annimmt. Hat man

im Gitter N innere Gitterpunkte, so liefert die Differenzengleichung ein System von N linearen Gleichungen, das genau eine Lösung besitzt, wie sich beweisen läßt.
Zur Lösung dieses linearen Gleichungssystems könnte der Gaußsche Algorithmus herangezogen werden. Dies ist jedoch nicht zu empfehlen, da z.B. Iterationsmethoden wie Jacobi-, Gauß-Seidel- oder SOR-Methode aufgrund der Struktur des Gleichungssystems schneller sind und weniger Speicherplatz im Computer benötigen (siehe [65,68]).

♦

16.2.3 Linienmethoden

Linienmethoden gehören zur Klasse der Diskretisierungs- oder genauer Semidiskretisierungs- oder Halbdiskretisierungsmethoden. Im Unterschied zu Differenzenmethoden wird hier die Diskretisierung nicht bzgl. aller unabhängigen Variablen durchgeführt, so daß keine Gleichungssysteme sondern Dgl-Systeme entstehen.
Man unterscheidet bei dieser Vorgehensweise zwischen (siehe [52] und Beisp. 16.2)

- *Vertikalen Linienmethoden:*
  Hier erfolgt die Diskretisierung bzgl. einer Ortsvariablen.

- *Horizontalen Linienmethoden* (Methode von Rothe):
  Hier erfolgt die Diskretisierung bzgl. der Zeitvariablen t.

Der Grundgedanke der Linienmethoden (Semidiskretisierungsmethoden) besteht bei partiellen Dgl darin, daß als Ergebnis numerisch einfacher zu lösende Dgl entstehen.
So kann man bei partiellen Dgl mit Lösungsfunktionen u(x,t) zweier unabhängiger Variablen x,t bzgl. der Ortsvariablen x oder Zeitvariablen t diskretisieren, wodurch sich gewöhnliche Dgl-Systeme ergeben, die sich i.allg. numerisch einfacher lösen lassen als partielle Dgl.

♦

Beispiel 16.2:
Illustrieren wir die Vorgehensweise bei vertikalen und horizontalen Linienmethoden am Beispiel der Lösung einer Anfangsrandwertaufgabe für die parabolische Dgl (Wärmeleitungsgleichungen)

$$u_t(x,t) - u_{xx}(x,t) = 0 \quad , \quad u(x,0) = u_0(x) \quad , \quad u(0,t) = 0 \ , \ u(1,t) = 0$$

mit dem Lösungsgebiet G: $x \in [0,1]$, $t \geq 0$.
Diese Aufgabe wird im Beisp. 16.1a und 16.3 mittels Differenzen- bzw. Kollokationsmethode numerisch gelöst.

a) Bei Anwendung der *vertikalen Linienmethode* (siehe [15,49]) diskretisiert man bzgl. der Ortsvariablen x, indem man n innere Gitterpunkte

$$x_i \qquad\qquad (i = 1, 2, \dots, n ; \; x_0 = 0, x_{n+1} = 1)$$

im Lösungsintervall [0,1] mit der Schrittweite Δx festlegt und die Dgl nur in diesen Gitterpunkten betrachtet, d.h.

$$u_t(x_i, t) - u_{xx}(x_i, t) = 0 \qquad\qquad (i = 1, 2, \dots, n)$$

In den gewählten Gitterpunkten wird die zweite Ortsableitung u_{xx} der Dgl durch zentrale zweite Differenzen ersetzt, so daß sich das lineare gewöhnliche Dgl-System erster Ordnung

$$u_i'(t) = \frac{u_{i+1}(t) - 2 \cdot u_i(t) + u_{i-1}(t)}{\Delta x^2} \qquad\qquad (i = 1, 2, \dots, n)$$

ergibt, wenn man $u_i(t) = u(x_i, t)$ setzt.

Indem man die Funktionen $u_0(t), u_{n+1}(t)$ aufgrund der homogenen Randbedingungen als identisch gleich Null annimmt und die Anfangsbedingungen

$$u_i(0) = u_0(x_i)$$

verwendet, hat man durch diese Vorgehensweise eine Anfangswertaufgabe für ein lineares gewöhnliches Dgl-System erster Ordnung mit n Gleichungen für die unbekannten Funktionen (Lösungsfunktionen)

$$u_1(t), u_2(t), \dots, u_n(t)$$

erhalten. Da sich dieses Dgl-System aufgrund der meistens hohen Dimension n i.allg. nicht exakt lösen läßt, können zur Lösung die im Kap. 10 gegebenen numerischen Methoden herangezogen werden.

b) Bei Anwendung der *horizontalen Linienmethode* (siehe [52]) diskretisiert man bzgl. der Zeitvariablen t, indem man Gitterpunkte

$$t_i \qquad\qquad (i = 1, 2, \dots ; \; t_0 = 0)$$

im nach rechts unbeschränktem Lösungsintervall $t \geq 0$ mit der Schrittweite Δt festlegt und die Dgl nur in diesen Gitterpunkten betrachtet, d.h.

$$u_t(x, t_i) - u_{xx}(x, t_i) = 0 \qquad\qquad (i = 1, 2, \dots)$$

In den gewählten Gitterpunkten wird die Zeitableitung u_t der Dgl z.B. durch eine Rückwärtsdifferenz ersetzt, so daß sich das lineare gewöhnliche Dgl-System zweiter Ordnung

$$u_i''(x) = \frac{u_i(x) - u_{i-1}(x)}{\Delta t} \qquad\qquad (i = 1, 2, \dots)$$

ergibt, wenn man $u_i(x) = u(x, t_i)$ setzt.

Indem man $u_i(0), u_i(1)$ aufgrund der homogenen Randbedingungen gleich Null setzt und aus der gegebenen Anfangsbedingung die Funktion

$$u_0(x)$$

bekommt, hat man durch diese Vorgehensweise eine Randwertaufgabe für ein lineares gewöhnliches Dgl-System zweiter Ordnung für die unbekannten Funktionen (Lösungsfunktionen)

$$u_1(x), u_2(x), \ldots$$

erhalten, daß man ausgehend von $u_0(x)$ sukzessiv für i=1, 2, ... lösen kann.

♦

16.3 Projektionsmethoden

16.3.1 Einführung

Neben im Abschn. 16.2 vorgestellten Diskretisierungsmethoden (Differenzen- und Linienmethoden) ist eine zweite große Klasse numerischer Methoden wichtig, die sowohl bei der Lösung von Randwertaufgaben gewöhnlicher als auch partieller Dgl Anwendung finden und als *Projektions-* oder *Ansatzmethoden* bezeichnet werden. Wir lernen diese Methoden bereits bei gewöhnlichen Dgl im Abschn. 11.4 kennen.

Bekannter sind Namen konkreter Vertreter von Projektionsmethoden wie Kollokations-, Galerkin-, Ritz- bzw. Finite-Elemente-Methode. Die letzten drei Methoden werden unter dem Oberbegriff *Variationsmethoden* geführt, da sie auf numerischen Lösungen von Variationsgleichungen bzw. Variationsaufgaben beruhen, in die zu lösende Randwertaufgaben partieller Dgl überführt werden (siehe Abschn. 16.3.3).

Geben wir eine kurze *Charakterisierung* von *Projektionsmethoden* (siehe auch Abschn. 11.4):

- Das *Grundprinzip* besteht darin, Näherungslösungen $u_m(x)$ für Dgl zu bestimmen, die sich aus endlichen Linearkombinationen frei wählbarer Koeffizienten (Parameter) c_i und vorgegebener Funktionen (*Ansatzfunktionen/Basisfunktionen*) $v_i(x)$ zusammensetzen (i = 1, 2, ..., m), d.h., es wird folgender *Lösungsansatz* verwendet:

$$u_m(x) = c_1 \cdot v_1(x) + c_2 \cdot v_2(x) + \ldots + c_m \cdot v_m(x) = \sum_{i=1}^{m} c_i \cdot v_i(x)$$

- Da linear unabhängige Ansatzfunktionen verwendet werden, bilden sie einen m-dimensionalen Raum (*Ansatzraum*), der als Näherung für den Lösungsraum der Dgl dient. Es sind nur noch die frei wählbaren Koeffizienten c_i des Lösungsansatzes zu bestimmen.
Der verwendete Ansatzraum enthält nur im Idealfall exakte Lösungen der Dgl. I.allg. lösen so bestimmte Funktionen $u_m(x)$ die Dgl nur näherungsweise.

- Ansatzfunktionen werden meistens so gewählt, daß sie vorliegende Randbedingungen der Dgl erfüllen. Man verwendet für sie Funktionen, die eine einfache Struktur besitzen, wie z.B. lineare Funktionen, Polynomfunktionen, trigonometrische Funktionen bzw. Splinefunktionen.

- Es lassen sich verschiedene Forderungen an die frei wählbaren Koeffizienten c_i stellen, damit der Lösungsansatz $u_m(\mathbf{x})$ die Lösungsfunktion $u(\mathbf{x})$ der gegebenen Dgl möglichst gut annähert (approximiert), d.h., der Fehler beim Einsetzen von $u_m(\mathbf{x})$ in die Dgl möglichst klein ist. Diese Forderungen an die Koeffizienten werden durch die Approximationsart bestimmt, die in konkreten Projektionsmethoden gewählt wird.

- Projektionsmethoden führen die Lösung von Dgl auf die Lösung von Gleichungssystemen zur Berechnung der Koeffizienten c_i zurück, die im Falle linearer Dgl linear sind.

- Im Gegensatz zu Diskretisierungsmethoden liefern Projektionsmethoden mit ihrem Lösungsansatz analytische Ausdrücke als Näherungen für Lösungsfunktionen. Konkrete Projektionsmethoden unterscheiden sich dadurch, wie im Lösungsansatz enthaltene frei wählbare Koeffizienten c_i berechnet und welche Ansatzfunktionen verwendet werden.

- Projektionsmethoden lassen sich effektiv zur numerischen Lösung von Randwertaufgaben einsetzen und haben für gewisse Aufgabenstellungen bessere Approximationseigenschaften als Differenzenmethoden (siehe [37,50,65]).

Da Diskretisierungsmethoden und Projektionsmethoden Dgl näherungsweise in endlichdimensionale Ersatzaufgaben überführen, könnte man beide Methoden auch als eine gemeinsame große Klasse numerischer Methoden auffassen. Sie unterscheiden sich nur in der Vorgehensweise bei der Konstruktion der Ersatzaufgaben.

♦

In den folgenden Abschn. 16.3.2 und 16.3.3 stellen wir Vorgehensweisen wichtiger konkreter *Projektionsmethoden* kurz vor. Zur ausführlichen Behandlung sind umfangreiche mathematische Hilfsmittel erforderlich, so daß wir diesbezüglich auf die Literatur verweisen.

16.3.2 Kollokationsmethoden

Die von gewöhnlichen Dgl her bekannten Kollokationsmethoden (siehe Abschn. 11.4.2) sind auch auf partielle Dgl anwendbar, wobei hier die Kollokation meistens nur bzgl. einer Variablen durchgeführt wird.
Wenn man z.B. bei partiellen Dgl mit Lösungsfunktionen $u(x,t)$ zweier unabhängiger Variablen x,t die Kollokation bzgl. der Variablen x durchführt, erhält man ein System gewöhnlicher Dgl. Diese Vorgehensweise führt bei Anfangsrandwertaufgaben für lineare parabolische und hyperbolische Dgl zum Erfolg, wie im folgenden Beisp. 16.3 illustriert wird.

Beispiel 16.3:

Illustrieren wir die Vorgehensweise bei *Kollokationsmethoden* an der Lösung einer Anfangsrandwertaufgabe für die parabolische Dgl (Wärmeleitungsgleichung) aus Beisp. 16.1a und 16.2

$$u_t(x,t) - u_{xx}(x,t) = 0 \quad , \quad u(x,0) = u_0(x) \quad , \quad u(0,t) = 0 \,,\, u(1,t) = 0$$

mit dem Lösungsgebiet G: $x \in [0,1]$, $t \geq 0$.

Im Unterschied zum im Abschn. 16.3.1 vorgestellten Lösungsansatz verwendet man bei Kollokation bzgl. x den modifizierten *Lösungsansatz*

$$u_m(x,t) \;=\; \sum_{i=1}^{m} c_i(t) \cdot v_i(x)$$

mit Ansatzfunktionen $v_i(x)$ nur bzgl. der Variablen x, die die Randbedingungen der Dgl erfüllen, d.h. $v_i(0)=v_i(1)=0$, und m frei wählbare Funktionen $c_i(t)$ anstatt der m Koeffizienten c_i.

Die Kollokation bzgl. der Variablen x ergibt sich, indem man m innere *Gitterpunkte*

$$x_k \qquad\qquad\qquad (k = 1 , 2 , ... , m \; ; \; x_0 = 0 \,,\, x_{m+1} = 1)$$

im Lösungsintervall [0,1] festlegt und fordert, daß der Lösungsansatz die Wärmeleitungsgleichung in den Gitterpunkten erfüllt, d.h.

$$\sum_{i=1}^{m} c_i'(t) \cdot v_i(x_k) \;=\; \sum_{i=1}^{m} c_i(t) \cdot v_i''(x_k) \qquad\qquad (k = 1 , 2 , ... , m)$$

Dies ist offensichtlich ein System m linearer gewöhnlicher Dgl erster Ordnung zur Bestimmung der Funktionen $c_i(t)$. Die Anfangswerte $c_i(0)$ für dieses Dgl-System ergeben sich aus der Forderung, daß der Lösungsansatz in den Gitterpunkten die Anfangsbedingung der Wärmeleitungsgleichung erfüllt:

$$\sum_{i=1}^{m} c_i(0) \cdot v_i(x_k) \;=\; u_0(x_k) \qquad\qquad (k = 1 , 2 , ... , m)$$

Dies ist ein lineares Gleichungssystem zur Bestimmung der benötigten Anfangswerte $c_i(0)$.

Bei Anwendung einer Linienmethode erhält man für die betrachtete Aufgabe ebenfalls ein gewöhnliches Dgl-System, wie aus Beisp. 16.2 ersichtlich ist. Wir empfehlen dem Leser, bei beiden Methoden entstehende Dgl-Systeme für konkrete Anfangsbedingungen und Anzahl von Gitterpunkten z.B. mittels MATLAB exakt zu lösen und die Ergebnisse zu vergleichen.

◆

16.3.3 Variationsmethoden: Galerkin-, Ritz- und Finite-Elemente Methoden

Als Variationsmethoden werden Methoden bezeichnet, die auf numerischer Lösung von Variationsgleichungen bzw. Variationsaufgaben beruhen, in die zu lösende Dgl überführt werden. Wir lernen diese Methoden bei gewöhnlichen Dgl im Abschn. 11.4.3 kennen. Die Vorgehensweise ist bei partiellen Dgl analog, da man als Unterschied nur mehrfache Integrale und Ansatzfunktionen mehrerer Variabler hat, während die durchzuführenden Operationen die gleichen bleiben. Deshalb stellen wir nur typische Vertreter von *Variationsmethoden* kurz vor, die bei numerischen Lösungen partieller Dgl Anwendung finden:

- *Methode von Galerkin*

  Hier wird die zu lösende Dgl in eine Variationsgleichung überführt (siehe Abschn. 15.4.6). Das Einsetzen des Lösungsansatzes aus Abschn. 16.3.1 in diese Variationsgleichung liefert ein Gleichungssystem zur Bestimmung der frei wählbaren Koeffizienten c_i (siehe [49] und Beisp. 11.3b).

- *Methode von Ritz*

  Hier wird die zu lösende Dgl in eine Variationsaufgabe derart überführt, daß sich die Dgl als Optimalitätsbedingung der Variationsaufgabe ergibt.
  Das Einsetzen des Lösungsansatzes aus Abschn. 16.3.1 in die äquivalente Variationsaufgabe liefert eine Optimierungsaufgabe zur Bestimmung der frei wählbaren Koeffizienten c_i (siehe [49] und Beisp. 11.3b).
  Unter Symmetrievoraussetzungen an die Dgl sind Ritz- und Galerkin-Methode äquivalent (siehe [49]).

- *Methode der finiten Elemente/Finite-Elemente-Methode* (FEM)

  Diese moderne Methode (siehe [21,51]) lernen wir schon im Abschn. 11.4.3 für gewöhnliche Dgl kennen. Sie verwendet im Unterschied zu global über dem Lösungsgebiet G definierten Ansatzfunktionen der klassischen Galerkin (Ritz)-Methoden stückweise definierte Ansatzfunktionen.

  Finite-Elemente Methoden lassen sich für partielle Dgl folgendermaßen charakterisieren:

  * Das Lösungsgebiet G wird durch ein Gebiet angenähert, daß sich aus geometrisch einfachen Teilgebieten zusammensetzt, wie z.B. Dreiecke oder Rechtecke (in der Ebene) und Quader oder Tetraeder (im Raum).

  * Ansatzfunktionen werden definiert, die nur über einzelnen Teilgebieten des Lösungsgebietes G von Null verschieden sind, wofür hauptsächlich Polynome (Splines) und im einfachsten Fall lineare Funktionen herangezogen werden. Teilgebiet und zugehörige Ansatzfunktion werden als *finites Element* bezeichnet. Dabei sind gewisse Übergangsbedingungen einzuhalten, die die Stetigkeit und Differenzierbarkeit der Ansatzfunktionen über dem gesamten Lösungsgebiet G gewährleisten.

* Bei linearen Ansatzfunktionen wird die Lösungsfunktion durch eine stückweise lineare Funktion angenähert (approximiert). Diese Vorgehensweise erweist sich bei der Lösung linearer Randwertaufgaben sehr effektiv, da hier entstehende lineare Gleichungssysteme numerisch stabil sind.

* Finite-Elemente-Methoden können als Galerkin-Methoden (Ritz-Methoden) für spezielle Ansatzräume interpretiert werden, die auch als Finite-Elemente-Räume bezeichnet werden (siehe [49]).

* Während Finite-Elemente-Methoden bei gewöhnlichen Dgl keinen großen Vorteil gegenüber Differenzenmethoden liefern, haben sie bei partiellen Dgl Vorteile, da man hier das Lösungsgebiet besser als bei Differenzenmethoden annähern kann. Dies ist auch ein Grund dafür, daß sie häufig in Programmsystemen zur Lösung partieller Dgl wie z.B. FEMLAB zum Einsatz kommen.

Zur ausführlichen Behandlung der aufgezählten Methoden sind umfangreichere theoretische Fakten erforderlich, so daß wir im Rahmen des Buches nicht näher auf diese Methoden eingehen können und auf die Literatur verweisen (siehe [23,37,44,49]).

16.4 Anwendung von MATHCAD

In MATHCAD sind zur numerischen Lösung (linearer) partieller Dgl zweiter Ordnung mit zwei unabhängigen Variablen x,y bzw. x,t folgende Funktionen vordefiniert:

* **relax** und **multigrid**

  zur numerischen Lösung von Randwertaufgaben Poissonscher Dgl der Ebene

  $$u_{xx}(x,y) + u_{yy}(x,y) = f(x,y)$$

  mit einem quadratischen Lösungsgebiet G.
  Man muß hierfür die Dgl mittels Differenzenmethoden in eine Differenzengleichung überführen, die sich dann mittels der beiden Funktionen numerisch lösen läßt. Die Vorgehensweise ist aus der Hilfe von MATHCAD und Beispielen des Erweiterungspakets **QuickSheets** ersichtlich (siehe Beisp. 16.4b und c).

* **pdesolve** (u , x , x-Bereich , t , t-Bereich , Punkte)

  ist auf Systeme hyperbolischer und parabolischer partieller Dgl für Funktionen u(x,t) mit zwei unabhängigen Variablen mit Anfangs- und Randbedingungen (Dirichlet- oder Neumann-Bedingungen) anwendbar und benutzt als numerische Methode eine Linienmethode.

  Die Argumente von **pdesolve** (deutsch: **tdglösen**) haben folgende Bedeutung:
  * u
    steht für die Bezeichnung der Lösungsfunktion u(x,t).

* x
  steht für die Bezeichnung der unabhängigen Variablen x.
* x-Bereich
  Spaltenvektor mit den beiden Endpunkten des x-Intervalls des Lösungsbereichs.
* t
  steht für die Bezeichnung der unabhängigen Variablen t.
* t-Bereich
  Spaltenvektor mit den beiden Endpunkten des t-Intervalls des Lösungsbereichs.
* Punkte
  Anzahl der Punkte in x-Richtung und t-Richtung in der Form M,N. Dies dient zur Festlegung der Gitterpunkte, in denen die gesuchte Funktion u(x,t) näherungsweise berechnet wird.

Die Anwendung von **pdesolve** vollzieht sich in einem *Lösungsblock* mit **given** (deutsch: **Vorgabe**) analog zur Funktion **odesolve** für gewöhnliche Dgl (siehe Abschn. 10.4 und 11.5), wobei partielle Ableitungen durch Indizes einzugeben sind. Dafür funktioniert der Literalindex, der durch Drücken der Punkttaste

☐

eingegeben wird. **pdesolve** ist in der Form

u := pdesolve (.......)

anzuwenden, wie im Beisp. 16.4 illustriert wird.

* **numol**
  Diese Funktion ist auf Systeme hyperbolischer und parabolischer partieller Dgl für Lösungsfunktionen u(x,t) mit zwei unabhängigen Variablen x, t mit Anfangs- und Randbedingungen (Dirichlet- oder Neumann-Bedingungen) anwendbar und benutzt als numerische Lösungsmethode eine Linienmethode. Eine Illustration findet man im Beisp. 16.4c2.

☞

Um sich die Arbeit zu erleichtern, sollte man auf bereits erstellte MATHCAD-Arbeitsblätter zur Lösung partieller Dgl zurückgreifen, die sich in Erweiterungspaketen befinden, wie z.B.

* **Numerical Recipes Extension Pack**
  im Abschnitt 15.4 *Relaxation Methods for Boundary Value Problems* findet man ein Arbeitsblatt mit der vordefinierten Funktion **sor** zur numerischen Lösung Poissonscher Dgl.

* **QuickSheets**
  im Abschnitt über Dgl (siehe Beisp. 16.4b und c).
Im folgenden Beisp. 16.4 zeigen wir Ausschnitte aus vorliegenden Arbeitsblättern von MATHCAD zur Lösung partieller Dgl, um Anwendern einen Eindruck zu

vermitteln. Zur Lösung anfallender Aufgaben sollten diese Arbeitsblätter herangezogen werden, indem die konkrete Dgl und Anfangs- und Randbedingungen eingesetzt werden. Dazu muß für eine zu lösende Aufgabe zuerst der Typ der Dgl und die Form der Anfangs- und Randbedingungen bestimmt werden, da die in MATHCAD vordefinierten Funktionen nur bestimmte Typen von Dgl lösen.
♦

Beispiel 16.4:

a) Illustrieren wir die Anwendung der in MATHCAD vordefinierte Numerikfunktion **pdesolve** an der Lösung einer Anfangsrandwertaufgabe für die parabolische Dgl (Wärmeleitungsgleichung)

$$u_t(x,t) - u_{xx}(x,t) = 0$$

mit der Anfangsbedingung $u(x,0) = \sin x$ und homogenen Randbedingungen $u(0,t) = 0$, $u(\pi,t) = 0$ für das Lösungsgebiet G: $x \in [0,\pi]$, $t \in [0,1]$
die folgende exakte Lösung besitzt:

$$u(x,t) = e^{-t} \cdot \sin x$$

Zur Anwendung von **pdesolve** ist folgender *Lösungsblock* in das Arbeitsfenster von MATHCAD einzugeben, wenn für x und t z.B. je 50 Gitterpunkte gewählt werden (d.h. M = N = 50):

given

$$u_t(x,t) = u_{xx}(x,t) \quad u(0,t) = 0 \quad u(\pi,t) = 0 \quad u(x,0) = \sin(x)$$

$$u := \text{pdesolve}\left(u,x,\binom{0}{\pi},t,\binom{0}{1},50,50\right)$$

Mit der von MATHCAD mittels **pdesolve** berechneten Näherungslösung u kann man gewünschte Funktionswerte berechnen wie z.B.

$u(1, 0.5) = 0.510153$

Der Vergleich mit der exakten Lösung zeigt die gute Übereinstimmung

$$u(x,t) = e^{-t} \cdot \sin x \qquad u(1,0.5) = 0.510378$$

Für die grafische Darstellung der mittels **pdesolve** berechneten Näherungslösung u braucht man nur die Bezeichnung u in den Platzhalter des Grafikfensters für Flächen einzutragen, das durch Anklicken von

in der Symbolleiste "Diagramm" geöffnet wird:

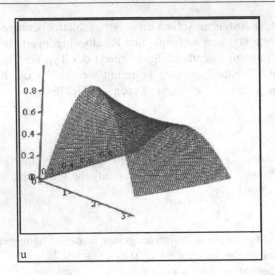

Die von MATLAB gezeichnete Grafik zeigt die gute Übereinstimmung der berechneten Näherungslösung mit der exakten Lösungsfunktion u(x,t), deren Grafik im folgenden zu sehen ist:

$$u(x,t) := e^{-t} \cdot \sin(x)$$

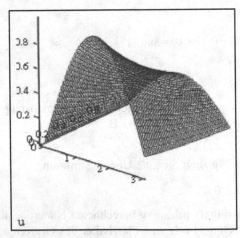

b) Der folgende Arbeitsblattauszug ist aus dem Erweiterungspaket **QuickSheets** (Differential- und Integralrechnung - Anwendungen: Partielle Differentialgleichungen–Temperaturverteilung auf einer quadratischen Platte) der deutschen Version von MATHCAD entnommen, der nicht immer in bestes Deutsch übersetzt ist.

Hier werden mit der vordefinierten Numerikfunktion **relax** Poissonsche Dgl gelöst:

Lösen der Poisson-Gleichung

Lösen Sie jetzt die Wärmegleichung, wobei die Werte der Quellenfunktion bekannt und die Randbedingungen ungleich Null sind. Für diese Situation verwenden Sie **relax**, eine Funktion, die auf einer völlig anderen Lösungsmethode beruht und daher andere Argumente erfordert.

Definieren Sie zunächst fünf quadratische Matrizen

a , b , c , d , e

die die Koeffizienten für die Laplacesche 'Näherung enthalten

$a \cdot u_{i+1,j} + b \cdot u_{i-1,j} + c \cdot u_{i,j+1} + d \cdot u_{i,j-1} + e \cdot u_{i,j}$

Diese Felder können jede von Ihnen angegebene Größe annehmen. Je größer sie sind, um so feiner ist das Gitter in der Lösung und um so kleiner die Stufengröße.

Definieren Sie die Größe des Gitters R:

$R := 32$ $\qquad$ $i := 0 .. R$ $\qquad$ $j := 0 .. R$

Verwenden Sie den Standardsatz von Koeffizienten:

$a_{i,j} := 1 \quad b := a \quad c := a \quad d := a \quad e := -4 \cdot a$

Definieren Sie dann die Position und Stärke der Quelle. In diesem Fall ist die Quelle konstant:

$S_{i,j} := 0.05$

Sie kann aber auch wie oben definiert werden.

Definieren Sie als Nächstes eine quadratische Matrix f von derselben Größe wie das Gitter, die die bekannten Randwerte der Funktion F(x,y) und Schätzwerte für die unbekannten Werte im Platteninneren enthält.

Als Randbedingungen verwenden wir:

entlang des oberen Plattenrands

$f_{0,j} := 0$

entlang des unteren Plattenrands eine Cosinuswelle

$f_{R,j} := 2 \cdot \cos\left(4 \cdot \pi \cdot \frac{j}{R} \right)$

entlang des linken und rechten Plattenrands eine lineare Funktion

$f_{i,0} := 2 \cdot \frac{i}{R} \qquad f_{i,R} := 2 \cdot \frac{i}{R}$

Definieren Sie schließlich eine reelle Zahl r, gewöhnlich zwischen 0 und 1, die als **Jacobi-Spektralradius** bezeichnet wird. Dieser Parameter steuert die Konvergenz des Algorithmus. Wenn Sie die Fehlermeldung „zu viele Iterationen" sehen, versuchen Sie es mit verkleinertem r.

Eine gute Wahl für r ist gewöhnlich:

$r := 1 - \frac{2 \cdot \pi}{R}$

Rufen Sie jetzt die Funktion relax auf:

$F := relax (a , b , c , d , e , S , f , r)$

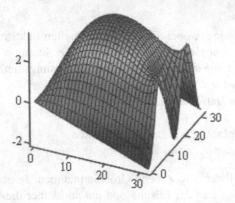

Flächendiagramm der
Temperatur

−F

c) Der folgende Arbeitsblattauszug ist aus dem Erweiterungspaket **QuickSheets**
(Differential- und Integralrechnung - Anwendungen: Partielle Differentialglei-
chungen-Die Wellengleichung) der deutschen Version von MATHCAD entnommen. Hier wird mit den Numerikfunktionen **pdesolve** und **numol** eine lineare hyperbolische Differentialgleichung zweiter Ordnung gelöst:

c1)**Lösungsblock für partielle Differentialgleichungen**

Um eine eindimensionale Wellengleichung zu lösen

$$\frac{\partial}{\partial t} v(x,t) = a^2 \cdot \frac{\partial^2}{\partial x^2} w(x,t)$$

verwenden Sie die Bedingung

$$\frac{\partial}{\partial t} w(x,t) = v(x,t)$$

um die erste Gleichung als System mit zwei partiellen Differentialgleichungen darzustellen.

Einrichten eines Lösungsblocks für partielle Differentialgleichungen:

Vorgabe

$$v_z(x,z) = a^2 \cdot w_{xx}(x,z) \qquad\qquad w_z(x,z) = v(x,z)$$

mit Randbedingungen

$$w(x,0) = \sin\left(\frac{\pi \cdot x}{L}\right) \quad v(x,0) = 0 \quad w(0,z) = 0 \quad w(L,z) = 0$$

$$a \equiv 3 \quad L \equiv 2 \cdot \pi \quad Z \equiv 2 \cdot \pi$$

$$\begin{pmatrix} w \\ v \end{pmatrix} := \text{tdglösen}\left[\begin{pmatrix} w \\ v \end{pmatrix}, x, \begin{pmatrix} 0 \\ L \end{pmatrix}, z, \begin{pmatrix} 0 \\ Z \end{pmatrix} \right]$$

Erstellen Sie ein Lösungsgitter, das mit den oben definierten Bedingungen
dreidimensional dargestellt wird:

$$M := \text{ErstellenGitter}(w, 0, L, 0, Z)$$

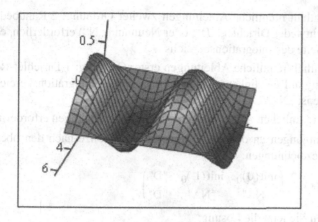

M

c2) **Verwenden von numol**

Dieses System lässt sich auch mit dem Befehlszeilenlöser **numol** lösen, wenn Sie die Berechnung in ein Programm einfügen müssen oder den Lösungsblock aus anderen Gründen nicht verwenden können. Definieren Sie zunächst die Anzahl der partiellen Differentialgleichungen und algebraischen Bedingungen in Ihrem System:

num_pde := 2   num_pae := 0

Die Funktion zur Auswertung der rechten Seite der partiellen Differentialgleichungen - in diesem Falle eines Gleichungssystems - ist ein Vektor der Länge num_pde + num_pae. Auch die Randbedingungen werden als Spaltenvektor der Länge num_pde + num_pae definiert.

Vektor aus partiellen Differentialgleichungen:

$$\text{rhs}(x,t,u,u_x,u_{xx}) := \begin{pmatrix} u_1 \\ a^2 \cdot u_{xx_0} \end{pmatrix}$$

Hier gilt $u_1 = v$ aus der obigen Beziehung und $u_0 = w$.

Vektor der Anfangsbedingungen: $\text{init}(x) := \begin{pmatrix} \sin\left(\dfrac{\pi \cdot x}{L}\right) \\ 0 \end{pmatrix}$

Nehmen wir an, jede linke Seite ist die Ableitung erster Ordnung nach der Zeit des unbekannten Funktionsvektors u. Die Funktion hat die Variablen x (Raum), t (Zeit), die Lösung u, die selbst ein Vektor von Lösungen eines Gleichungssystems sein kann, u_x, wobei es sich um die erste Ableitung der Lösung u des Vektors handelt, und u_{xx} die zweite räumliche Ableitung aller Elemente des Lösungsvektors u ist. Sie *müssen* Vektorindizes verwenden, um die einzelnen Einträge in u, u_x und u_{xx} zu bezeichnen.

Der Vektor der Randbedingungen kann drei Arten von Zeilen aufweisen. Jede Zeile wird durch eines der folgenden Elemente bestimmt:

- **rhs** enthält räumliche Ableitungen zweiter Ordnung: 2 Randbedingungen (entweder Dirichlet, „D", oder Neumann „N") erforderlich, eine für jede Seite des Integrationsbereichs

- **rhs** enthält räumliche Ableitungen erster Ordnung: 1 Dirichlet-Randbedingung auf der linken oder rechten Seite des Integrationsbereichs, die andere ist „NA"

- keine räumlichen Ableitungen, keine Randbedingungen erforderlich

Randbedingungen an der linken und rechten Grenze nach den oben definierten Bezeichnungen:

$$bc\_func(t) := \begin{pmatrix} \text{init}(0)_0 & \text{init}(L)_0 & \text{"D"} \\ \text{"NA"} & \text{"NA"} & \text{"D"} \end{pmatrix}$$

Definieren Sie jetzt die Lösung:

$$sol := numol\left[\begin{pmatrix} 0 \\ L \end{pmatrix}, 30, \begin{pmatrix} 0 \\ T \end{pmatrix}, 20, num\_pde, num\_pae, rhs, init, bc\_func\right]$$

Das Ergebnis von **numol** ist eine Matrix, die jeden Punkt im Raum als Zeile und jeden Punkt in der Zeit als Spalte wiedergibt. Dies erleichtert die Animation von Lösungen, da wir jeweils eine Spalte nehmen und die Lösung an einem einzelnen Zeitpunkt über den gesamten Raum darstellen können. Bei der Lösung eines Gleichungssystems wird die Lösungsmatrix für jede unbekannte Funktion an die vorausgehende Matrix angehängt.

zeilen (sol) = 30   spalten (sol) = 40

In unserem Beispiel gibt es 20 Zeitpunkte für jede Funktion, so dass die Matrix 40 Spalten umfasst. Nehmen Sie die erste Lösung, u0:

SOL := submatrix (sol , 0 , 29 , 0 , 20)

$$i := 0 .. 30 \quad L = 6.283 \quad x_i := \frac{i \cdot L}{30} \quad t0 := 1$$

Vergleichen Sie das Lösungsgitter für verschiedene Werte von Raum und Zeit:

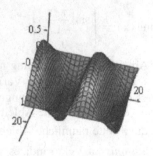   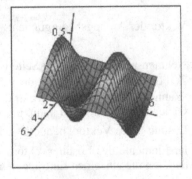

SOL   M

♦

16.5 Anwendung von MATLAB

16.5.1 Einführung

Im Unterschied zu MATHCAD besitzt MATLAB umfangreichere Möglichkeiten, da ein Erweiterungspaket zur numerischen Lösung partieller Dgl in Form der **Partial Differential Equation Toolbox** existiert (siehe Abschn. 16.5.2), die jedoch extra gekauft werden muß.

Ohne diese Toolbox stellt MATLAB die vordefinierte Funktion **pdepe** zur Verfügung, die

- Anfangs-Randwertaufgaben für Systeme parabolischer und elliptischer Dgl in einer Ortsvariablen x und einer Zeitvariablen t der Form

$$ c\left(x,t,u,\frac{\partial u}{\partial x} \right) \cdot \frac{\partial u}{\partial t} = x^{-r} \cdot \frac{\partial}{\partial x}\left(x^r \cdot f\left(x,t,u,\frac{\partial u}{\partial x} \right) \right) + s\left(x,t,u,\frac{\partial u}{\partial x} \right) $$

  löst, mit

  * c – Matrix, u, f, s – Vektorfunktionen

  * $r \in \{0,1,2\}$ und dem Lösungsgebiet G: $x \in [a,b]$ und $t \in [t_0,t_f]$

  * Anfangsbedingung für $t=t_0$ in der Form

    $u(x,t_0) = u_0(x)$

  * Randbedingungen für x=a und x=b in der Form

    $$ p\left(x,t,u \right) + q(x,t) \cdot f\left(x,t,u,\frac{\partial u}{\partial x} \right) = 0 $$

  wobei mindestens eine parabolische Dgl vorhanden sein muß. Dies bedeutet, daß bei einer vorliegenden partiellen Dgl nur parabolische gelöst werden.

- eine vertikale Linienmethode (siehe Abschn. 16.2.3) anwendet und mit Argumenten in der Form

  `>> sol = pdepe ( r , @DGL , @AB , @RB , x-Gitter , t-Gitter )`

  aufzurufen ist, wobei die 6 Argumente folgende Bedeutung haben:

  * r

    ist ein Parameter, der die Werte 0 , 1 oder 2 annehmen kann.

  * DGL

    enthält die Funktionen c, f, s der konkreten Dgl und ist als *Funktionsdatei* (M-Datei) DGL.m in der Form

    function [c,f,s] = dgl (x , t , u , dudx)
    c = ... ; f = ... ; s = ... ;

    mit einem Editor zu schreiben und abzuspeichern, wie im Beisp. 16.5 an einer konkreten Dgl illustriert wird.

* AB

  enthält die Funktion $u_0(x)$ aus der Anfangsbedingung, die als *Funktionsdatei* (M-Datei) AB.m in der Form

  function u0 = AB (x)

  u0 = $u_0(x)$;

  mit einem Editor zu schreiben und abzuspeichern ist, wie im Beisp. 16.5 an einer konkreten Dgl illustriert wird.

* RB

  enthält die Funktionen p(x,t,u) und q(x,t) aus den Randbedingungen, die als *Funktionsdatei* (M-Datei) RB.m in der Form

  function [pl , ql , pr , qr] = RB (xl , ul , xr , ur , t)

  pl = ... ; ql = ... ; pr = ... ; qr = ... ;

  mit einem Editor zu schreiben und abzuspeichern sind, wie im Beisp. 16.5 an einer konkreten Dgl illustriert wird.

* x-Gitter

  Hier werden für x die Anzahl der Gitterpunkte im Lösungsintervall [a,b] vorgegeben. Dies geschieht mittels der vordefinierten Funktion **linspace** in der Form

  >> linspace (a , b , n)

  wodurch n (≥ 3) gleichabständige Gitterpunkte im Intervall [a,b] festlegt werden.

* t-Gitter

  Hier werden für t die Anzahl der Gitterpunkte im Lösungsintervall $[t_0, t_f]$ vorgegeben. Dies geschieht mittels der vordefinierten Funktion **linspace** in der Form

  >> linspace (t_0, t_f , m)

  wodurch m (≥ 3) gleichabständige Gitterpunkte im Intervall $[t_0, t_f]$ festlegt werden.

pdepepe löst das durch die Linienmethode entstandene gewöhnliche Dgl-System mit der vordefinierten Numerikfunktion **ode15s** (siehe Abschn. 10.5) und liefert die berechneten Näherungswerte in der Matrix **sol**.

☞

pdepe kann als weitere Argumente Optionen und Parameter p1, p2, ... enthalten, so daß sie allgemein folgendermaßen im Arbeitsfenster von MATLAB aufzurufen ist:

>>sol=pdepe (r, @DGL, @AB, @RB, x-Gitter , t-Gitter , OPTIONEN, p1, p2, ...)

Treten Parameter p1, p2, ... aber keine Optionen auf, so ist **pdepe** folgendermaßen aufzurufen:

>> sol = pdepe (r , @DGL , @AB , @RB , x-Gitter , t-Gitter , [ ] , p1, p2, ...)

Damit kann MATLAB mit **pdepe** Aufgaben lösen, in denen Parameter p1, p2, ... in der Dgl vorkommen.

Weiterhin ist zu beachten, daß die Namen DGL, AB, RB der Funktionsdateien im Argument von **pdepe** mit vorangestelltem @-Zeichen als @DGL, @AB, @RB zu schreiben sind.

♦

Illustrieren wir die Anwendung von **pdepe** im folgenden Beisp. 16.5 an der Lösung einer Anfangsrandwertaufgabe für eine parabolische Dgl (Wärmeleitungsgleichung). Weitere Hinweise und Erläuterungen erhält man aus der Hilfe von MATLAB, in der zwei ausführliche Beispiele die Eingabe aller erforderlichen vordefinierten Funktionen illustrieren.

Beispiel 16.5:

Illustrieren wir die Anwendung der in MATLAB vordefinierten Numerikfunktion **pdepe** an der Lösung einer Anfangsrandwertaufgabe für die parabolische Dgl (Wärmeleitungsgleichung)

$$u_t(x,t) - u_{xx}(x,t) = 0$$

mit Anfangsbedingung $u(x,0) = \sin x$ und homogenen Randbedingungen $u(0,t) = 0$, $u(\pi,t) = 0$ für das Lösungsgebiet G: $x \in [0,\pi]$, $t \in [0,1]$ die folgende exakte Lösung besitzt:

$$u(x,t) = e^{-t} \cdot \sin x$$

Zur Anwendung von **pdepe** ist folgende *Vorgehensweise* erforderlich:

I. Zuerst sind für die zu lösende Aufgabe die von **pdepe** benötigten Argumente DGL, AB, RB durch folgende Funktionsdateien zu definieren:

- Funktionsdatei DGL.m zur Eingabe der gegebenen parabolischen Dgl:
  function [c,f,s] = DGL (x , t , u , dudx)
  c = 1 ; f = dudx ; s = 0 ;

- Funktionsdatei AB.m zur Eingabe der gegebenen Anfangsbedingung:
  function u0 = AB (x)
  u0 = sin(x) ;

- Funktionsdatei RB.m zur Eingabe der Funktionen p(x,t,u)=u und q(x,t)=0 der Randbedingungen, wobei ul und ur für u(0,t) bzw. u(π,t) stehen:
  function [pl , ql , pr , qr] = RB (xl , ul , xr , ur , t)
  pl = ul ; ql = 0 ; pr = ur ; qr = 0 ;

Diese Funktionsdateien sind mit einem Texteditor zu schreiben und anschließend unter den Dateinamen DGL.m, AB.m bzw. RB.m in das aktuelle MATLAB-Verzeichnis abzuspeichern.

II. Danach sind r (für betrachtete Dgl r=0) und für x und t die Anzahl der Gitterpunkte (z.B. 8) mittels der vordefinierten Funktion **linspace** einzugeben:

>> r = 0 ; x = linspace (0 , pi , 8) ; t = linspace (0 , 1 , 8) ;

III. Abschließend ist **pdepe** folgendermaßen aufzurufen:

>> sol = pdepe (r , @DGL , @AB , @RB , x , t)

sol =

0	0.4339	0.7818	0.9749	0.9749	0.7818	0.4339	0.0000
0	0.3773	0.6799	0.8478	0.8478	0.6799	0.3773	0
0	0.3278	0.5907	0.7367	0.7367	0.5907	0.3278	0
0	0.2848	0.5132	0.6399	0.6399	0.5132	0.2848	0
0	0.2474	0.4459	0.5560	0.5560	0.4459	0.2474	0
0	0.2150	0.3875	0.4831	0.4831	0.3875	0.2150	0
0	0.1868	0.3367	0.4198	0.4198	0.3367	0.1868	0
0	0.1624	0.2926	0.3648	0.3648	0.2926	0.1624	0

Die von MATLAB berechnete Matrix **sol** enthält die berechneten Näherungswerte für die Lösungsfunktion u(x,t) in den mittels **linspace** vorgegebenen Gitterpunkten, wobei Zeilen die t- und Spalten die x-Richtung der Gitterpunkte angeben. Benötigt man Näherungsfunktionswerte in einzelnen Gitterpunkten, so ist **sol** mit Zeilen- und Spaltennummer einzugeben, wie z.B.

>> sol (3 , 2)

ans =

0.3278

Benötigt man Näherungswerte für die Lösungsfunktion außerhalb vorgegebener Gitterpunkte, so ist anschließend die vordefinierte Funktion **pdeval** einzusetzen, die ausführlich in der Hilfe von MATLAB erläutert wird.

Bei einem System von Dgl benötigt **sol** drei Argumente, wobei das dritte Argument die Nummer der gewünschten Lösungsfunktion bezeichnet.

Zur *grafischen Darstellung* der von **pdepe** berechneten Näherungslösung mittels der vordefinierten Grafikfunktion **surf** ist folgendes in das Arbeitsfenster von MATLAB einzugeben:

>> surf (x , t , sol)

Die von MATLAB gezeichnete Lösungsfläche läßt die gleiche Form wie die von MATHCAD im Beisp. 16.4a gezeichnete erkennen

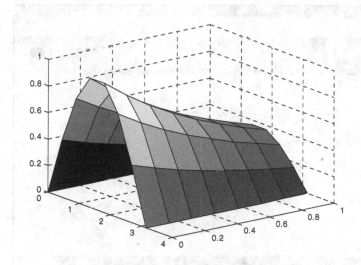

♦

16.5.2 Toolbox Partielle Differentialgleichungen

Für MATLAB existiert die **Partial Differential Equation Toolbox** zur numerischen Lösung partieller Dgl, die extra gekauft werden muß. Mit ihrer Hilfe können hauptsächlich lineare partielle Dgl zweiter Ordnung für ebene Gebiete (d.h. mit zwei Ortsvariablen) und einer Zeitvariablen unter Verwendung Finiter-Elemente-Methoden numerisch gelöst werden.

☞

Die Programmierer der **Partial Differential Equation Toolbox** haben als Weiterentwicklung seit 1999 das Programmsystem FEMLAB erstellt, das mit MATLAB zusammenarbeitet und Dgl auch für räumliche Gebiete unter Verwendung Finiter-Elemente-Methoden löst.

♦

Wenn die Toolbox auf dem Computer installiert ist, erhält man aus der Hilfe von MATLAB ausführliche Informationen und Anwendungsbeispiele, wie folgende Bildschirmkopie erkennen läßt:

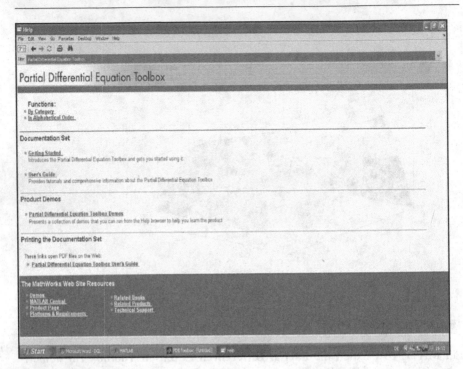

Des weiteren gibt es zur Toolbox ein Handbuch von ca. 300 Seiten, daß man sich bei einer Internetverbindung herunterladen und ausdrucken kann. Die Toolbox besitzt eine *Benutzeroberfläche*

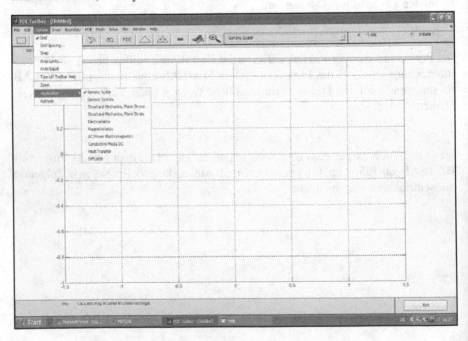

die im Arbeitsfenster von MATLAB mittels

>> pdetool

aufgerufen wird.

Mit Hilfe dieser Benutzeroberfläche lassen sich alle Daten für eine zu lösende Dgl eingeben und abschließend die numerische Lösung auslösen, wobei folgende *Schritte* erforderlich sind, die im Beisp. 16.6 illustriert werden:

I.   Zuerst ist mittels der Menüfolge

    Options ⇒ Application

    festzulegen, ob eine Dgl (**Generic Scalar**) oder ein System von Dgl (**Generic System**) zu lösen ist.

II. Anschließend wird das Lösungsgebiet G im Menü **Draw** grafisch festgelegt, wobei zwischen Rechteck-, Kreis- und Polygonalgebieten gewählt werden kann.

III. Danach können durch die Menüfolge

    Boundary ⇒ Boundary Mode

    durch Mausklick auf entsprechende Teile des Randes ∂G des Lösungsgebiets G die Randbedingungen in die erscheinende Dialogbox eingetragen werden.

IV. Anschließend wird die Gleichung der zu lösenden konkreten Dgl mittels der Menüfolge

    PDE ⇒ PDE Specification ...

    in die erscheinende Dialogbox eingetragen, wobei zwischen elliptischen, parabolischen oder hyperbolischen zu unterscheiden ist.

V.   Mittels der Menüfolge

    Mesh ⇒ Mesh Mode

    läßt sich die Zerlegung des Lösungsgebiets G in Dreiecksbereiche steuern, um die Finite-Elemente-Methode anwenden zu können.

VI. Mittels der Menüfolge

    Solve ⇒ Solve PDE

    wird die Berechnung der Dgl mittels Finiter-Elemente-Methoden ausgelöst.

VII. Mittels der Menüfolge

    Plot ⇒ Plot Solution

    läßt sich die berechnete Lösung grafisch darstellen, wobei vorher die Darstellungsart in der mittels Menüfolge **Plot ⇒ Parameters...** aufgerufenen Dialogbox eingestellt werden kann.

VIII. Mittels der Menüfolge

    Solve ⇒ Export Solution ...

lassen sich berechnete Näherungswerte für die Lösungsfunktion u(x,y) in das Arbeitsfenster von MATLAB exportieren und dort durch Eingabe von

>> u

anzeigen, wobei die Anzeige nicht als Matrix sondern als Vektor erfolgt.

Im Rahmen des vorliegenden Buches können wir die Toolbox aufgrund ihres Umfangs nicht ausführlicher vorstellen. Dies muß einer speziellen Abhandlung vorbehalten bleiben. Wir geben im folgenden Beisp. 16.6 eine Illustration, indem wir die Anwendung der Toolbox zur Lösung einer Randwertaufgabe für die Poissonsche Dgl skizzieren. Da die Benutzeroberfläche der Toolbox einfach zu bedienen ist, kann ein Anwender mit den im Beisp. 16.6 gegebenen Illustrationen und Hinweisen ohne große Schwierigkeiten und gegebenenfalls durch einiges Probieren eine vorliegende Dgl mit der Toolbox lösen.

Beispiel 16.6:

Illustrieren wir die Anwendung der MATLAB-Toolbox für partielle Dgl, indem wir die Randwertaufgabe für die elliptische Dgl (Poissonsche Dgl)

$$u_{xx}(x,y) + u_{yy}(x,y) = 4$$

mit dem Lösungsgebiet G (Kreisgebiet):

$$x^2 + y^2 \leq 1$$

und der Randbedingung

$$u(x,y) = 1$$

auf dem Rand∂G

$$x^2 + y^2 = 1$$

von G betrachten, die in [90] mit der Toolbox gelöst wird und folgende exakte Lösung besitzt:

$$u(x,y) = x^2 + y^2 .$$

In den folgenden Abbildungen sind wesentliche der gegebenen Schritte bei der Anwendung der Toolbox mittels ihrer Benutzeroberfläche zu erkennen:

In die Dialogbox **Object Dialog**, die durch Mausklick auf das mittels des Menüs **Draw** gezeichnete Lösungsgebiet **Ellipse/cercle** (**centered**) erscheint, sind die konkreten Daten des vorliegenden Kreisgebiets einzugeben (*Schritt II*).

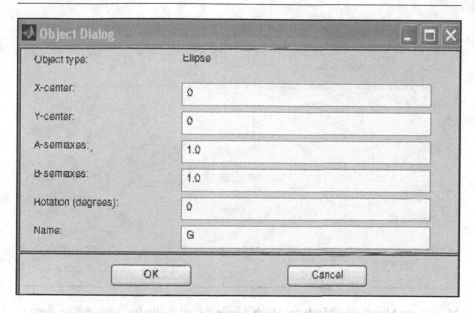

Danach wird mittels der Menüfolge **Boundary** ⇒ **Boundary Mode** die folgende Dialogbox **Boundary Condition** aufgerufen, in die die Randwerte einzugeben sind (*Schritt III*):

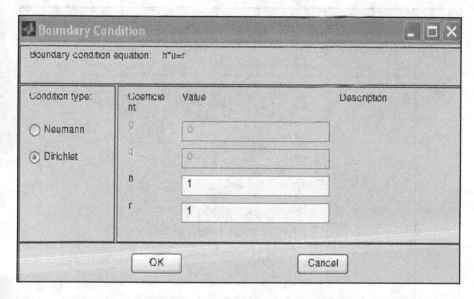

Danach wird mittels der Menüfolge **PDE** ⇒ **PDE Specification...** die folgende Dialogbox aufgerufen, in die die Daten der konkreten elliptischen Dgl einzugeben sind (*Schritt IV*):

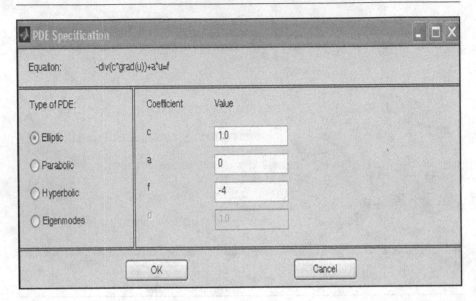

Mittels der Menüfolge **Mesh** ⇒ **Mesh Mode** läßt sich die für Anwendung der Finite-Elemente-Methode notwendige Zerlegung des Lösungsgebiets in Dreiecksgebiete steuern, wie in folgender grafischen Darstellung zu sehen ist (*Schritt V*):

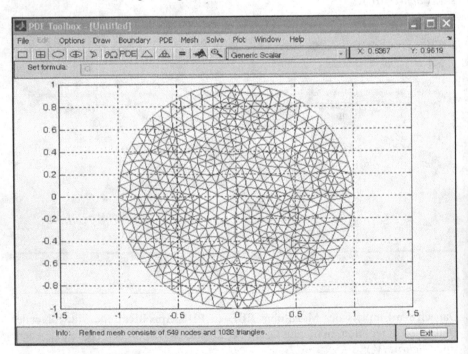

Die Berechnung mittels MATLAB wird durch die Menüfolge (*Schritt VI*)
Solve ⇒ **Solve PDE** ausgelöst.

Danach kann man die grafische Darstellung der von MATLAB berechneten Lösung unter Anwendung der Menüfolge **Plot ⇒ Plot Solution** auslösen
(*Schritt VII*), wobei vorher in der Dialogbox **Plot Selection** die Darstellungsart
eingestellt werden kann, die mittels **Plot ⇒ Parameters...** aufgerufen wird.

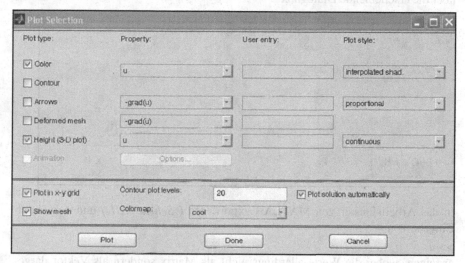

Das Ergebnis der grafischen Darstellung ist aus folgender Abbildung zu ersehen:

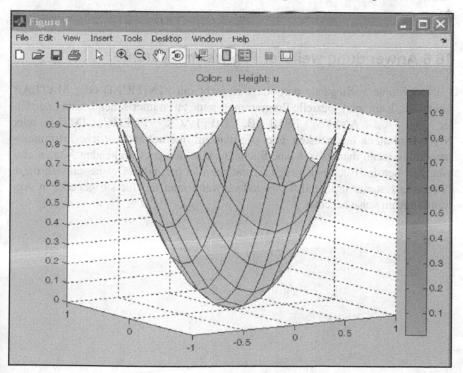

Die von MATLAB berechneten Näherungswerte für die Lösungsfunktion u(x,y) der Dgl lassen sich mittels der Menüfolge

Solve ⇒ Export Solution ...

über die erscheinende Dialogbox

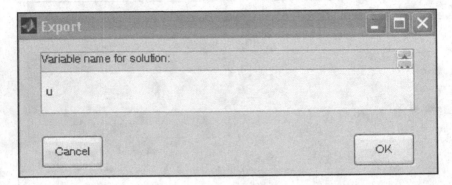

in das Arbeitsfenster von MATLAB exportieren (*Schritt VIII*) und dort durch Eingabe von

\>> u

anzeigen, wobei die Werte allerdings nicht als Matrix sondern als Vektor dargestellt werden.

♦

16.6 Anwendung weiterer Programmsysteme

Falls sich eine vorliegende partielle Dgl nicht mit MATHCAD oder MATLAB lösen läßt, kann man spezielle Programmsysteme zur numerischen Lösung partieller Dgl wie ANSYS, FEMLAB, DIFFPACK, PLTMG, IMSL- oder NAG–Bibliothek heranziehen, über die man im Internet ausführliche Informationen erhält, wenn man z.B. in eine Suchmaschine den entsprechenden Namen eingibt. Mit den im Buch gegebenen Grundlagen zu partiellen Dgl lassen sich diese Programmsysteme problemlos anwenden, wenn man die für sie gegebenen Anwendungshinweise beachtet.

17 Zusammenfassung

Das vorliegende Buch gibt eine Einführung in gewöhnliche und partielle Dgl für Ingenieure, Natur- und Wirtschaftswissenschaftler, wobei Theorie und numerische Methoden (Numerik) soweit dargestellt sind, wie es für Anwender erforderlich ist, um Lösungen von Dgl mittels Computer zu berechnen.

Da ein so umfangreiches Gebiet wie Dgl nicht im Rahmen eines Buches komplett behandelt werden kann, geben wir eine Einführung, die Grundkenntnisse vermittelt und Standardlösungsmethoden vorstellt.

Praktisch anfallende Dgl sind nur unter Verwendung von Computern lösbar. Deshalb besteht ein weiterer Schwerpunkt des Buches in der Anwendung von MATHCAD und MATLAB zur Lösung von Dgl mittels Computer.

Zusammenfassend läßt sich über die im Buch behandelte Problematik von Dgl folgendes sagen:

- Es werden typische Vorgehensweisen exakter und numerischer Lösungsmethoden an Grundaufgaben für Dgl illustriert. Dies bedeutet, daß wir auf Beweise und ausführliche theoretische Abhandlungen verzichten, dafür aber notwendige Formeln, Sätze und Methoden an Beispielen erläutern. Die mit MATHCAD und MATLAB gerechneten Beispiele zeigen dem Anwender, wie er beide zur Lösung anfallender Dgl effektiv einsetzen kann und welche Vor- und Nachteile sie besitzen.

- Falls ein Anwender zu einem Gebiet der Dgl tiefere Kenntnisse benötigt, kann er zahlreiche vorhandene Lehrbücher konsultieren, wobei im Literaturverzeichnis hauptsächlich deutschsprachige aufgelistet sind, die sich für Nichtmathematiker (Ingenieure und Naturwissenschaftler) eignen, da hier die Sachverhalte in verständlicherer Form ohne umfangreiche Beweise und tieferliegenden mathematischen Theorien erklärt werden.

- Die Vielzahl der im Buch skizzierten Methoden zur numerischen Lösung von Dgl läßt schon ahnen, daß es keine beste Methode gibt. Alle numerischen Methoden haben Vor- und Nachteile, so daß sie für eine Aufgabe effektiv sein können, während sie bei einer anderen versagen oder unbefriedigende Ergebnisse liefern. Deshalb sollte der Anwender mit den in MATHCAD und MATLAB vordefinierten Numerikmethoden experimentieren und Erfahrungen sammeln, um für seine Aufgabenstellungen effektive Methoden auswählen zu können.

- Obwohl die verwendeten Systeme MATHCAD und MATLAB weitentwickelt sind, darf man nie vergessen, daß auch Fehler auftreten können. Das betrifft sowohl Fehler in den Systemen als auch Fehler bei numerischen Rechnungen.
  So können bei numerischen Rechnungen aufgrund von Rundungsfehlern, Diskretisierungsfehlern usw. falsche Ergebnisse entstehen. Deshalb muß man die von MATHCAD und MATLAB gelieferten Ergebnisse kritisch betrachten und sollte eine vorliegende Dgl mit verschiedenen vordefinierten Funktionen von MATHCAD oder MATLAB und falls die Möglichkeit besteht mit beiden lösen.

- Bei der exakten Lösung praktisch auftretender Dgl stoßen MATHCAD und MATLAB schnell an Grenzen, da die mathematische Theorie nur für Sonderfälle endliche Lösungsalgorithmen zur Verfügung stellt.
  Es wird auch nicht immer gelingen, praktisch anfallende Dgl mit MATHCAD und MATLAB numerisch zu lösen. Dies gilt vor allem für hochdimensionale gewöhnliche Dgl-Systeme und partielle Dgl. In diesen Fällen ist der Einsatz spezieller Dgl-Software erforderlich, über die man ebenso wie für MATHCAD und MATLAB zahlreiche Informationen aus dem *Internet* erhält:

  * Bei Fragen zu MATHCAD und MATLAB kann man über das Internet Erfahrungen mit Mitgliedern der Nutzergruppen austauschen. Des weiteren findet man zahlreiche Informationen auf den Internetseiten der MATHCAD und MATLAB entwickelnden und vertreibenden Firmen MATHSOFT bzw. MATHWORKS, die unter folgenden Internatadressen zu erreichen sind:

    ⇒ **http://www.mathsoft.com**

    ⇒ **http://www.mathworks.com**

  * Viele Arbeits- und Forschungsgruppen stellen ihre Ergebnisse auf dem Gebiet der Dgl in Internetseiten vor. Wenn man z.B. in der *Suchmaschine* GOOGLE den *Suchbegriff* Dgl eingibt, erhält man eine Vielzahl (ca. 100 Seiten) von Ergebnissen angezeigt.

  * Zur Anwendung von Programmsystemen/Programmbibliotheken zur Lösung von Dgl wie ANSYS, DIFFPACK, FEMLAB, ODEPACK, PLTMG, IMSL und NAG erhält man ebenfalls ausführliche Informationen aus dem Internet, wenn man in eine Suchmaschine den entsprechenden Namen eingibt. Des weiteren können folgende Internetadressen konsultiert werden:

    ⇒ In der bekannten NAG-Bibliothek gibt es zahlreiche (über 60) Programme zur numerischen Lösung von Dgl. Man findet hierüber ausführliche Informationen unter der Internetadresse
    http://www.nag.co.uk

    ⇒ Als große Programmbibliothek bietet IMSL Programme zur numerischen Lösung von Dgl. Man findet hierüber ausführliche Information unter den Internetadressen

http://www.visual-numerics.de/support/imsl-faq-d.html
http://www.vni.com/products/imsl/

⇒ Das Programmpaket ODEPACK liefert Programme zur Lösung gewöhnlicher Dgl. Man findet hierüber ausführliche Information unter der Internetadresse

http://www.netlib.org/odepack/opks-sum

Zusammenfassend läßt sich einschätzen, daß MATHCAD und MATLAB geeignet sind, Grundaufgaben für gewöhnliche und partielle Dgl mittels Computer zu lösen. Ehe man sich in spezielle Programmsysteme zur Lösung von Dgl einarbeitet, sollte man im vertrauten Rahmen von MATHCAD oder MATLAB versuchen, anfallende Dgl mit den im Buch gegebenen Hinweisen zu lösen. Wenn ein nicht im Buch behandeltes Problem bei der Arbeit mit MATHCAD oder MATLAB auftritt, lassen sich ihre umfangreichen Hilfefunktionen und Internetseiten heranziehen.

Mit den im Buch gegebenen Hinweisen ist ein Anwender auch in der Lage, mit anderen Systemen wie MATHEMATICA und MAPLE und Programmbibliotheken wie ANSYS, DIFFPACK, FEMLAB, ODEPACK, PLTMG, IMSL und NAG anfallende Dgl lösen zu können.

♦

Literaturverzeichnis

Gewöhnliche Differentialgleichungen

[1]   Abel, Braselton: Modern Differential Equations Brooks/Cole, Thomson Learning 2001,

[2]   Amann: Gewöhnliche Differentialgleichungen, Walter de Gruyter, Berlin, New York 1983,

[3]   Arnold: Gewöhnliche Differentialgleichungen, Springer-Verlag Berlin, Heidelberg, New York 2001,

[4]   Aulbach: Gewöhnliche Differentialgleichungen, Spektrum Akademischer Verlag, Heidelberg, Berlin 1997,

[5]   Ayres Jr.: Differentialgleichungen, McGraw-Hill, Frankfurt am Main 1999,

[6]   Aulbach: Gewöhnliche Differentialgleichungen, Spektrum Akademischer Verlag, Heidelberg, Berlin, Oxford 1997

[7]   Boyce, DiPrima: Gewöhnliche Differentialgleichungen, Spektrum Akademischer Verlag, Heidelberg, Berlin, Oxford 1995

[8]   Braun: Differentialgleichungen und ihre Anwendungen, Springer-Verlag, Berlin, Heidelberg, New York 1994,

[9]   Burg, Haf, Wille: Höhere Mathematik für Ingenieure Band III und V, Teubner-Verlag, Stuttgart, Leipzig, Wiesbaden 2002,

[10] Collatz: Differentialgleichungen, Teubner-Verlag, Stuttgart 1990,

[11] Courant, Hilbert: Methoden der Mathematischen Physik I und II, Springer-Verlag, Berlin, Heidelberg, New York 1968,

[12] Deuflhard, Bornemann: Numerische Mathematik II – Gewöhnliche Differentialgleichungen, Walter de Gruyter, Berlin, New York 2002,

[13] Engeln-Müllges, Reuter: Formelsammlung zur Numerischen Mathematik mit Turbo Pascal-Programmen, Wissenschaftsverlag, Mannheim, Wien, Zürich 1991,

[14] Giordano, Weir, Fox: A First Course in Mathematical Modeling, Brooks/Cole-Thomson Learning, Pacific Grove 2003,

[15] Golub, Ortega: Wissenschaftliches Rechnen und Differentialgleichungen, Heldermann Verlag, Berlin 1995,

[16] Graf Finck von Finckenstein, Lehn, Schellhaas, Wegmann: Arbeitsbuch Mathematik für Ingenieure Band II, Teubner-Verlag, Stuttgart, Leipzig, Wiesbaden 2002,

[17]   Hanke-Bourgeois: Grundlagen der Numerischen Mathematik und des Wissenschaftlichen Rechnens, Teubner-Verlag, Stuttgart, Leipzig, Wiesbaden 2002,

[18]   Heuser: Gewöhnliche Differentialgleichungen, Teubner-Verlag, Stuttgart 1989,

[19]   Jänich: Analysis für Physiker und Ingenieure, Springer-Verlag Berlin, Heidelberg, New York 1995,

[20]   Jordan, Smith: Nonlinear Ordinary Differential Equations, Oxford University Press 1999,

[21]   Jung, Langer: Methode der finiten Elemente für Ingenieure, Teubner-Verlag, Stuttgart, Leipzig, Wiesbaden 2001,

[22]   Knobloch, Kappel: Gewöhnliche Differentialgleichungen, Teubner-Verlag, Stuttgart 1974,

[23]   Kretzschmar, Schwetlick: Numerische Verfahren für Naturwissenschaftler und Ingenieure, Fachbuchverlag Leipzig 1991,

[24]   Luther, Niederdrenk, Reutter, Yserentant: Gewöhnliche Differentialgleichungen, Vieweg Verlag Braunschweig, Wiesbaden 1994,

[25]   Michlin, Smolizki: Näherungsmethoden zur Lösung von Differential- und Integralgleichungen, Teubner-Verlag Leipzig 1969,

[26]   Papula: Mathematik für Ingenieure und Naturwissenschaftler Band 2, Vieweg Verlag Braunschweig, Wiesbaden 1994,

[27]   Plato: Numerische Mathematik kompakt, Vieweg Verlag Braunschweig, Wiesbaden 2000,

[28]   Preuß, Kossow: Gewöhnliche Differentialgleichungen, Fachbuchverlag, Leipzig 1990,

[29]   Quateroni, Sacco, Saleri: Numerische Mathematik, Band 2, Springer-Verlag Berlin, Heidelberg, New York 1995,

[30]   Roos, Schwetlick: Numerische Mathematik, Teubner-Verlag, Stuttgart, Leipzig 1999,

[31]   Runzheimer: Operations Research, Verlag Gabler Wiesbaden 1999,

[32]   Schäfke, Schmidt: Gewöhnliche Differentialgleichungen, Springer-Verlag, Berlin, Heidelberg, New York 1973,

[33]   Schwarz, Köckler: Numerische Mathematik, Teubner-Verlag, Stuttgart 2004,

[34]   Strang: Gewöhnliche Differentialgleichungen, Springer-Verlag Berlin, Heidelberg, New York 2003,

[35]   Strehmel, Weiner: Numerik gewöhnlicher Differentialgleichungen, Teubner-Verlag, Stuttgart 1995,

[36]   Timmann: Repetitorium der gewöhnlichen Differentialgleichungen, Verlag Binomi, Springe 1998,

[37]   Velte: Direkte Methoden der Variationsrechnung, Teubner-Verlag, Stuttgart 1976,

[38]   Walter: Gewöhnliche Differentialgleichungen, Springer-Verlag, Berlin, Heidelberg, New York 1972,

[39]   Walter: Differential- und Integral-Ungleichungen, Springer-Verlag, Berlin, Heidelberg, New York 1964,

[40]   Wenzel: Gewöhnliche Differentialgleichungen Band 1 und 2, Teubner-Verlag, Leipzig 1987,

[41]   Werner, Arndt: Gewöhnliche Differentialgleichungen, Springer-Verlag, Berlin, Heidelberg, New York 1986,

Partielle Differentialgleichungen

[42]   Amaranath: An Elementary Course in Partial Differential Equations, Alpha Science International 2003,

[43]   Arnold: Vorlesungen über partielle Differentialgleichungen, Springer-Verlag Berlin, Heidelberg, New York 2003,

[44]   Blanchard, Brüning: Direkte Methoden der Variationsrechnung, Springer-Verlag Wien, New York 1982,

[45]   DuChateau, Zachmann: Partial Differential Equations, Schaums Outline Series, Mc Graw Hill 1986

[46]   Elmer: Differentialgleichungen in der Physik, Verlag Harri Deutsch, Frankfurt 1997,

[47]   Erwe, Peschl: Partielle Differentialgleichungen erster Ordnung, Bibliographisches Institut, Mannheim 1973,

[48]   Fischer, Kaul: Mathematik für Physiker Band 2, Teubner-Verlag, Stuttgart, Leipzig 1998,

[49]   Großmann, Roos: Numerik partieller Differentialgleichungen, Teubner-Verlag, Stuttgart 1994,

[50]   Hackbusch: Theorie und Numerik elliptischer Differentialgleichungen, Teubner-Verlag, Stuttgart 1986,

[51]   Klein: FEM – Grundlagen und Anwendungen der Finite-Elemente-Methode, Vieweg Verlag Braunschweig, Wiesbaden 2003,

[52]   Knabner, Angermann: Numerik partieller Differentialgleichungen, Springer-Verlag Berlin, Heidelberg, New York 2000,

[53]   Knabner, Angermann: Numerical Methods for Elliptic and Parabolic Partial Differential Equations, Springer-Verlag Berlin, Heidelberg, New York 2003,

[54]   Langtangen: Computational Partial Differential Equations, Springer-Verlag Berlin, Heidelberg, New York 2003,

[55]   Langtangen, Tveito: Advanced Topics in Computational Partial Differential Equations, Springer-Verlag Berlin, Heidelberg, New York 2003,

[56]   Larsson, Thomee: Partial Differential Equations with Numerical Methods, Springer-Verlag Berlin, Heidelberg, New York 2003,

[57]   Leis: Vorlesungen über partielle Differentialgleichungen zweiter Ordnung, Bibliographisches Institut, Mannheim 1967,

[58]   Meinhold, Wagner: Partielle Differentialgleichungen, Teubner-Verlag, Leipzig 1975,

[59]   Ockendon: Applied Partial Differential Equations, Oxford University Press 1999

[60]   Petrowski: Vorlesungen über partielle Differentialgleichungen, Teubner-Verlag Leipzig 1955,

[61]   Polyanin, Zaitsev: Handbook of Nonlinear Partial Differential Equations, Chapman & Hall 2004,

[62]   Preuß, Kirchner: Partielle Differentialgleichungen, Fachbuchverlag, Leipzig 1990,

[63]   Renardy, Rogers: An Introduction to Partial Differential Equations, Springer-Verlag Berlin, Heidelberg, New York 2004,

[64]   Smith: Numerische Lösung von partiellen Differentialgleichungen, Akademie Verlag Berlin 1971,

[65]   Strauss: Partielle Differentialgleichungen-Eine Einführung, Vieweg Verlag Braunschweig, Wiesbaden 1995,

[66]   Tricomi: Repertorium der Theorie der Differentialgleichungen, Springer-Verlag, Berlin, Heidelberg, New York 1968,

[67]   Tutschke: Partielle Differentialgleichungen, Teubner-Verlag, Leipzig 1983,

[68]   Tveito, Winther: Einführung in partielle Differentialgleichungen, Springer-Verlag, Berlin, Heidelberg, New York 2002,

[69]   Tychonoff, Samarski: Differentialgleichungen der mathematischen Physik, Deutscher Verlag der Wissenschaften, Berlin 1959,

[70]   Wladimirow: Gleichungen der mathematischen Physik, Deutscher Verlag der Wissenschaften, Berlin 1972,

[71]   Wloka: Partielle Differentialgleichungen, Teubner-Verlag, Stuttgart 1982,

[72]   Zachmanoglou, Thoe: Introduction to Partial Differential Equation with Applications, Dover Publications, New York 1986

Integralgleichungen

[73]   Fenyö, Stolle: Theorie und Praxis der linearen Integralgleichungen Band 1-4, Deutscher Verlag der Wissenschaften, Berlin 1984,

[74]   Hackbusch: Integralgleichungen, Teubner-Verlag, Stuttgart 1989,

Differentialgleichungen mit MATHCAD

[75] Grobstich, Strey: Mathematik für Bauingenieure – Grundlagen, Verfahren und Anwendungen mit MATHCAD, Teubner-Verlag, Stuttgart, Leipzig 1998,

[76] Solodov, Ochkov: Differential Models – An Introduction with MATH-CAD, Springer-Verlag Berlin, Heidelberg, New York 2004,

Differentialgleichungen mit MATLAB

[77] Brandimarte: Numerical Methods in Finance, A MATLAB-Based Introduction, J.Wiley & Sons, New York 2002,

[78] Coleman: An Introduction to Partial Differential Equations with MATLAB, CRC Press 2004,

[79] Cooper: Introduction to Partial Differential Equations with MATLAB, Birkhäuser Verlag, Basel 1998,

[80] Davis: Methods of Applied Mathematics with a MATLAB Overview, Birkhäuser Boston, Basel, Berlin 2004,

[81] Duffy: Advanced Engineering Mathematics with MATLAB, CRC Press 2003,

[82] Golubitsky, Dellnitz: Linear Algebra and Differential Equations using MATLAB, Brooks/Coole Publishing Company 1999,

[83] Kharab, Guenther: An Introduction to Numerical Methods-A MATLAB Approach, CRC Press 2002,

[84] King, Billingham, Otto: Differential Equations, Cambridge University Press, Cambridge 2003,

[85] Lee, Schiesser: Ordinary and Partial Differential Equation Routines in C, C++, Fortran, Java, Maple and MATLAB, CRC Press 2004,

[86] Lynch: Dynamical Systems with Applications using MATLAB, Birkhäuser Boston, Basel, Berlin 2004,

[87] Mohr: Numerische Methoden in der Technik – Ein Lehrbuch mit MATLAB-Routinen, Vieweg Verlag Braunschweig, Wiesbaden 1998,

[88] Quateroni, Saleri: Scientific Computing with MATLAB, Springer-Verlag Berlin, Heidelberg, New York 2003,

[89] Shampine, Gladwell, Thompson: Solving ODEs with MATLAB, Cambridge University Press, Cambridge 2003,

[90] Seidler: Partielle Differentialgleichungen 1. und 2. Ordnung mit MATLAB, Seminararbeit Martin-Luther-Universität Halle 2004.

Differentialgleichungen mit MAPLE und MATHEMATICA

[91]   Abel, Braselton: Differential Equations with MATHEMATICA, Academic Press 1997,

[92]   Abel, Braselton: Differential Equations with MAPLE V, Academic Press, San Diego 1993,

[93]   Articolo: Partial Differential Equations & Boundary Value Problems with MAPLE V, Academic Press, San Diego 1998,

[94]   Betounes: Differential Equations: Theory and Applications with MAPLE, Springer-Verlag Telos, Berlin, Heidelberg, New York 2001,

[95]   Coombes, Hunt, Lipsman, Osborn, Stuck: Differential Equations with MA-THEMATICA, John Wiley, New York 1995,

[96]   Davis: Differential Equations with MAPLE, Birkhäuser Verlag, Basel 2001,

[97]   Kythe, Puri, Schaferkotter: Partial Differential Equations and Boundary Value Problems with MATHEMATICA, CRC Press 2003,

[98]   Lynch: Dynamical Systems with Applications using MAPLE, Birkhäuser Verlag, Basel 2001,

[99]   Ross: Differential Equations, An Introduction with MATHEMATICA, Springer-Verlag Berlin, Heidelberg, New York 2004,

[100] Stavroulakis, Tersian: Partial Differential Equations. An Introduction with MATHEMATICA und MAPLE, World Scientific Publishing 1999,

[101] Stone: Economic Dynamics, Cambridge University Press, Cambridge 1997,

[102] Strampp, Ganzha: Differentialgleichungen mit MATHEMATICA, Vieweg Verlag Braunschweig, Wiesbaden 1993,

[103] Strampp, Ganzha, Vorozhtsov: Höhere Mathematik mit MATHEMATICA Band 3, Vieweg Verlag Braunschweig, Wiesbaden 1997,

[104] Vvedensky: Partial Differential Equations with MATHEMATICA, Addison Wesley Bonn 1998,

MATHCAD und MATLAB

[105] Angermann, Beuschel, Rau, Wohlfahrt: MATLAB - SIMULINK - STA-TEFLOW, Oldenbourg Verlag, München, Wien 2002,

[106] Benker: Mathematik mit dem PC, Vieweg Verlag Braunschweig, Wiesbaden 1994,

[107] Benker: Wirtschaftsmathematik mit dem Computer, Vieweg Verlag Braunschweig, Wiesbaden 1997,

[108] Benker: Ingenieurmathematik mit Computeralgebra-Systemen, Vieweg Verlag Braunschweig, Wiesbaden 1998,

[109] Benker: Practical Use of MATHCAD, Springer-Verlag London 1999,

[110] Benker: Mathematik mit MATLAB, Springer-Verlag Berlin, Heidelberg, New York 2000,

[111] Benker: Mathematik mit MATHCAD, 3. neubearbeitete Auflage, Springer-Verlag Berlin, Heidelberg, New York 2004,

[112] Beucher: MATLAB und SIMULINK, Addison-Wesley München 2002,

[113] Biran, Breiner: MATLAB 5 für Ingenieure, Addison-Wesley Bonn 1999,

[114] Fink, Mathews: Numerical Methods with MATLAB, Prentice Hall 1999,

[115] Gramlich, Werner: Numerische Mathematik mit MATLAB, dpunkt.verlag, Heidelberg 2000,

[116] Grupp, Grupp: MATLAB 6 für Ingenieure, Oldenbourg Verlag, München, Wien 2002,

[117] Hanselman, Littlefield: Mastering MATLAB 6, Prentice Hall 2001,

[118] Hoffmann: MATLAB und SIMULINK, Addison Wesley München 1998,

[119] Hoffmann, Brunner: MATLAB & Tools, Addison Wesley München 2002,

[120] Katzenbeisser, Überhuber: MATLAB 6, Springer-Verlag Wien, New York 2000,

[121] Katzenbeisser, Überhuber: MATLAB 6.5, Springer-Verlag Wien, New York 2002,

[122] Katzenbeisser, Überhuber: MATLAB 7.0, Springer-Verlag Wien, New York 2004,

Sachwortverzeichnis

(Befehle Kommandos, Funktionen und Erweiterungspakete von MATHCAD und MATLAB sind im Fettdruck geschrieben)